U0004576

無麩質完美烘焙

美味的無麩質食譜與科學知識

無麩質
完美烘焙

美味的無麩質食譜與科學知識

卡塔琳娜‧瑟梅莉——著
Katarina Cermelj

張家瑞——譯

Baked to Perfection

Delicious gluten-free recipes with a pinch of science

晨星出版

獻給我的父母

感謝你們的愛和支持，以及對處理所有食物（還有髒盤子）、「讓我再試一次就好」的實驗，和絞盡腦汁來創造出這本書的無限耐心。

我好愛你們。

目錄

推薦序

　　作者是英國牛津大學化學學士以及博士，因為身體因素需要戒除麩質，這對原本就很喜歡烘焙的她來說，一開始需要戒除掉烘焙裡最常見的原料——小麥，不是一件簡單的事。完美主義的她沒辦法接受味道口感吃起來只是「還可以」的烘焙成品，所以她將專業所學的實驗精神結合她所愛的烘焙，每道食譜至少做過十次的更動，達到她覺得完美的境界。

　　這是一本不一樣的無麩質烘焙書，一本帶你入坑的烘焙書。說真的，我第一眼看到這本書就愛上了作者用科學化的方式來說明烘焙當中重要的理論。我平時會做菜，在看料理節目時學習到的料理科學知識總是讓我興奮不已。要如何煎出一塊好吃的牛排當中就牽涉到溫度的控制、梅納反應、靜置減少水分流失的效果等科學知識，這些知識的確也讓我自己可以煎出美味的牛排。

　　我不是一個甜點控，只有在剛開始無麩質生活時的剝奪感，讓我不停地尋找市面上各種各樣的無麩質烘焙產品來滿足自己，也花了不少銀子上了好幾堂烘焙課程，但之後只做了幾次就將所學束之高閣。這本書的酥皮看起來實在是太誘人了，而且材料簡單，讓我會想要再次嘗試無麩質烘焙。

　　料理是科學、烘焙更是一門科學。無麩質烘焙也是同樣的道理。 麩質具有彈性、延展性、黏性以及保水性，這使得麵粉烘焙出來的麵包甜點口感可以同時兼具鬆軟 Q 彈又濕潤的特性。在無麩質烘焙的世界裡頭，首先要瞭解麩質的特性，接著再將自己從小麥烘焙的規則和概念中跳脫出來，因為使用的是性質上截然不同的多種原料，透過混合重現麩質這特有的性質。對麩質不耐的人可能還對許多原料也不耐，但你可以根據本書提供的知識調整食譜的內容，做出屬於你而且美味的烘焙品。

這裡的科學是可以讓無麩質烘焙更美味的科學。請各位放心，這裡頭沒有元素週期表或可怕的方程式。作者用平易近人的文字敘述、可愛的插畫還有實用的表格，讓你除了可以按表操課做出一個無麩質蛋糕之外，更教你如何根據手上材料的特性調整出美味可口的無麩質蛋糕。更重要的是，書中也揭露出美味烘焙背後所使用到的特定原料、特定步驟或理由，如果失敗，也可以利用本書「科學」的方式找出可能的解決方式。

　　如果你曾經仔細看過市售的無麩質烘焙預拌粉，裡頭的材料說真的非常複雜。為了達到口感類似於麵粉的成品，食譜的配方常常都需要使用上至少三種不同的粉以不同比例調配，當你熟悉每一種材料的特性以及在烘焙裡頭所扮演的角色，你就可以用科學而非盲目的方式來調整你的食譜，製作出你心中理想的甜點。

　　本書唯一美中不足的就是作者測試所使用的市售無麩質預拌粉目前在台灣沒有上市，慶幸的是，作者的 DIY 烘焙粉配方是一般超市就能輕易取得的材料（第 21 頁），所以也不會造成太大的問題。

　　最後，希望各位可以從本書學習到無麩質烘焙的精髓，讓你少走歪路，做出溫暖你靈魂的食物。Bon Appetite。

黃心怡 醫師

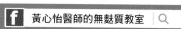
f 黃心怡醫師的無麩質教室　　Q

前言

　　我們首先要來談談當糖分子被無麩質穀粉包圍時，糖分子行為的量子力學分析。等等，等等，我可不是在開玩笑，別把書放下。說真的，這本書裡最可怕的地方就是 138 頁裡令人驚心動魄、瞠目結舌、超軟黏的焦糖夾心布朗尼。只因為它們太可口，所以遊走在危險邊緣。

　　讓我們重新開始。

　　這是一本無麩質食譜，你拿起這本書的原因，不管是因為自己或親近的人有麩質不耐症，或是因為你真的真的很喜歡封面，或只是偶然，那都不重要。因為這本書和裡頭的食譜是適合每一個人的。

　　我的無麩質旅程開始於……呃，跟大部分的無麩質旅程一樣。覺得身體不舒服、很痛苦，然後一部分是碰巧，一部分是花了些時間研究稍多的網路專欄，最後決定，刪掉麩質也許有幫助，後來果真如此。然後這令我想到一個問題，我現在到底在吃些什麼東西？

　　我跟別人一樣喜歡絲慕昔和藜麥，但是我也喜歡巧克力蛋糕、布朗尼、蘋果派，還有之前我烤過上百次的所有其他美味的東西——用的都是白麵粉。

　　所以，除非我想放棄餅乾、蛋糕和布朗尼（哦，天啊，那是多麼可怕的想法），否則我需要掌握無麩質烘焙的精髓。幸好我有袖裡乾坤，那便是我的化學知識和對研究幾乎是迷戀程度的熱愛。

　　你知道，我的無麩質烘焙探險開始於我剛完成牛津大學的化學學士學位，然後繼續攻讀無機化學的博士學位[1]。因此，像在

1　國內外有些學院讓大學畢業生一口氣讀完碩、博士課程，最後直接頒給博士學位。

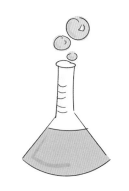

實驗室裡做新研究計劃似的去研發無麩質食譜，對我來說是很自然的事。

況且，我的科學背景讓我對食物原料、特性和彼此間的相互作用有獨到的見解。我不是只把無麩質穀粉和黃油、糖、蛋拌和在一起，然後希望一切順利。我會思考乾溼原料的比例、各種無麩質穀粉對不同溼度的反應，以及使用不同形狀和深度的烘焙皿時的熱穿透度。

我的科學知識配上滿滿一大匙的倔強和一小撮的書呆子氣息——你會身陷於沾上可疑污點（它可能原本是要用來做杯子蛋糕的麵糊和巧克力奶霜）的食譜空白處一堆超級複雜的 Excel 試算表、數不清的筆記和潦草的字跡中。

更重要的是，你（隨著時間和長期的系統性實驗）為自己找到了好用而且很有益處的無麩質食譜。無麩質食譜很簡單，而且你會得到令人垂涎三尺的成果——你可以不斷重新製做。因為，科學家就代表再製造的能力。

別擔心，你不用親自處理整個實驗過程。這本書裡沒有長達三頁的 Excel 試算表。我已經為你做過所有的實驗，並且濃縮成簡單、可靠的食譜，它們會讓你的無麩質生活變得更豐富，而且絕對更有滋味。

還有，還有！這本書裡的食譜不是只給你一長串的原料和操作說明，它們還提供證據——科學解釋，如果你想要的話——告訴你食譜之所以成功的原因。

這不只能滿足我自己的學習成就，最主要是能幫助你成為更有技巧的（和成功的）無麩質烘焙師。一旦你了解原因，你就能輕鬆地跳脫原本的食譜，調整你喜愛的口味。我熱愛烘焙的一點是：烘焙並不像你所知道的那些那麼死板。沒錯，它是科學的一種，但其實不用那麼嚴肅，科學也可以讓烘焙很有彈性，只要你知道哪些部分不能更動。

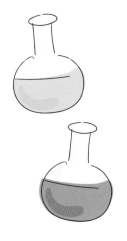

它有可能是某個特定的步驟（例如把蛋和糖打到泛白、呈蓬鬆狀）或是一組原料（例如乾溼原料的比例），不過只要你不任意改變，其他的幾乎可以任由你發揮。添加調味料、調整口感、取代某些原料……一旦你了解原因，一切都變得簡單的不得了。

那就是我寫這本書的目的。是的，我給你的是經過反覆試驗（然後又再三測試）的無麩質食譜，既好用又有益。而且我不僅要帶你深入無麩質烘焙的世界，告訴你「無麩質」不等於「不美味」，還要傳授你知識，讓這些食譜變成你的食譜，並且做進一步的研發，不用只靠我提供的原料和操作說明。

談談無麩質

在我展開無麩質旅程多年之後，無麩質仍然名聲不佳。最好的狀況，你會發現人們主張無麩質可以「跟真的一樣好」。最差的狀況，你會看到「乏味」、「枯燥」和「像啃紙板」等字眼，就像亂糟糟的五彩碎紙一樣，散落得到處都是。

這兩方面我都同意。因為無麩質不是像真的一樣好，無麩質就是真實的東西。奢華、溼潤、無麩質原料的巧克力蛋糕，不是因為無麩質才好吃。它就是好吃，而且無麩質。事情就是這樣。

當然，為了掌握無麩質烘焙的技巧，首先你要從小麥烘焙的規則和概念中跳脫出來。我們用的是在性質上截然不同的原料──那麼，自然的，規則也不相同。而且，有人堅持盡量使用為小麥烘焙研發的食譜，但是當成品像結塊的泥巴一樣，一點都不好吃的時候，就怪罪到無麩質頭上。

超級可口的巧
克力蛋糕⋯⋯
剛好巴是無麩
質的

讓我問你一個問題：如果你嘗試把做餅乾的食譜拿來做布朗尼，結果你得到乾脆而不是溼軟的布朗尼，你會責怪食譜嗎？你會從此放棄烘焙、放棄布朗尼和巧克力嗎？你會主張做布朗尼是白費時間嗎？

當然不會（至少我希望不會）。你會學聰明，下次就乖乖使用布朗尼食譜。你會接受：在玩一個截然不同的遊戲時，你就要遵守不同的規則。無麩質烘焙也是一樣的道理。

用到科學的地方

你以前聽說過無數次了，而且你可能還會再聽到一百次：烘焙是一門科學。無麩質烘焙更是如此。不過，它並沒有那麼嚴格，只要你對它有科學上的了解，反而特別自由。

我知道，並不是每個人都喜歡科學，你也許像做惡夢般，剎時間好像看到自己又回到學校的化學課。但是，在你失去信心之前我要告訴你，這本書不是關於無麩質烘焙科學的枯燥百科全書，盡是佔滿整頁落落長的配方和複雜的術語。我們在此要談的科學，會告訴我們如何做出覆在布朗尼上面奇妙、像紙一樣薄的亮面──每一次都不用靠著狗屎運。或者，為什麼無麩質烘焙常常需要較高的溼：乾原料比。或者，什麼是「反糖油拌和法（Reverse creaming method）」，為什麼它會產生更細緻的蓬鬆效果，再加上柔滑的麵包口感。這就是美味的科學。這種科學創造出軟黏的布朗尼、入口即化的餅乾和真正兼具口味、口感和外觀的無麩質麵包。

如果想做出最好的成品，請把這本書當成在你陷入困境和你的無麩質派皮太乾或太溼的時候，你會尋求幫助的朋友——雖然有點兒像書呆子。它知道所有的答案，正好切中你的需要，它的介紹簡潔又易懂。

你可以在本書的三個地方找到科學性的內容：下一章，每一章的開頭，和個別食譜的註腳（也許我偶爾把它放到食譜解說裡）。這個前言裡的科學說明可以當做進入無麩質烘焙世界的初步嘗試，以及當你開始創作食譜時應該牢記的一般性事物。

每一章開頭裡的科學說明著重於原料、方法和其他特別是跟烘焙有關的東西。最後，食譜中的附註會對最重要的原料和技術做詳細的解釋。

「不可能，這是無麩質的！」

一旦你開始了解無麩質烘焙的「為什麼」和「如何」（也就是它背後的科學），你最好準備習慣——人們經常無法置信地讚歎你所做的令人垂涎三尺的糕點真的是無麩質的。（通常伴隨著震驚的表情，然後還想再吃，懇求你，謝謝你。）

更令人興奮的是，你在使用這本書的時候，你會更自信、更自在地拌和、混勻麵糊和調整烘烤時間。不用照著已經寫好的食譜一板一眼地去做，你可以開始做些調整，註記新口味的可能組合和替代物，然後試試看。

一旦把科學原理弄清楚了，它就像是攤開在你眼前的全新無麩質烘焙世界。奢華的蛋糕、精緻的餅乾、質感最棒的布朗尼、硬度適中的脆皮麵包，甚至還有無麩質奶油餡泡芙，美的像是直接從法式糕點的圖片裡蹦出來的——沒有不可能，也沒有你達不到的技術。如果做失敗了（醜到慘不忍睹，別懷疑，真的會），別當成無麩質烘焙初次探險的終點，它只不過是一個新的學習機會，要好好想想是烤箱還是烤箱以外的問題。當問題發生的時候，它的答案或許就在這幾頁裡。

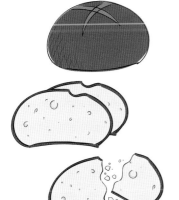

你在這本書裡可以找到的食譜類型

(1) 基本、入門的食譜

這本無麩質烘焙書的重點，並不在於提供一系列創新、從未見過的點子，而在於動手操作所有基本的、核心的無麩質食譜，它也是所有其他無麩質烘焙食品的依據。本書大部分的食譜都屬於這一類。

別說這些食譜不具創新性，它們有，只是可能比你想像的還微妙。它們具創新性是因為，靠著那些結合原料的方式、所使用的技巧、以及原料的比例所做出來的無麩質烘焙食品，也許是你從來沒有遇過的。

雖然口味組合和食譜本身可能讓你覺得比老朋友還熟悉（像是巧克力蛋糕或漢堡包），但是背後使用特定原料、特定步驟或技術的理由，就可能比較陌生了。

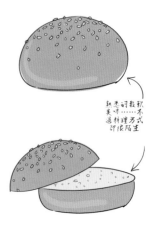

熟悉的款款美味……不過料理方式卻很陌生

剛開始，無麩質烘焙也許令你不知所措，甚至，如果你是早已駕輕就熟的無麩質烘焙師，只是想精進你的技術，你也許會發現，回頭了解基礎原理是最好的方法。現在，別誤會──沒錯，我確實想鼓舞你。但是我希望這樣的鼓舞來自於你對烘焙技術的可能性和成就體悟，而不是來自於從未見過的口味組合。

最後──雖然精巧的裝飾、三層蛋糕或含有十五種原料的法式蛋糕讓人眼睛為之一亮，又令人摒息，但是在講到帶來撫慰和所有快樂的感覺時，沒有什麼（我是說真的沒有）比得上一片烘焙得完美的巧克力蛋糕或蓋著一杓香草冰淇淋的溫熱蘋果派。

(2) 食譜的變化版

我知道我只花了半頁談論所有關於本書核心食譜的事，不過我真的希望你再向前邁進一步，在你自己的廚房裡多試試，創造出你自己的傑作。但很顯然，你要先精通原理。

為了幫助你展開對無麩質烘焙的了解之旅，我在一些食譜的最後納入了我自己的建議──輕輕推一把──加點花招或做點變化。舉例來說，你可以在 **154** 頁的巧克力薄片餅乾加上芝麻醬麵糰，做出多一層的風味，而且它與巧克力薄片搭配得很出色。或者，如果你要尋找豐富果味的絕配，你可以為 **136** 頁的白巧克力布朗尼加上覆盆子。

懂了吧？一旦你開始思考這類問題，可能性便源源不絕地湧出。當你瀏覽本書裡的食譜時，在我列出的原料之外，我希望你可以多想想其他東西。這就是為什麼對於一個獨立創新的烘焙師來說，了解科學原理變得那麼重要──一旦你弄清楚每一種原料和每一個步驟背後的原理，你就曉得改變或取代會不會影響到烘焙成品。還有，你也會知道那些改變或取代是怎麼造成影響的。然後有了這樣的知識，就沒有不可能。

(3) 少了，就活不下去的食譜

好吧，我知道把它們叫做「少了，就活不下去」的食譜也許是種誤導──事實上，因為本書裡所有的食譜都很特別，所以你

會想一做再做。這一類食譜只採用了幾種（或沒有）珍貴新知，我不能單純因為它們純粹、令人摒息的美味而把它們放到這本書裡。

那就是棉花糖布朗尼，香軟、有嚼感的布朗尼，和有烤得香甜、蓬鬆如雲朵的瑞士「棉花糖」蛋白霜的誘人組合（見 144 頁）。還有麵糰跟肉桂捲的很像的巴布卡──我忍不住要分享它的巧克力乳脂內餡與里歐麵糰盤旋，在我廚房裡舞出最美味、最令人垂涎的舞姿（310 頁）。

剝奪你享受這些食譜的權利太殘忍了──所以我沒有。不客氣。

你在本書中找不到的食譜

你知道我在本書中納入了哪些類型的食譜雖然很重要，但更重要的也許是，你察覺到我略過了哪些類型的食譜，以及為什麼。

很顯然，我取捨的理由很主觀，完全是我個人的決定。但是我做這些決定是為了留下足夠的空間給食譜和最能幫助你真正精通無麩質烘焙的資訊。

(1) 健康的食譜（或者，以健康為主要訴求的食譜）

雖然我全力支持健康的食譜和勻衡飲食，但是這並不是本書的重點。如果你所尋找的食譜不只是無麩質，而且也不含穀物、糖、乳製品和蛋什麼的，那麼這不是你想要的書。我在網路和書店瀏覽無麩質蛋糕或無麩質餅乾，但太多次都只找到一篇又一篇強調「健康」的食譜。

強調健康並沒有錯，但是在這本書裡，我希望你做的每一次烘焙都能盡情發揮，溫暖你喜好食物的靈魂，為你帶來唯有食物能給予的獨特歡樂。

話雖如此，但我意識到某些含澱粉量多的無麩質穀粉，是造成某些人擔心的原因。所以我的 DIY 無麩質穀粉食譜之一（見 21 頁）並不是用白米做的，而且它比許多市售的品牌少了很多澱粉（澱粉量只有 40%，一般市售的是 70%）。你也許認為我應該連澱粉一起刪除，但事實上，那對大部分烘焙產品的質地會產生負面影響。此外，本書中的許多食譜是偶爾請客或享受用的，而且立意在於把享受當做勻衡、靈魂滋養的生活型態的一部分。（還有，依我個人淺見，這樣的生活型態很需要偶爾來點蛋糕或布朗尼。）

(2) 天然的無麩質食譜

我承認,在一系列無麩質食譜中找到天然的無麩質食譜,是對別人來說無所謂、但對我來說超厭煩的事,尤其是宣稱要把和無麩質烹飪及烘焙有關的一切複雜原理和指引傳授給你的那些書。我不是在說我不欣賞不含麵粉的巧克力蛋糕所帶來的巧克力魅惑,或一杓自製冰淇淋所帶來的寬慰。

在我看來,這樣的食譜會佔掉真正需要我們關注的食譜所需要的空間,也就是那些因為無麩質而看似不可能完成的食譜——鬆軟的蛋糕、外酥內軟的餅乾、軟黏的布朗尼、煮烤得宜的貝果。當我可以把篇幅用於說明 338 頁的無麩質泡芙酥皮為什麼能成功時,我為什麼(在一本把重點放在精通無麩質烘焙的書裡)要把這些篇幅浪費在教你做焦糖布蕾?

因此,如果有食譜因為一開始就不含任何麵粉所以是天然無麩質的——不,你在這兒是找不到的。

(3) 不必要的複雜和難以取得原料的食譜

我們都知道那些食譜好像幾乎都要你自己種蘋果樹、採收蘋果,把蘋果精準地切成 1.3 公釐大小,撒上某種稀有的糖和特定種類的冰糖,淋上 2 ⅕ 大匙的檸檬汁,而且檸檬只能來自於義大利南部的一個特定村莊,然後在冰箱裡浸漬三天……最後做出一個簡單的蘋果派。

我擁有科學魂,我支持精確——在這件事情上它對最後結果的影響是「少了,就活不下去」。所以你在嘗試我的食譜的時候也要知道,當我說做什麼或用哪種特別的原料時,一定是有原因的,你應該照著做。

但是因為我不希望你只是盲目地遵從我的指導,所以我用註解來說明任何一般和／或重要的步驟或原料。所有的原料都應該易於取得,無論透過當地超市或網路。

(4) 求快或走捷徑會影響風味或口感

就像我沒必要把食譜搞得那麼複雜一樣,我也不會把食譜簡化到影響風味或口感的地步,從製做開始到結束所需的時間也是一樣。如果說,用來做麵包的麵糰在放到冰箱裡冷卻一小時後比較好處理,風味也會更好,我就不建議你為了節省時間而跳過這個步驟。

我知道很多人的時間都不夠用,相信我,我是一個很沒耐心的烘焙者。但是這本書裡 99% 的食譜把時間都花在操作上(你實際花在烘焙工作的時間),但比創作一篇食譜所需要的總時間

少很多。我把最要緊事項所需要的時間列在每篇食譜的最上頭，首先是「準備」時間，那是你會花在處理烘焙（拌和、攪拌、打攪、組合等等）的時間。然後還有其他項目的計時（像是烘烤、冷卻和發酵），用來幫助你判斷你能夠（且應該）留給烘焙產品的時間。如果你覺得事情統統安排好了，當然，你可以在這段時間做食譜裡其他的部分。例如，你可以趁巧克力海綿蛋糕冷卻的時候做奶油霜，或是趁著烤酥皮的時候準備內餡。有些食譜也需要烹調步驟（像是在製做派的時候準備焦糖或將果汁濃縮成糖漿），這些都整個歸納在「烹調時間」裡。要注意的是，「烹調時間」並不包括簡單的加熱步驟，像是加熱用來做甘納許（一種奶油巧克力醬）的重乳脂鮮奶油（Double cream），或是加熱用來做瑞士蛋白霜的蛋白和糖。

無麩質的完美終將到來

這是一項崇高的主張——本書裡所有的烘焙產品都有變得完美的潛力。也許有人說我是在自設障礙，但事情是這樣的：我希望你懷著較高的期許來做烘焙。我不希望你在展開無麩質旅程時想著，你只會感到滿意或「還好」的程度。我要你在踏出第一步時就確信，你會品嚐到十足、徹底的⋯⋯完美。

我幾乎過度使用「完美」和「理想」兩個詞（它們常出現哦），還有另一個理由。在「真實世界」認識我的所有人、任何人都知道，我是一個完美主義者，而且很為此感到驕傲（當我沒因為試著改進已經被改進過的食譜而把自己逼瘋時）。這本書裡幾乎每篇食譜都做過至少十次的更動，有的還改過三十或四十次。這些修改有的很細微，細微到許多人也許會覺得我瘋了。¼茶匙泡打粉和 1 克黃原膠真的有差那麼多嗎？把蛋和糖打在一起或攪拌在在一起，真的能做出截然不同的布朗尼嗎？有時候會，有時候不會。但是這些更動是決定烘焙產品真正最佳樣態的關鍵——而且我從成功與失敗中獲得的知識，比我一路走來所研發的食譜更珍貴。所以，在這本書裡談論完美，指的不僅是食譜本身的品質，還有讓它們達到那種品質的過程。

當然，我們很容易對這個問題產生疑惑：到底怎樣才算完美？尤其是講到食物的時候，完美往往太主觀。我覺得喜歡的，你也許覺得不怎麼樣。儘管如此，一本提供食譜及其背後的科學的烹飪書最好的地方就是：是的，我把這些食譜推到了我認為的完美境界（一個我認為你也會喜歡的程度），但是我也提供你達到你自己無麩質完美境界所需要的工具。

無麩質烘焙入門

什麼是麩質？

在我們探究（一點兒都不可怕）無麩質烘焙的科學之前，重要的是要了解麩質到底是什麼，以及它在小麥烘焙中所扮演的角色。因為到頭來，一大堆的無麩質烘焙還是在試著重新創造麩質產品中毫不費勁且自然產生的質地和結構。

麩質的基本定義是「存在於穀物（尤其是小麥）裡的兩種蛋白質的混合，它是麵糰有彈性的原因」。英文中「麩質」（Gluten）一詞的源頭要追溯到 16 世紀拉丁文對「膠」（glue）的表達形式。這些源頭告訴我們麩質在烘焙產品中所扮演的角色——它除了像膠一樣把烘焙產品黏合在一起，也使它們具備特有的彈性。

此外，麩質蛋白決定了白麵粉的其他特質，例如吸水力，也就是麵粉在烘焙前和烘焙期間能夠吸收多少水分或液體。因此，麩質蛋白就是影響烘焙產品多乾或多溼、乾硬或溼軟的成分。

然而，即使在小麥烘焙裡，大部分的烘焙師也對麩質有一種又愛又恨的感覺。雖然在創造麵包的特有質感上它是最得力的助手，但是在製做像是餅乾和派皮等東西上，它卻是難應付的對手。有鑑於此，烘焙師需要盡量減少麩質的影響，以免做出黏黏的餅乾或咬不動的派皮。

在無麩質烘焙裡，我們面臨的問題剛好相反。現在，很容易做出酥脆的餅乾（如果想的話，也可以做成有嚼勁的），又香又酥的派皮，鬆軟細緻、組織勻稱的蛋糕。然而，麵包呢？它變得比較黏。並不是說烤出好的無麩質麵包是不可能的，那只表示我們需要用不同的方式來做。

無麩質穀粉

無麩質穀粉的世界可能令你不知從何下手 —— 有太多種了！在本書裡，我會把重點放在從做蛋糕、餅乾到糕點和麵包時，我日常必用的那幾種上。接下來，你絕不會看到鉅細靡遺的清單，而是真的對無麩質穀粉及其特性的稍微介紹。別誤會：好多年以後，你仍然可以輕鬆地只用本書裡介紹的這幾種穀粉（做出亮眼、誘人的成品）—— 但是也要記住，在我提到的這些穀粉之外，還有很多、很多種。

話雖如此，我們對無麩質穀粉的看法、它們的特性和應用，是到哪兒都一樣的 —— 一旦你了解了背後的原理，你就差不多能夠毫無障礙地使用任何新的無麩質穀粉。

澱粉＋蛋白粉

無麩質穀粉大致上分為兩種：澱粉和蛋白粉。區分法主要是依據蛋白質含量和每種粉做成烘焙產品後的彈性，不過這也跟穀粉與食譜中的任何液體原料的交互作用（我稱之為「吸水能力」）有著密切的關係。

大體上，**無麩質蛋白粉**（糙米粉、蕎麥粉、玉米粉、小米粉、燕麥粉、藜麥粉、高粱粉和白苔麩粉[2]）賦予無麩質烘焙產品風味和結構。它們提供（很小量的）彈性，防止烘焙產品變得太硬脆。它們有具有很好的吸水力，這表示，蛋白粉含量較高的產品變乾的速度比較慢，其他方面都一樣。

另一方面，**無麩質澱粉**（葛粉、玉米澱粉、番薯粉、木薯粉和白米粉）讓烘焙產品更柔軟、蓬鬆。因為它們的蛋白質含量較少、吸水力較低，所以做出來的蛋糕可口、鬆軟、入口即化，餅皮也不會太黏。

不過，無麩質烘焙真正的魔法來自於正確的蛋白粉和澱粉的比例，才能做出彈性、蓬鬆度和含水量恰到好處且鬆軟的質感。只用澱粉做的蛋糕會碎得一塌糊塗，而蛋白粉過多，可能會使產品變成黏稠的磚塊。這就是無麩質穀粉要混合使用的目的。現在，我要告訴你我已經為你做好的事項，並且推算出澱粉和蛋白粉的適當比例，才能做出所有最美味的產品。

澱粉與蛋白粉之間的差異，並不是故事的句點。尤其是在蛋白粉這一類別裡，有些特性是具層次變化的 —— 特別是講到它們

2 　或稱畫眉草粉。

賦予烘焙產品的彈性和「重量」時。

「添加」類的粉

為了增加點趣味（說實在的，也令人困惑），我再介紹一些添加類的粉，它們不屬於這兩大類別裡的任何一個。我指的是杏仁粉（及其他堅果粉）椰子粉、鷹嘴豆粉等等。我並不太支持鷹嘴豆粉，因為它有股幾乎壓不住的強烈風味，不適合拿來做點心和其他甜品。但我確實常常使用杏仁粉，尤其是用在蛋糕和杯子蛋糕上。

這些粉不能賦予烘焙產品彈性，這方面很類似澱粉，但是它們能提供點紮實的質量——除了它們相當高的吸水力之外，這一點也跟蛋白粉很像。這些複雜的特性表示，最好將它們歸納在單獨的類別，當做添加品，而不是無麩質烘焙的核心原料。

你已經頭昏腦脹了嗎？為了讓你輕鬆點，我在表格 1（次頁）整理出主要的無麩質穀粉。但是，為了對無麩質穀粉有適當的了解，你必須親身使用和體會。感覺它們的質地，看看它們在烘焙時的反應。測試它們特性的好方法，是把一大匙的粉加到 ½ 到 1 大匙的水裡。從粉的吸水量可以看出它的吸水力，與水混合後的質地也會告訴你這是蛋白粉還澱粉。蛋白粉在與水混合後會形成「麵糰」，彈性程度不一（當然，無法達到白麵粉那種程度），而澱粉會形成接近流體的漿糊。

在表格 1 裡，你會注意到我把糙米歸類為蛋白粉，而白米粉歸類為澱粉。白米粉的蛋白質含量確實比糙米稍微少一點，但是仍然比（舉例來說）木薯或番薯粉多很多。然而，在講到烘焙上的實際反應時，我發現白米粉比較接近澱粉。所以，雖然這不是一種完美的分類法，但是很切合實用。不過這表示，白米粉不適合用來取代其他的澱粉（反之亦然）——之後我還會談到。

細磨粉的重要性

無麩質穀粉的最後提醒：務必確定你用的是細磨的無麩質穀粉（或烘焙粉）。用來烘焙的粉應該具有白麵粉般的細緻粉末狀質地，而不是像粗粒玉米粉那樣。使用粗粉會抑制它與其他原料的相互作用，而產生失敗品。

表格 1：最重要的無麩質穀粉及其蛋白質含量、吸水力，以及屬
於澱粉、蛋白粉或「添加」類的粉。

無麩質穀粉	蛋白質含量[1]	吸水力[2]	類別
杏仁粉	很高（低單性）	中等	添加類
葛粉	低	低	澱粉
蕎麥粉	高	高	蛋白粉
椰子粉	高（低彈性）	很高	添加類
玉米澱粉	低	低	澱粉
玉米粉	中等	高	蛋白粉
燕麥粉	高	高	蛋白粉
番薯粉	低	低	澱粉
藜麥粉	高	高	蛋白粉
糙米粉	中等	中等	蛋白粉
白米粉	中低	中等	澱粉
高粱粉	中高	高	蛋白粉
木薯粉	低	低	澱粉
白苔麩粉	中高	高	蛋白粉

[1] 注意，雖然較高蛋白質含量會賦予烘焙產品一些彈性，但這種彈性就無麩質穀粉而言，跟白麵粉的比較起來幾乎微不足道。

[2] 乾粉在室溫下的吸水量（把10克穀粉與10克室溫的水混合在一起的測試結果）。

黏合劑：黃原膠＋洋車前子

當然，談到無麩質烘焙，我們就不能不提到黃原膠和洋車前子（做為「黏合劑」）。它們的基本功能就是麩質的代替品，賦予無麩質烘焙產品彈性和柔韌性。在使用低蛋白含量的穀粉時，黏合劑特別重要，因為那種穀粉可能做出又乾又易碎的成品。一小撮黃原膠就能夠完全改變烘焙產品，賦予它「我不敢相信這是無麩質！」的品質。

黃原膠是一種多醣類（意思就是，它的化學結構包含好幾種較小的糖單元），在細菌的輔助下，經由葡萄糖和蔗糖的發酵作由而產生。我知道這聽起來或許有點兒奇怪——但是黃原膠經證

實是完全安全的食物添加劑，也是無麩質食譜中的神奇原料。

在烘焙時，我們主要關心的是黃原膠迅速提升流質黏性（濃稠度和看起來的黏度）的能力，即使是它的濃度比較低的時候。如果你把黃原膠放到水裡，你會發現它在幾秒內（視黃原膠的量和水量而定）便形成凝膠，這種凝膠可能鬆弛、也可能相當牢固，但是它一定具有某種程度的彈性。所以，一小撮的黃原膠就足夠讓無麩質麵糰或麵糊產生如含麩質般的黏性和彈性。

最後，我要打破黃原膠的一個迷思：因為有時候它像玉米澱粉一樣被用來提升醬汁或湯的濃稠度，所以網路上流傳起謠言說，在無麩質烘焙裡你可以拿玉米澱粉取代黃原膠。那─不─是─真─的。我再說一遍：那不是真的。你不能拿玉米澱粉取代黃原膠（唔，如果你想做出好的成品就不行）。雖然這兩者都可以用來當做增稠劑，但是只有黃原膠才能做為麩質的替代品。

洋車前子和黃原膠比起來，是加工較少的添加劑，但是它在無麩質烘焙中的功能是類似的。然而跟黃原膠不同的是，洋車前子含有好幾種成分，並非單一物質。在這些成分裡，我們在做無麩質烘焙時所關注的是一種由膠體形成的糖單元長鏈聚合物，作用跟黃原膠很相似（因為它們有類似的化學結構）。還有，跟黃原膠一樣，洋車前子跟水混合後，會變成有點水水的彈性凝膠。

雖然這兩種黏合劑具備類似的功能，但我發現它們適合於不同的運用情況。黃原膠很適合用於蛋糕、餅乾、杯子蛋糕和馬芬糕、布朗尼和酥皮——也就是除了麵包以外幾乎所有的烘焙產品。而在講到麵包時，洋車前子是不可或缺的台柱，使麵糰更容易處理，而且更接近小麥麵粉做的麵糰。在你瀏覽食譜的時候你會注意到，洋車前子真的只出現在麵包的章節——但是有了它，麵包就大不同相了。

無麩質烘焙粉

所以，我們知道無麩質穀粉或烘焙粉會決定食譜裡的其他原料（以及它們的特質），而且對無麩質烘焙的成功與否具有關鍵性的影響。在整本書裡，我把無麩質穀粉和無麩質烘焙粉區分得很清楚。

前者是單一成分——就是我提過的無麩質穀粉，有可能是米粉、杏仁粉、番薯粉、葛粉等等（參見 **19** 頁，表格 **1**）。而後者是無麩質穀粉的混合物，有時候也含有各種添加劑，通常是賦予烘焙產品彈性的黏合劑，以及自發烘焙粉中的膨鬆劑。

現在，在商店裡和網路上可以買到各式各樣的無麩質烘焙

粉。為了讓這本書真正做到完整、無所不包，我用各種無麩質烘焙粉測試過每一篇食譜——包括市售已經混合好的，和你自己調製的（見表格 2，如下）。

市售和 DIY 烘焙粉我兩種都用的原因是，已經混合好的烘焙粉有其便利性，是每天忙碌生活中的好幫手，而且一旦你習慣了特定配方，它便成為你在廚房裡的最佳良伴。可惜的是，無麩質烘焙粉太常斷貨，當這種情況發生時，就像失去一個好朋友似的，只能心酸流淚、淒苦的怨嘆沒有它們就活不下去。

如果有 DIY 烘焙粉，你便再也不需要依靠某個品牌或商店。反之，在需要來點新鮮感時，你隨時可以調製出一批新的烘焙粉。還有，如果你對特定食物有不耐症，你可以調整 DIY 烘焙粉，納入或排除某些成分，像是米粉、玉米粉或番薯粉等常見的過敏原。

表格 2 列出的是我已經用本書食譜成功測試過的市售無麩質烘焙粉，以及兩種自己調製的烘焙粉。為了盡可能納入更多的成分，DIY 烘焙粉 1 包含了米粉、番薯粉和玉米粉，其他的烘焙粉則避開這三種成分。此外，DIY 烘焙粉 2 的澱粉含量很低（相較於 DIY 烘焙粉 1 的 80%，它只有 40%）——這是為了在無麩質烘焙上常見的抱怨：穀粉和烘焙粉的澱粉量太多。

這兩種 DIY 烘焙粉還有進一步的差異：烘焙粉 1 在風味上是相當中性的，而烘焙粉 2 有隱隱的堅果味，我很喜歡。再來是顏色，烘焙粉 1 是淺黃色（因為玉米粉的關係），烘焙粉 2 是灰

表格 2：無麩質烘焙粉及其成分

烘焙粉名稱	成分
鴿子牌無麩質中筋粉 （Doves Farm Freee plain gluten-free flour）	米粉、番薯粉、玉米粉、蕎麥粉、木薯粉
商店品牌無麩質烘焙粉[1]	米粉、番薯粉、玉米粉
DIY烘焙粉1	白米粉50%、番薯粉30%、玉米粉20%
DIY烘焙粉2	木薯粉40%、蕎麥粉30%、小米粉30%[2]

[1] 在寫這本書的時候，我用以下英國雜貨業自有品牌的無麩質烘焙粉來測試食譜：
Aldi、Lidl、Asda、Sainsbury's。

[2] 舉例來說，DIY烘焙粉1包含50克白米粉，30克番薯粉和20克玉米粉——比例是以重量（克）為基準，而非容積（例如，杯），因為不同的粉，密度也不相同。

棕色（由於蕎麥和小米）。這些顏色會一路跟著到最後的成品上。雖然在巧克力蛋糕上並不明顯，但是在製做像是香草蛋糕或白巧克力杯子蛋糕的時候要記得這一點。

本書裡大部分的食譜在原料表裡列出來的就是「無麩質烘焙粉」（表格 2 裡的任何一種都可安心使用），但是你也會遇到採用特定的無麩質烘焙粉的食譜。在這種時候，如果你想改變這些烘焙粉的配方，你一定要遵守下以的替代建議。有些食譜需要某種特定的粉，尤其是麵包食譜，留給變化的空間並不多——如果你想做出美味的烘焙產品的話。

你會注意到，表格 2 只提到無麩質中筋粉——不含任何膨鬆劑。理由很簡單：使用中筋烘焙粉然後自己添加膨鬆劑，才能微調它的蓬鬆度和質地，讓你更容易控制烘焙產品的品質。同樣的道理，我推薦不含黃原膠的無麩質烘焙粉。這樣一來，你可以自己調整黃原膠的用量，做出完美的烘焙產品。

無麩質穀粉替代品

你也許懷疑，是否可以取代無麩質烘焙粉裡的成分。是——也不是。本書裡的烘焙粉應該會做出可能的最佳產品，所以替代品也許會改變這個結果。不過，一般說來，所有的無麩質澱粉都可以彼此交換（除了白米粉，它在澱粉族裡有點兒算是異類）。蛋白粉做的東西會比較黏稠。

我會在 256 頁更詳細的說明其原理，但是現在先這樣告訴你們就夠了：不同的蛋白粉會給予烘焙產品（尤其是麵包）不同的重量和風味，我把它們區分為兩大類，在同一類裡你可以互換。

+ **糙米粉和小米粉**：（屬於「較輕」的那一端，風味也比較溫和）
+ **蕎麥粉、玉米粉、燕麥粉、藜麥粉、高粱粉和白苔麩粉**（屬於「較重」的那一端，風味也比較強烈）

要注意，我把 DIY 無麩質烘焙粉優化到能夠做出各種烘焙產品的最佳結果——所以雖然我十分鼓勵你試驗不同的穀粉（尤其是如果你對某些穀粉有不耐症，或者因為你買不到的話），但千萬要記住，用來替代的穀粉可能會影響烘焙產品的質地、外觀和風味。特別是用蛋白粉來取代的時候，因為其中有許多在風味和顏色上是相當強烈的。

其他的貯藏必備品

當然，認識你的無麩質穀粉、烘焙粉和黏合劑，對任何成功的無麩質烘焙探險來說是很重要的。然而，了解和認識可以使用哪些其他的原料，也同樣重要 —— 那就是我要把最重要的「沒有，就活不下去」的貯藏必需品清單列在下面的原因。

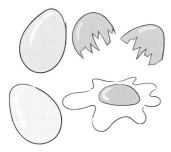

蛋。在我所有的食譜中，我使用英國中型蛋，相當於美國的大型蛋。大致上的平均重量，中型蛋大約 60 克，脫殼的話 52 克。蛋黃平均重量為 16 克，蛋白 36 克。如果你想量出一半的蛋（不管理由是什麼），要個別量出一半的蛋黃（大約 8 克）和蛋白（大約 18 克）—— 不要把整顆蛋打散後量出 26 克，這種方法很可能得不到蛋黃與蛋白的正確比例。在大部分的情況下，在你把蛋加到麵糊和麵糰裡之前，蛋應該放在室溫的環境裡。如果你忘記事先把蛋從冰箱裡拿出來（我常常發生這種事），就把蛋放到一碗溫水裡，讓它們浸泡個幾分鐘。

黃油。雖然我喜歡在吐司片上抹大量的含鹽黃油（尤其如果吐司是 274 頁的工匠脆皮黑麵包（Artisan dark crusty loaf）的話），但我總是在烘焙時使用無鹽黃油。原因很簡單，這讓我比較容易控制烘焙產品的品質，在大部分食譜裡，我會使用四種形式的黃油：軟化的、融化且冷卻的、冰過的，或凍過且磨碎的。

軟化的黃油指的是放在冰箱外一陣子的黃油，當你用手指壓它的時候，它應該會凹陷。它絕對不是摸起來硬硬的，但也不是在融化邊緣。如果你忘了先把黃油從冰箱裡拿出來或太晚才拿出來，你可以微波 5 到 10 秒鐘，直到它達到正確的軟硬度。

融化且冷卻的黃油，基本上就是讓融化的黃油冷卻，直到回溫，才不會和其他放在一起的原料混得一團糟（尤其是蛋）。

冰過的黃油指的是直接從冰箱裡拿出來的黃油。那表示，就算你為了某個食譜而必須把黃油切成小塊，之後也不應該把黃油一直放在室溫下。反之，要把它放到冰箱裡，直到你剛好需要用到它之前。

磨碎的冷凍黃油是至少冰凍過 2 到 3 小時的黃油，或最好冰凍一個晚上，然後粗磨。這讓黃油又冰、又有很好的可塑性，用來做速成疊層麵糰很理想，例如蓬鬆千層酥皮（參見205頁）。

液態油。雖然黃油（黃油在室溫下呈固態，是「脂」）絕對是我在烘焙時所用的脂肪類型，但有的時候，用液態油最好。如果我

指定使用風味中性的油，通常指的是葵花油或菜籽油，但是蔬菜油也可以。如果你希望油能帶來點風味，通常會用橄欖油，不過你若喜歡的其他風味的油，盡管使用。

糖。 你會注意到，我在食譜裡使用細砂糖多過於粗砂糖——舉例來說，我在大部分的情況下會略過晶粒砂糖而使用細砂糖。細砂糖是較小的糖晶體，比顆粒較大的晶粒砂糖更容易也更快溶解。在巧克力海綿蛋糕或法式可麗餅等使用許多液體的烘焙產品裡，這一點並不很重要，但是在餅乾或酥皮等烘焙產品裡，用細砂糖可以做出更均勻的組織。不過，在講到馬芬糕或刷上蛋液的酥皮上所撒的糖時，會選擇晶粒砂糖——大多是因為相反的理由。這個時候我們不希望糖完全融化，而是要形成一層薄薄的亮面。除了白糖，我也會使用紅糖和黑糖，兩者都可以增添風味和溼度。在需要略帶黏性或軟黏質地的烘焙產品裡，例如布朗尼或巧克力薄片餅乾，額外的溼度尤其重要。

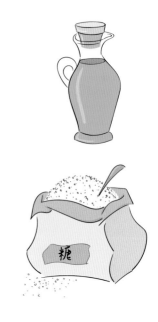

蜂蜜＋楓糖漿。 雖然白糖和紅糖是我在大部分情況下使用的甜味劑，不過蜂蜜、楓糖漿和其他液態甜味劑也能增添不同的風味。事實上，你可以常用它們來取代一般的糖，但有少數要注意的例外：

+ 當「把奶油和糖攪打成乳脂狀」，或「把蛋和糖攪打在一起」是食譜的核心的時候（像是 128 頁的光澤布朗尼），
+ 當糖在烘焙過程中具有控制作用的時候（例如，糖是巧克力脆片餅乾在烘烤時擴散開來的關鍵；見 154 頁），
+ 你不想添加額外的溼度的時候（特別是 268-319 頁的麵包和其他麵糰食譜）。

鹽。 我不認為本書裡有任何食譜是不含一丁點鹽巴的（「鹽」指的是氯化鈉，NaCl，以及視鹽的種類所混合的一點兒其他的分子和化合物）。那是因為鹽是天然的提味劑，即使是微少的量——在處理巧克力和花生醬的時候特別重要，一小撮就能把烘焙結果帶入全新的境界。相同的道理，一條麵包裡的鹽如果太少，嚐起來會淡而無味，就像紙板一樣（無論它的質地有多棒）。我廚房裡用的鹽有細的散粒狀，也有薄片狀，後者特別適合用來撒在餅乾和布朗尼上頭——儘管大部分其他類型的鹽也都適合用在食譜裡。

膨鬆劑（化學膨鬆劑）。在使用泡打粉和小蘇打粉（碳酸氫鈉）的時候，最重要的事情便是了解它們的成分。

小蘇打粉（碳酸氫鈉）是純化合物 NaHCO3——它是一種鹼性物質，和酸起反應後會釋出氣體（二氧化碳，CO2），水和鹽類是其副產品（這裡的「鹽」不一定是食鹽或氯化鈉）。所以，使用酸性原料是很重要的，因為這樣一來，小蘇打粉才能產生活性，讓烘焙品產生輕盈、蓬鬆的效果。這種酸性成分可以是任何種類的東西，例如檸檬汁、優格、酸奶，甚至是巧克力（它的 pH 值落在酸性那一邊）。因為小蘇打粉是純化合物，所以它不會真的失去活性（除非受到污染），而且保存期限非常久。

相反的，泡打粉並非純化學物質，它含有小蘇打粉、一種酸性成分和抗結塊劑（例如米粉或玉米澱粉），以防止黏結成團，並且盡量保持小蘇打粉和酸性成分的乾燥（抗結塊劑會優先吸收任何水分）——稍後我們會講到為什麼這一點很重要。酸性成分可以是塔塔粉、磷酸鹽或硫酸鹽。鹼（小蘇打粉）和酸起作用後會產生二氧化碳，它們需要在水性介質中混合，最好有點熱度（因為熱會加速反應，並且蒸散掉產生的水分，才能增加烘焙品中「氣泡」的數量，形成輕盈蓬鬆的質地）。那就是為什麼讓水分散逸有那麼重要和我們會添加填充劑的原因。溼暖或溼熱的環境可能大幅縮短泡打粉的貯藏期限，為了測試泡打粉是否仍然有用，只要加一點點到水裡：如果會起泡就仍然是有效的，可以安心使用。

酵母。蛋糕和杯子蛋糕等烘焙品，需仰賴化學膨鬆劑才能膨起、產生孔洞組織，而麵包則以酵母做為膨鬆劑。現在，我知道你一定會這麼想：只用酵母的無麩質麵包？當然，我們還需要一點小蘇打粉來幫忙。（劇透警報：決不透露——到了麵包那一章你才會知道。）現在，讓我們談談我在食譜裡所使用的酵母種類：活性乾酵母。雖然活性乾酵母的處理方式意味著，它的活性比速發乾酵母稍微差一點（所以每 100 公克的粉需要稍微多一點的活性乾酵母），不過我喜歡把它放到溫水或牛奶裡活化，親眼看到它順利起泡的樣子。除了確定它發泡的能力（和未過期或由於某些原因而失效），活化酵母幾乎可以成為你每週烘焙無麩質麵包時的儀式的一部分。話雖如此，在我大部分的食譜裡，你仍然可以使用速發乾酵母，只不過要減為 75% 的用量，也就是每 1 克的活性乾酵母要用 0.75 克的速發乾酵母取代。和活性乾酵母不同的是，速發乾酵母不需要水分，你可以把它直接加到乾的原料裡。（如果你想使用新鮮酵母，你會需要活性乾酵母的雙倍重

量。）

巧克力。不用說：要使用優質巧克力來烘焙——你很喜歡吃的那種。我大部分的食譜都用含 60-70% 可可塊的黑巧克力，但是也有不少食譜使用了白巧克力，還有一些用了牛奶巧克力（腦海裡浮現出 56 頁的榛果牛奶巧克力蛋糕……噢，天啊，它是最棒的）。近幾年，一般烘焙品中的巧克力品質快速上升，所以，真的沒有藉口用欠佳的品質。

　　我特別點出可可的比例有兩個原因。第一，在講到甘納許或釉料這類東西的時候，可可的含量對濃稠度有很大的影響。最適合澆注的巧克力釉料是 60% 的可可，當比例變成 70% 的時候，濃稠度便明顯地增加（當然，也取決於其他原料）。第二，甜點會更具風味，尤其是甜味。在填充熱巧克力塔（見 246 頁）裡的巧克力慕絲這類東西時，我喜歡使用比例比較低的可可塊，如此一來，就不需要添加額外的糖（需要的也可能是更黑、更苦的巧克力）。

鹼性可可粉。在所有需要可可粉的食譜裡，我都用鹼性可可粉，不要跟未經加工的天然可可粉搞混了。天然可可粉是酸性的，pH 值 5-6（記住，中性 pH 值是 7），嚐起來是比較刺鼻的水果味。它的酸性也代表著，它會和泡打粉、小蘇打粉發生反應，為烘焙品注入額外的氣體。鹼性可可粉經過鹼化處理，它的酸性被中和成 pH7。同時，加工過程不僅使它的顏色變得更深、更暗沉，也賦予它比一般巧克力更濃郁的風味。你在烘焙的時候，如果食譜中有指定用哪一種可可粉，我不會建議用另一種去取代——擾亂了烘焙品的酸性程度，必定會改變化學膨鬆劑在烤箱內和烤箱外的反應，而且，考量到食譜已經是我試驗出來的最佳組合，改變或許不是件好事。

香草莢醬。假如想添加一縷香草味（或者，如果需要的話，像 52 頁的簡易香草蛋糕和 94 頁的香草杯子蛋糕的重量級香草味），我一定略過香草精而選擇香草莢醬。除了讓甜點具有來自真正香草豆的斑點（那是香草精所沒有的），我也很喜歡它所賦予的優質香濃度。我發現，它的用量遠比香草精少——所以雖然它的價格比香草精貴一些，但是能夠讓你用好幾次。

廚房裡的用具

為了在烘焙時東西順手，不礙事，我們來看看讓無麩質烘焙變

得完美的，有哪些不可或缺的用具。這些都是我廚房中的日常用品。

電子秤。我有很好的理由把它放在廚房用具的第一順位。除了添加泡打粉、小蘇打粉、黃原膠和鹽等東西是用茶匙去量之外（在麵包那一章茶匙甚至消失了，因為克數才重要），我幾乎每樣東西都要秤重。沒錯，那包括水、牛奶和油等液體。在講求精確的時候，沒有什麼（我是說真的沒有）可以比得上簡易電子秤。量出 137 克的水是小意思，但是嘗試用罐子量出 137 毫升就完全是另一回事。（除非你有實驗室等級的量筒，那對你有幫助。）所以，我真的再怎麼強調也不為過：捨棄不可靠的體積測量，找個食物電子秤來用。如果它能顯示小數點以下的數字，那更好。

花生醬……也許吧

細砂糖（也可能是鹽）

烤箱溫度計。我來說個故事：大學的時候我住在學生宿舍裡，有一天，我想用那裡的烤箱烤蛋糕，結果烤了一個小時之後還是生的。為什麼呢？烤箱的溫度設定在 180℃，但是它實際的溫度是少得可憐的 130℃。沒錯，足足少了 50℃。這個故事的寓意是，你真的不能盲目地相信烤箱上的刻度——最好用烤箱溫度計來做校正，如果可以的話就重新校正，或是記住它的刻度所對應的實際溫度。我目前用的烤箱少了 10℃，所以我知道當我想用180℃烤東西的時候，我需要設定在 190℃。關於烤箱溫度的最後提醒：不要只是測量烤箱起初的溫度，而是要注意溫度隨著時間的變化，尤其是你放入東西之後（即使是空的烤盤）。此時的溫度比烤箱達到設定溫度並且繼續維持的頭 5 分鐘重要多了。

烤箱溫度計

電子食品溫度計。電子食品溫度計除了在製做焦糖和調溫巧克力時很重要以外，從測量麵包或派的內部溫度，到做瑞士蛋白奶油霜熬煮蛋白和糖時監測蛋白的溫度等一切工作，它也非常好用。那就是我偏好金屬探針式電子溫度計而捨棄老式指針溫度計的原因，它的形狀限制了它的用途。

攪拌碗。我有數不清的攪拌碗，每一次當我瘋狂烘焙糕點時，我都覺得雖然攪拌碗太多，但是我仍然沒有乾淨的可以用。在談到攪拌碗時，要考量兩件事情：大小和材質。我有各種大小的攪拌碗，從用來打一顆顆蛋的小碗，到裝得下 2 公斤餅乾麵糰的超大碗。（我們都有那種時間，對吧？）碗的材質應該是耐熱、堅固、耐用的——我以 Pyrex 玻璃和不鏽鋼發誓。

升降式攪拌機。不用説，這是一定要的。雖然手持式攪拌機連一點點的料都能攪拌，不過升降式攪拌機能運用的範圍更廣（從製做蛋白霜和奶油霜到揉麵糰和準備塔皮）。還有，多段的速度設定讓你更能掌握乳脂和麵糊要拌入的空氣量——對於許多食譜來説（從做乳酪蛋糕內餡到攪打奶油等）是很重要的。

食物處理機。我把這種重要的玩藝兒用在每一件事情上，從檸檬條和棉花糖餅乾條的基底（見 190 頁和 186 頁）到磨碎榛果和製做奶油杏仁糊。

打蛋器、木杓＋抹刀。使用上很簡單，不用動什麼腦筋，而且你幾乎做什麼都會用到它們。就在書寫到這裡的時候，我的廚房裡有 15 隻以上的抹刀，但仍然沒有乾淨的可以用（別問我怎麼會這樣）。食譜會指示用哪一種工具，通常打蛋器可以迅速又有效的幫混合物拌入空氣，或打散麵糊裡的團塊。當你不想拌入太多空氣時，就用木杓。在講到將乾的原料拌入蛋和糖（在布朗尼的食譜裡還要加上巧克）的蓬鬆混合物裡、又不讓它塌掉時，沒有什麼比得上抹刀。或是當你要刮下模具上任何一丁點美味的殘餘物時，你會需要抹刀。

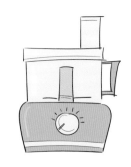

烤盤、托盤＋模具。以下是我在本書裡所用的主要烘焙容器的整理：

+ 20 公分陽極氧化鋁製圓形蛋糕模（5 公分深）
+ 20 公分陽極氧化鋁製方形烘烤模（5 公分深）
+ 23 公分派盤（最好是金屬的，3 公分和 4 公分深）
+ 23 公分波浪邊活動底派盤（大約 3.5 公分深）
+ 20 公分彈簧扣蛋糕模（7 公分深）
+ 900 公克吐司模（23×33×5 公分）
+ 淺托盤一個（25×35 公分，大約 2.5 公分深）
+ 深托盤一個（23×33×5 公分）
+ 烤盤（至少兩個，一個有邊，一個沒邊）
+ 12 洞馬芬糕模

我的食譜是用特定的模具和烤盤研發出來的——使用不同大小、材質和／或顏色的模具和烤盤，做出的結果有些微差異，而且會影響到烘焙的時間。這就是為什麼我建議使用實物指標（見 32 頁）來判斷烘焙品是否烤好的原因。

烘焙紙。我知道很多人都偏好矽膠烘焙墊，但是我都用能夠裁出形狀和大小的烘焙紙。如果矽膠墊是你的首選，就儘管用——但要注意有些食譜可能會產生稍微不同的結果（例如，餅乾在烘焙墊上通常會擴散得更開）。除了墊在烤盤和模具底部之外，烘焙紙能派上用場的地方還包括做派皮、其他酥皮麵糰和無麩質麵糰時的滾動面，特別是因為它能讓你把所有東西輕鬆地滑入烤盤裡和塞到冰箱裡——如果需要快速冷卻的話。

細孔篩。從濾篩乾原料以剔除零星的團塊和為混合物拌入一些空氣，到把煮過的覆盆莓濾出汁液變成甜美的濃縮汁，細孔篩在我的烘焙食譜裡一直是很重要的角色。我建議手邊多準備幾種不同的大小——指的是篩網尺寸和網眼大小。

冰淇淋杓。不管你稱之為冰淇淋杓或餅乾杓，從挖餅乾麵糰到把杯子蛋糕麵糊迅速地均分到紙杯裡等所有事情，它們真的很好用。挖杓的大小通常以茶匙為單位（例如 2 茶匙的杓子、3 茶匙的杓子等等），需要的時候我會特別指出來。

糕餅刷。你也許主要將糕餅刷用在幫放入烤箱前的糕餅刷上蛋液，或為麵糰刷上奶油，除此之外，也可以用糕餅刷來輕輕刷掉糕餅或麵糰上多餘的粉。我喜歡天然鬃毛做的勝於矽膠做的，不過你儘管用你自己喜歡的——或是你手邊有什麼就用什麼。

曲柄抹刀。哎呀，你能用曲柄抹刀做什麼呢？首先，很明顯的是：在蛋糕的糖霜、釉面或甘納許上做漩渦，或抹開肉桂捲和巧克力巴布卡麵包上的餡料。不過用一把大曲柄抹刀來鏟起擀開的餅乾麵糰也是很便利的，所以你要百分之百確定它們不會黏住。然後，你可以用它把未烤過的餅乾鏟起，放到烘焙紙上，接著（幾分鐘之後）再把烤好的餅乾從烘焙紙上鏟起，放到金屬（冷卻）架上——以及其他無數的小事情。因為曲柄抹刀的用途非常多，所以我建議在廚房至少準備兩把：大的做為一般途，小的用於較精細的工作。

擠花袋＋擠花嘴。主要用來擠出本書裡的三種東西：奶油霜（擠在蛋糕、杯子蛋糕、餅乾上，偶爾也可以用在布朗尼上），泡芙麵糊（用來做脆皮泡芙和閃電泡芙）和餡料（擠到泡芙酥皮和甜甜圈裡，或擠到千層酥和餅乾上）。在講到糖霜和餡料時，食譜

裡所用的擠花嘴的只是建議，你不用嚴格的遵守。不過，在擠泡芙麵糊時，使用正確的擠花嘴是非常重要的，因為會影響到泡芙酥皮和閃電泡芙在烤箱裡的膨脹方式，進而影響到它們的形狀和酥脆度。我將食譜中需要用到的擠花嘴整理如下：

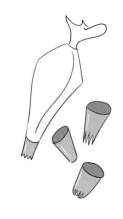

+ 　中孔星形擠花嘴，用來擠杯子蛋糕上的糖霜。
+ 　大孔星形擠花嘴，用來擠糖霜、餡料和閃電泡芙。
+ 　法式星形擠花嘴，用來擠閃電泡芙。
+ 　玫瑰花瓣擠花嘴，用來擠閃電泡芙的餡料。
+ 　大圓孔擠花嘴，用來擠糖霜和餡料，以及泡芙酥皮。
+ 　小圓孔擠花嘴，用於精細的裝飾和把餡料填充到甜甜圈裡。

金屬（冷卻）架。在將烘焙產品放在室溫下冷卻時，周圍要有適當的空氣循環，這一點很重要，因為這會加速冷卻過程，並且防止水氣凝結，否則可能使烘焙產品變得潮溼或破壞它們的質地。金屬冷卻架是理想的冷卻用具──不過在幫蛋糕刷上釉面時也一樣好用，因為它們讓多餘的糖液滴下來，而不像用蛋糕架那樣積在架子上。

旋轉蛋糕架。在我用過旋轉蛋糕架（也叫做蛋糕裝飾旋轉台）之後，我裝飾蛋糕的經驗從「還好」變成「這是有史以來最棒的事」。如果你想做蛋糕，尤其是要做很多的時候，旋轉蛋糕架是一項值得的投資。

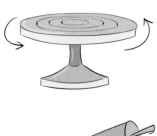

擀麵棍。我可以一直講一直講一支理想的**擀麵棍**要具備什麼樣的條件，但是說到底，最大的問題是它在你手裡的感覺，和你多能掌控它**擀**出多薄和多均勻的酥皮和麵皮。**擀麵棍**的種類有數十種──有柄和沒柄的、直式的、椎形的、木質的、陶瓷的──你要找出一種讓你用起來極其順手的**擀麵棍**。但要確定它夠長到足以應付較大量的麵糰（至少要 24 公分長）。

鋁箔紙。它在我的廚房裡有一個主要的作用：控制把東西烤得焦黃的速率。拿一張鋁箔紙（光亮面朝上）蓋到烘焙物上，擋住過多的熱度，延緩它變焦黃的速度。這樣一來，不管烘焙物需要烤多久，你都能調控它的顏色。

保鮮膜。我做許多事情都需要用到保鮮膜，從包起千層派皮和蓬鬆酥皮麵糰以防止它們在冰箱裡乾掉，到處理酥皮麵糰的滾動面

（把酥皮麵糰移到派盤和烤盤裡而幾乎不沾黏，真的相當有用）。如果你找得到耐熱的保鮮膜，你甚至可以用它來取代盲烤時的烘焙紙。

牙籤＋竹籤。 就是用牙籤做熟度測試，詳情請參閱 32 頁。

刮板。 裝飾蛋糕、幫麵包塑形、將麵糰均勻地分成幾份……，刮板的用處多到數不清。但是在我廚房裡最重要的一項或許是收拾善後的工作：刮板是能夠把任何黏在廚房用具上的頑固麵糰或麵糊刮下來的好幫手。說到材質的話，金屬刮板最堅固耐用，而具彈性的塑膠刮板能夠輕鬆地刮掉稍微沾黏在碗及其他大容量發酵容器上的麵糰。

發酵籃。 如果你做的是本書中的工匠麵包（Artisan dark crusty loaf）（在 268 頁和 274 頁），而且不需要調整分量，那麼你只需要一種大小的（麵包）發酵籃——9 公分深的（直徑）18 公分發酵籃。我不習慣用麵包籃隨附的布蓋，大多是因為我喜歡籃子本身的環形。在讓麵糰發酵前，記得先用粉撒遍籃子內部（我大多用小米粉來做），這樣能防止麵糰黏在籃子上。

　　保養注意事項：無論在任何情況下都不要用水清洗發酵籃。用完後只要把它倒過來，在工作台上輕輕拍掉粉塊就好了。重複使用數次之後，它的內壁會結上一層乾粉——沒有關係，也不需要擔心。還有，不要把它收在密閉的容器裡。籃子會吸收麵包裡的一些水氣，如果把它放在密閉環境裡，會養出一堆黴菌來。只要把它放到抽屜裡或置物架上，然後用茶巾稍微蓋住，以免沾到灰塵。

鑄鐵煎鍋、荷蘭鍋、鑄鐵萬用鍋或一般煎鍋。 如果要烤圓形脆皮麵包，這些都是不可或缺的，而且我也在食譜中納入了使用說明。鑄鐵有維持和吸收熱度的特性，能做出最漂亮的麵包皮，提升烘焙彈性（參見 262-263 頁）。除了麵包，我也用鑄鐵鍋來做煎鍋餅乾，你甚至可以用它來烤披薩。

麵包割刀＋其他刮刀。 要掌控麵包在烤箱裡膨脹的情況——以及它的美觀———切口（參見 262 頁）是非常重要的。你可以使用各式各樣的切割工具，不過就初學者來說，可以從一片簡單的割刀（用來在麵包上做切痕的雙面刀片）和一把托柄開始。

牙籤測試＋對流烤箱

我們剛剛講過烤箱溫度未校準的問題，那可能對烘烤時間有大幅的影響。而且，不同的烤箱容積（就是我們一般所說的烤箱大小）也會使烘焙物之間的距離變成加熱的重要因素，進而影響到東西烤熟和變焦黃的速度。另外要考慮的問題是，要不要使用對流烤箱，這也會影響到東西烤熟和變乾的速度（見次頁）。

所以，雖然食譜裡的烘焙時間是很有用的粗略指引，不過用實物指標來看看東西烤熟沒有，遠遠更可靠。

1. **牙籤測試。** 你把一支牙籤或竹籤戳進烘焙物的中央大約 2 秒鐘，然後抽出來看看結果。是很乾淨、黏了一些屑屑、還是黏上一層半熟的麵糊？小小的牙籤能夠讓你知道的烘焙物熟度，遠超乎你的想像。每當你烤蛋糕、馬芬糕或布朗尼的時候，這可是你的應對良策。需要用到的時候，食譜會告訴你該怎麼觀察。

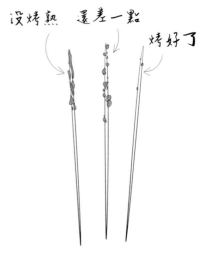

2. **減掉的重量。** 在烤無麩質麵包時，這一點尤其重要，因為其他的測試方法也許讓你誤以為麵包已經烤好了。藉著測量麵包的重量，你可以計算出失去的重量比例，然後準確地判斷它是否需要再烤久一點。在需要的時候，食譜會告訴你麵包在什麼時候應該減掉多少重量。

3. **顏色。** 在講到烘焙產品的顏色時，有兩種情況。在烤蛋糕、杯子蛋糕、馬芬糕和麵包的時候，顏色並非是否烤好的可靠指標。它取決於糖的用量、烘烤時間、模具深度和其他一大堆因素，烘焙物的上表面有可能在烤熟前就開始呈現焦黃色。（這種情況就要用鋁箔紙來解救—光亮面朝上。）像糖餅乾（160 頁）、牛油酥餅（163 頁）、花生醬三明治餅乾（171 頁）和迷迭香脆餅（176 頁）等烘焙產品，測試其熟度最簡單的方式就是顏色（假設你用正確的溫度來烘焙）。在每篇相關食譜的最後，我會指出烤好的烘焙產品應有的顏色。

無麩質烘焙中所使用的對流烤箱

一般說來，除非是唯一的選項，否則我不建議在無麩質烘焙中使用對流烤箱，這正是你在我的食譜中只看得到一種烤箱溫度

的原因。對流烤箱容易烤出太乾的烘焙產品，這在小麥烘焙中也許是很小、幾乎沒有影響的事情，但是在做無麩質烘焙的時候，你會一直做出又乾又易碎的蛋糕。

對流烤箱（也叫做風扇烤箱）利用風扇使熱空氣循環。比起傳統烤箱，對流烤箱一般會產生更多的熱能和「微風」。更多的能熱，意味著烤得更快，而更多的熱能加上對流風會使更多的水氣蒸散，做出乾乾的烘焙產品。這在需要較長烘焙時間的產品上特別明顯，像是長方型深盤蛋糕或誘人的巧克力蛋糕。想想看，你花了那麼多力氣把巧克力蛋糕做得溼潤美味，結果卻被風扇吹乾了——唔，那真令人心碎。烤箱的高溫和風扇所產生的另一個缺點是加速焦黃，會讓你誤以為烘焙物烤好了，但實際上還要烤10 到 15 分鐘。

所以，我還是喜歡傳統烤箱——我唯一使用對流烤箱的一次是為了將楔形馬鈴薯片烤得酥脆。並不是說無麩質烘焙不能使用對流烤箱，就好比你知道和信任的無麩質烘焙粉一樣，你的烤箱也是（或至少應該是）你最親密的朋友。你懂得它的脾氣和情緒——如果風扇裝置是它的優點，而且你對它了解得一清二楚，就儘管把風扇打開。如果是這樣的話，一般的規則是依照食譜裡傳統烤箱的溫度降低 20 度（請參考 372-376 頁的換算表）。

廚師筆記

在你開始鑽研食譜之前，有一些細節是你需要知道的，它們適用於本書裡的所有食譜。

+ 使用表格 2 裡的所有無麩質烘焙粉（見 21 頁），除非另有指定。
+ 在蛋糕、杯子蛋糕和馬芬糕的食譜裡，你可以用相同重量的無麩質烘焙粉來取代杏仁粉（請參考 18 頁）。
+ 泡打粉基本上是無麩質的，但還是要檢查一下標籤。
+ 使用中型蛋、新鮮的香草和中型的新鮮蔬果，除非另有指定。
+ 如果一般冷藏的原料沒有指定的溫度，就使用冰的或室溫的。
+ 茶匙或大匙的測量標準是平匙，不是滿匙。
+ 烤箱溫度指的是傳統烤箱，不是對流烤箱。

蛋糕

烤出一個好蛋糕就像在真實生活中擁有超能力一般，一個漂亮的蛋糕可以讓世界稍停片刻，停留在快樂、幸福的驚喜之中，無論是簡單的杯盤蛋糕或精心裝飾的三層烤物都好，只要拿出蛋糕來，大家都停住了，然後看著，微笑著，但是像成蠟炸⼋，掌聲心⾏，就把你起來了很久多了

無麩質蛋糕也有同樣「停住一町住一微笑」的魔法，與一般認知相反的是，無麩質並不會妨礙蛋糕的溼潤、精緻、蓬鬆、柔軟、美味，和其他你認為蛋糕應該有的樣子，事實上，無麩質產品達到完美的質地往往比小麥烘焙還容易，因為如果你過度攪拌麵糊的話，麩質的存在可能導致稠密或黏稠的質地，不過，為了得到最美味的結果，而且能夠一再做出這樣的結果，有些細節你要記住。

你在本章裡可以找到的蛋糕種類

我把這一章的重點放在我相信是基本的蛋糕食譜上——你一旦懂得那些食譜，你就能夠接受做蛋糕的任何挑戰，不管有多複雜。除了基本的巧克力和香草蛋糕食譜（已經被精鍊到美味的巔峰），也有研究添加酸性元素效果、在麵糊中引入更多水氣、使用不同大小及形狀模具，和膽戰心驚地把海綿蛋糕捲成（不能有裂痕！）瑞士捲或蛋糕捲的食譜。

為什麼做無麩質蛋糕很簡單

蛋糕是容許失誤的。這表示，大部分的市售無麩質烘焙粉能讓你做出發的很好、溼潤，而且整體上很美味的蛋糕——當然，如果你有按照本章所列出的所有的科學和智慧精華來做的話。理由非常簡單，歸根究底都是數學，而且是很間單的數學問題。我指的是做烘焙產品的粉和所有其他原料的比例——如表格 3 中所列的。

表格 3：一般蛋糕、杯子蛋糕、馬芬糕、布朗尼、餅乾、派皮、奶油酥皮和麵包食譜的用粉比例。（數值的估計是根據每個類別裡的代表性食譜。）

烘焙產品類型	烘焙粉比例
布朗尼	9%
蛋糕	27%
杯子蛋糕	27%
馬芬糕	33%
麵包	42%
餅乾	43%
派皮	47%
奶油酥皮	54%

除了布朗尼，你會發現，蛋糕和杯子蛋糕是本書裡所有烘焙產品中所含烘焙粉比例最小的。所以也不用驚訝無麩質穀粉或烘焙粉對它們的影響力並不如餅乾或派皮。

我用 21 頁表格 2 裡的所有無麩質烘焙粉把這一章裡所有的蛋糕食譜從頭到尾都試過了──成功率是百分之百。

如何使（和保持）蛋糕溼潤

　　無麩質穀粉和烘焙粉在烘焙前和烘焙時比麵粉更容易吸收較多的水氣，這樣可能做出又乾又易碎的烘焙產品。為了避免這種結果，提高溼：乾原料的比例是很重要的。溼的原料包括蛋和任何液體（牛奶、水、優格、咖啡、果泥和果汁），而乾的原料包括無麩質穀粉或烘焙粉、可可粉、磨碎的堅果等等。如果你習慣了小麥烘焙，那麼液體的用量有時候可能會違反你的直覺。但是，別擔心──就是這種額外的液體才能創造美妙的溼潤、入口即化的口感。

　　提高溼：乾比例所處理的問題，主要是蛋糕在剛烤好後和過了幾小時之後的溼度。在講到蛋糕變乾的速度時（即使在密閉的容器裡，用保鮮膜包起來或用一層糖霜保護著），我們另有應對之策。

　　儘管無麩質穀粉對水氣有高吸收力，但是它們流失水分的速度也很驚人（很可惜），使蛋糕在一、兩天之後變得出奇的乾硬。為了減緩變乾的速度，我喜歡用一、兩茶匙的杏仁粉替代無麩質烘焙粉，這樣就能讓蛋糕的溼潤和蓬鬆多維持好幾天，大多是因為它比無麩質穀粉有更高的含脂量。如此一來，不用增加蛋糕的密度、重量或用油量（例如，增加黃油的用量），也能得到溼潤和豐富的口感。如果你對堅果等東西過敏，因此不能使用杏仁粉，那你可以相等重量的無麩質烘焙粉來取代它。

　　黃原膠在此也值得一提，因為它模仿膠水的作用不限於只是讓蛋糕本體不容易碎，它也會吸收和保持水分，幫助蛋糕漂亮又溼潤──經測試，黃原膠能夠吸收它重量 20 倍以上的水！

　　最後讓我們來看一個使蛋糕溼潤的簡單到不行但往往被忽略的解決方法：減少烘焙時間。蛋糕多烤了幾分鐘是很可能的事情，所以在達到建議的烘焙時間之前，你要留意一下。蛋糕也許需要多烤或少烤個幾分鐘才能烤得最好，這要取決於烤箱的溫度校準（見 27 頁）。

　　也別忘了牙籤測試（見 32 頁）！測試蛋糕的熟度時，牙籤應該幾乎是乾淨的，或者也許黏了一、兩塊小碎屑。

膨鬆劑要加到乾原料裡

　　所以，你用正確的相關比例選擇了正確的原料——很好。但是離完成還差得遠呢，怎麼將這些原料混合在一起是相當重要的。在我們言歸正傳、真正討論到混合及攪打麵糊之前，先釐清一件事：膨鬆劑（也就是泡打粉和小蘇打粉）一定要加到乾原料裡。為了蛋糕的美味鬆軟，不要把膨鬆劑混到溼原料裡頭！

　　我看過有人把泡打粉混入雞蛋和牛奶裡，以為這樣可以讓膨鬆劑在攪好的麵糊裡「分散得比較均勻」。（才不會呢。）這種想法就像「在把泡打粉和小蘇打粉加到麵糊裡之前，先放到檸檬汁或醋裡活化」——拜託，別這樣做。把膨鬆劑加到酸性介質裡，會立即產生氣體和鹽類，這會破壞膨鬆劑要達成的目的，在你希望它產生作用前不久就活化了。但你要的其實是延遲反應——在烤箱裡，才能做出柔軟、蓬鬆的質地。

　　把膨鬆劑混合到溼原料裡，會產生類似的問題，尤其是泡打粉。如果我們檢視它的成分會發現，泡打粉是小蘇打粉和一種酸性成分——例如塔塔粉——的混合物（因此泡打粉不像小蘇打粉一樣，需要麵糊裡有另一種酸性物質的存在）。當溶解於液體中（例如水）和遇熱時，這兩種成分會相互作用，產生氣體，讓蛋糕變得蓬鬆。不過，即使沒有熱還是能發生作用——試試看，拿一點泡打粉和幾滴水混在一塊，混合物會冒泡泡，釋放氣體。

　　所以，把泡打粉加到溼原料裡是同樣的道理，這樣做會使小蘇打粉和酸性成分發生反應——然後，掰掰，蓬鬆作用就開始

泡打粉是小蘇打粉和一種酸性成分的混合物，當它和水（或其他液體）混合且遇熱的時候，會立即產生氣體和鹽類。

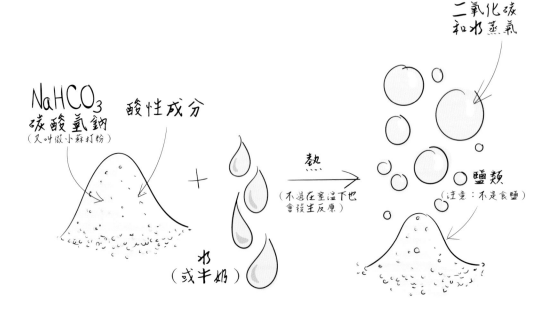

NaHCO₃
碳酸氫鈉
（又叫做小蘇打粉）

酸性成分

＋

水
（或牛奶）

熱
（不過在室溫下也會發生反應）

二氧化碳和水蒸氣

鹽類
（注意：不是食鹽）

了。如果你使用的是純小蘇打粉，而且假設你在溼原料裡不加任何酸性物質的話，也許就避開了這個問題。但是想想，即使牛奶也是弱酸性，所以最好堅持把所有的化學膨鬆劑加到乾原料裡。

當然，當你把乾原料和溼原料混在一起的時候，膨鬆劑仍然會接觸到液體和酸。但是想想它們在乾原料裡相對低的濃度，接觸的或然率因此大幅降低（所以不會在你需要之前產生活性，但是食譜裡所列的泡打粉和／或小蘇打粉分量會稍微損失一點點）。不過，這就是為什麼最好把攪拌好的麵糊直接拿去烤，不要在攪拌碗或模具裡放太久的原因。（如果你只有一個模具，而食譜需要兩個，你最好只準備一半的麵糊，烤完之後再做另一半。）

拌和的三種方法

使用軟化黃油（不是融化的黃油或液態油）的蛋糕，有三種拌和方式可以選擇：

+ 標準糖油拌和法
+ 反糖油拌和法
+ 混合拌和法

我們現在先來看最後一種。從它的名稱看來，**混合拌和法**就是把所有做蛋糕體的原料統統放到攪拌碗裡，一直混拌，直到麵糊變得光滑。這種方法的優點是又快又簡單，而且只要洗一個碗（多麼令人愉快）。但是，這種方法並不容易控制原料彼此的接觸和相互作用，而且它是最容易產生零星團塊的方法。大體上，這種方法我只用在簡易的日常烘焙，像是 330 頁的維多莉雅海綿蛋糕。

標準糖油拌和法通常是烘焙師最熟悉的方法。把黃油和糖攪打成泛白、蓬鬆的物體，然後把蛋慢慢的拌進去，產生豐富的乳狀感。最後，加入乾原料和任何剩下的溼原料（例如牛奶），通常是一批一批的放入。然後一邊滿意的觀察，（誰不愛這麼柔軟、蓬鬆的蛋糕糊？）這種方法能做出輕盈蓬鬆、質地細緻的蛋糕。不過，也可能產生不均勻的氣孔（蛋糕內部充滿不同大小的孔），容易使頂部拱起，如果你在烘烤期間打開烤箱，很可能使蛋糕塌陷和有稍大的機率變乾（大多是因為較大孔洞組織的關係）。

這些潛在問題的主要原因在於大量的空氣，起因於拌和時將微小的氣泡拌入麵糊。在烘焙期間，這些氣泡膨脹開來，形成蛋

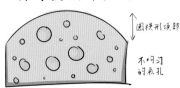 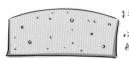

比較兩種拌和法會如何影響蛋糕體的質地和外觀，以及蛋糕糊在顯微鏡底下看起來的樣子——在烘焙前和烘焙期間。想做出具有夢寐以求的平坦頂部和均勻氣孔的完美蛋糕體，反糖油拌和法是最好的選擇。

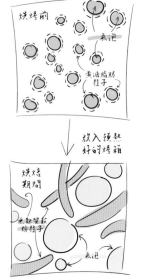 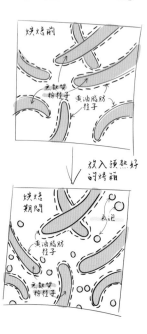

糕體中的氣孔和圓拱形頂部。當然，我們希望蛋糕在烘焙期間會產生氣泡——它們是蓬鬆柔軟的來源。但是，我們也希望能控制氣泡的數量、大小和分布，但是對標準糖油拌和法來說幾乎是不可能的。大部分的時候，我只將標準糖油拌和用於在蓬鬆程度上算稠密的溼潤、奶油般的蛋糕上，像是環形蛋糕（64頁）或萊明頓蛋糕（371頁）。這些蛋糕裡的大量奶油會中和掉大部分不均勻的氣泡，防止可能的塌陷。

　　相較於標準糖油拌和法，**反糖油拌和法**（由羅絲‧李維‧貝蘭鮑姆（Rose Levy Beranbaum）研發）能做出質地更細緻、具有絲絨般口感、入口即化的蛋糕——而且看不到圓拱形頂部或不均勻的氣孔。做法是把黃油拌到乾原料裡，直到變成像麵包屑或粗砂的模樣。然後放入溼原料，形成光滑的麵糊。這會使（無麩質）穀粉被黃油粒子包覆住，幾乎沒有空氣留滯在混合物裡。以反糖油拌和法製做的蛋糕，它的膨脹幾乎都來自於膨鬆劑（很小一部分是來自於蛋），而不是你在準備麵糊時拌進來的氣泡。

這是我用在大部分蛋糕上的方法——比起擔心不夠蓬鬆，能夠掌握蛋糕的結構和外觀更為重要。而且，反正用其他（更精確的）方法幫蛋糕增加點輕盈感也很簡單，像是添加額外的蛋白、稍微增加點膨鬆劑或添加酸性成分，例如檸檬汁、白脫牛奶或優格。

蛋糕模的（極重要）角色

為烘焙蛋糕選擇正確的模具，其重要性再怎麼強調也不為過——或者，也許更重要的是，熟悉你所擁有的模具。蛋糕模的大小、深度和形狀，甚至是材質，對於烘焙蛋糕都有很大的影響：影響到烘焙時間、蛋糕膨脹的方式、邊緣呈焦糖色的速度等等。

雖然你有沒有一字不差地遵照食譜的指示並不是很重要，因為我幫你選的模具大小都是最適合的，但是我想你的廚房裡或許沒有一模一樣的模具。或者，食譜裡的是 23 公分的蛋糕，而你也許想做 20 公分的蛋糕。又或者，食譜裡的是圓形蛋糕，而你想做方形蛋糕。

一般說來，你應該能夠毫不費力地切換不同的蛋糕模——只要你了解到應該調整的烘焙時間。這是因為熱穿透到麵糊裡的速率不同，所以蛋糕烤熟的速度不同，根據模具的直徑大小而有很大的變化。需要記住的重點如下：

+ **麵糊的分量一樣，而蛋糕模的直徑增加時**，模具裡的麵糊會變淺，因此要減少烘焙時間——當模具直徑減少時就反過來，增加烘焙時間。
+ **蛋糕模的直徑增加，而且也依比例增加麵糊的分量**，這會讓模具裡的麵糊維持一樣的厚度，此時要增加烘焙時間。
+ **吐司模、環形模具及其他深的蛋糕模**，由於麵糊比較厚的關係，所以都需要較長的烘焙時間。
+ **根據經驗，方形模具比相同直徑的圓形模具的表面積大約大了 25%**，這表示從圓形模具改變成方形模具（麵糊分量一樣），會使麵糊厚度變薄，所以需要的烘焙時間變短了。
+ 由於「輻射熱傳遞」，**深色模具比淺色模具更容易吸收和散發熱能**。這表示，深色模具可能使烘焙時間稍微短一點，邊緣更容易烤得焦黃，頂部也稍呈圓拱形。通常這不是什麼巨大的影響，但仍然值得記住。（這也是我做千層蛋糕時喜歡用淺色陽極氧化鋁製蛋糕模、做香蕉麵包時喜歡用深色吐司模的原因。）

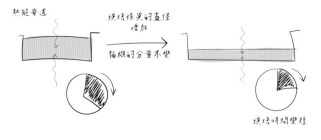

改變食譜裡所用的烘焙模具的大小和形狀,可能改變了模具內的麵糊厚度,進而影響到烘焙時間和／或達到理想結果所需的麵糊分量。

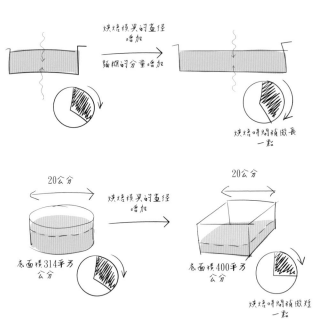

在大多數情況下,烤蛋糕要用金屬模具,不要選擇陶製或玻璃烤盤。金屬模具是熱的絕佳導體,能均勻又快速的烤好蛋糕。本章裡所有的食譜都很適合這種蛋糕模——所以,如果你(不管為了什麼理由)決定使用不同材質的蛋糕模,你都知道烘焙時間會跟食譜裡的有所差異。

當然,烘焙出完美蛋糕的技能,對於取出頑強地黏在模具上的蛋糕一點兒用也沒有。即使模具宣稱是不沾黏的(以及其他似乎能讓你的蛋糕跳出來的任何神奇玩藝兒),我建議你採取一些措施來確保取出的蛋糕完整無缺。如果是圓形蛋糕模和長方形吐司模,抹上大量的黃油然後鋪上烘焙紙。如果是環形模具,也抹上大量的黃油,然後沾些杏仁粉(烤淺色蛋糕時)或可可粉(烤巧克力蛋糕時)。我發現,杏仁粉和可可粉裡的豐富脂質,是比無麩質穀粉更有效的脫模劑。

烤好了沒？

如果你把蛋糕烤過頭、或沒烤熟，完美的溼：乾比例、反糖油拌和法、世界上所有的杏仁粉、正確的蛋糕模、甚至額外的巧克力脆片，都幫不了你——如果連巧克力脆片都幫不上忙，你就知道事態有多嚴重了。

你在蛋糕烘焙中可能遭遇的許多問題，都與不正確的烘焙溫度和時間有關。沒烤熟的蛋糕中央會塌陷下去，質地稠密，而且十有八九只能丟到垃圾桶裡。而烤過頭的蛋糕一樣不討喜——在無麩質烘焙中尤其如此，又乾又易碎是烘焙師最糟的惡夢。幸好，烤過頭而稍微乾乾的蛋糕至少還可以拯救，把蛋糕體浸在水加糖的單糖漿裡，或一點溫牛奶或咖啡裡，就看蛋糕是什麼樣的口味。

不過，最好還是避免烤過頭和沒烤熟的情況。做法很簡單。首先，用烤箱溫度計校準你的烤箱，有必要（而且可能）的話就再校準一次。（更多關於烤箱的事項請見 27 頁）。

其次，拿筆記下烤箱溫度和食譜上的烘焙時間。雖然你應該依照食譜上所寫的溫度，但在時間上還是會有些落差。為了判斷出最佳時間，當蛋糕烤好時我們要助於我們之前提過、待會兒還會再提到（好幾遍）的最佳夥伴：牙籤測試（見 32 頁）。

為了得到最好的結果，在烘焙時間結束前 4 到 5 分鐘做牙籤測試。如果抽出來的牙籤（或竹籤）上黏著沒烤熟或半熟的麵糊，就再烤幾分鐘，然後再檢查一遍。重複這個步驟，直到抽出來的牙籤是乾淨的，只沾上一點零星的屑屑。如此一來，你的蛋糕就不會烤過頭或沒烤熟了。

從蛋糕的外觀可以看出它烤好了沒，這是普遍的錯誤觀念。有些蛋糕開始變焦黃的速度比別的烘焙物快，但是或許要花更多時間去烤，端視糖和其他原料的分量，以及蛋糕模的形狀（尤其是深度）和麵糊的濃稠度。如果你的蛋糕看起來像是烤好了，就拿牙籤測試一下，如果離烤熟還差很遠，就拿一張鋁箔紙蓋住——光亮面朝上。這樣可以反射掉一些輻射熱，減緩變焦黃的速度。而且還能避免在不熟的蛋糕上烤出燒焦面。

按比例增加和減少

一般說來，所有的蛋糕食譜都可以依比例增加和減少分量，只要把所有原料分量乘以一個共同的數字，並且維持原料之間的比例就行了。（只有達到工業用量，才會發生膨鬆劑的比例調整

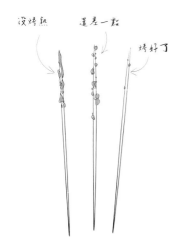

沒烤熟　還差一點　烤好了

與其他原料不同的問題）。那麼，挑戰就是考量大小、建議的蛋糕模形狀和你習慣用的模具，然後推敲出那個數字。

現在，我可以用幾頁如何算出數字的公式推導來煩死你⋯⋯或是給你一個簡單、傻瓜型的方法來判定你的食譜（依據大小和形狀）要調整多少比例。別擔心，我選擇的是第二種方法。從次頁找尋你需要的公式。

所有簡單的數學都仰賴不同模具面積的計算，而且假設麵糊的深度是一樣的。不管基於什麼理由，如果你想改變蛋糕體的厚度，或想從簡單的蛋糕模換成吐司模（情況更棘手）或是環形模具——我絕對不建議你設法計算出來！以這些情況而言（或是如果你就是不想為了烤蛋糕而計算方程式），推測出使用多少麵糊最簡單的方法就是在較小的模具中注滿水，看看多少個小模具的水才能把大模具裝滿。這個方法履試不爽。

不過，當你使用次頁的計算公式時，得到的可能是不方便乘上單位的數字，例如，結果可能是你要用 4.37 顆蛋。遇到這種情況時，重新算過整篇食譜，把數字推到最接近整顆蛋的數字。（我沒想過我會這樣寫！）在依比例增加或減少食譜分量時，蛋一直都是決定因素，因為你不會真的想量出 ⅛ 顆蛋！在這個範例中，你應該依 4 顆蛋的比例重新計算整篇食譜。

改變蛋糕的大小自然會影響到烘焙時間，更大的蛋糕就需要更多的時間。這並不是靠著計算就能決定的事情，最好用牙籤來檢查蛋糕的熟度（見 32 頁）。

最後，每當你重新計算食譜分量和成功的烤好（超級美味、令人驚歎的）蛋糕後，一定要記下你所使用的蛋糕模、所需的原料分量和理想的烘焙時間。因為，你不會想每次做蛋糕時都要重新計算一遍。

依比例增減的數學

在你使用公式之前,先看一下這些代號:

d= 直徑,r= 半徑,l= 長度,w= 寬度,q_A 指的是和 A 模具有關的分量,n= 我們要算出的數字。在以下所有的算式中,我們想要算出用 A 模具做的蛋糕,用它來取代 B 模具。

兩個圓形模具間依比例增減食譜的計算方式:$n= (d_B/d_A)^2$
兩個方形模具間依比例增減食譜的計算方式:$n= (l_B \times W_B)/(l_A \times W_A)$
從方形模具(A)換到圓形模具(B)依比例增減食譜的計算方式:
$$n= (3.14 \times r_B^2)/(l_A \times W_A)$$
從圓形模具(A)換到方形模具(B)依比例增減食譜的計算方式:
$$n= (l_B \times W_B)/(3.14 \times r_A^2)$$

在你量好蛋糕模之後,只要把數字代入公式算出來就好了。舉個例子,假如食譜用的是15公分的圓形蛋糕模,但是你想使用20公分的圓形蛋糕模,那麼算式就是:$n= (^{20}/_{15})2 = 1.33^2 = 1.77$

假設原本的食譜需要1顆蛋,而你現在需要量出1.77顆蛋,很不方便。所以,你把這個數字四捨五入成2。也就是說,從15公分換到20公分的圓形模具,你要把所有的原料都加倍。

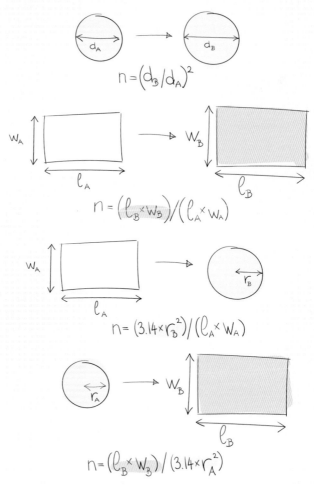

關於奶油霜＋糖霜

我相信要大方地使用奶油霜，但要注意不能過甜。這跟變得更健康沒什麼關係（我的意思是，就是有更多的糖讓你知道，什麼叫做百分之百的可口），跟大量的糖容易蓋住其他風味更沒有關係。那也影響了我選擇奶油霜的種類。

美式奶油霜用來幫頂飾配料調味，像是巧克力（見 48 頁）或草莓（見 110 頁）。那是因為，它通常仰賴糖才能創造蓬鬆的質地，並且防止奶油味太重（會很快形成油膩的口感）──但是像巧克力和可可粉等原料，能夠減少對糖的需求。

在主要的風味沒那麼強烈時，例如香草（見 52 頁），瑞士蛋白奶油霜是我必用的。我喜歡這種奶油霜是因為，它一點兒也不像美式奶油霜那麼甜，但因為以蛋白為基底，所以具有蓬鬆和近似棉花糖般的口感。它擠出來和抹開的樣子都很漂亮。

話雖如此，假如你是瑞士蛋白奶油霜的初學者，它的製做可能有點令人望之怯步，要先調製好蛋白，然後再（相當違背直覺）加入很多很多的黃油。奶油霜也可能有點兒無法捉摸，會階段性地產生不同的質地，所以讓人很容易太快放棄，只因為你沒堅持多拌和一、兩分鐘。不過好消息是，在做瑞士蛋白奶油霜的時候如果你將蛋白霜打到可以立出尖角（只要你不慌張的話），就幾乎不可能失敗。你可以用調整奶油霜的溫度來解決大部分的問題，溫度應該在 22-24℃ 左右。

以下是速成瑞士蛋白奶油霜的疑難排解清單，包括三項最常見的問題和解決方法。

+ **看似分散裂開**。幾乎每一批瑞士蛋白奶油霜都會經歷看起來快要分散的階段。別慌張──只要依照食譜繼續加入黃油，然後持續攪打，最後它會黏結起來的。

+ **在長時間攪打後看似分散裂開**。如果長時間的攪打沒有用，就量一下奶油霜的溫度。如果低於 21℃，也許是你的黃油太冰而無法融入奶油霜裡，此時需要加熱。我會一邊攪打，一邊用吹風機在攪拌碗外加熱。然後，奶油霜應該看起來就不會像「分散裂開」的樣子，而是顯得光滑蓬鬆。（或者，你可以用微波爐加熱一小部分奶油霜，然後把其餘的部分倒進去。或是用平底鍋把水加熱到接近沸騰的狀態，然後把攪拌碗放上去加熱幾秒鐘，讓整碗奶油霜慢慢熱起來。）

+ **看起來軟稀**。又是溫度的問題。這次或許是你的奶油霜太熱了——超過 25℃——因為在和黃油拌在一起之前，你沒有把蛋白霜放在室溫下冷卻。結果，黃油在蛋白霜裡融化了，混合物變得太軟稀，撐不起來。解決之道是，把奶油霜連同碗一起放到冰箱裡冷藏 15 到 30 分鐘，直到邊緣剛好開始變硬。然後再次攪打，直到它變得光滑、蓬鬆。

當你想融入馬斯卡彭乳酪或奶油乳酪時，重乳脂鮮奶油或打發鮮奶油是很好的幫手，因為如果只有那些乳酪在和糖拌在一起，是無法維持形狀的。與其加一點點的糖粉以冀望奶油霜穩定，或是製做只加入少量的馬斯卡彭乳酪或奶油乳酪的奶油霜，我還是喜歡用重乳脂鮮奶油的混合物（重乳脂鮮奶油比上馬斯卡酪或奶油乳酪接近 1:1 的比例）。成品需要的糖較少，在蛋糕上抹開或擠到杯子蛋糕上的效果很棒，而且奶油霜的形狀也保持得很好。

超溼潤巧克力蛋糕

份數　12-14
準備時間　1 小時
烘焙時間　35 分鐘

巧克力海綿蛋糕

280 克黑巧克力（60-70% 的可
　　可塊），切碎
200 克無鹽黃油
250 克細砂糖
4 顆蛋，室溫
160 克無麩質烘焙粉
80 克杏仁粉
40 克鹼性可可粉
2 茶匙泡打粉
1 茶匙小蘇打粉
½ 茶匙黃原膠
½ 茶匙鹽
120 克熱水
10 克全脂牛奶，溫的

巧克力奶油霜

600 克無鹽黃油，軟化
400 克糖粉
100 克鹼性可可粉
½ 茶匙鹽
300 克黑巧克力（60-70% 的可
　　可塊），融化後冷卻

這個蛋糕的最初版本只靠可可粉來調味，說真的——感覺被騙了。雖然蛋糕很美味，但若要說到讓蛋糕具有深層、奢華的巧克力風味，可可粉就是與融化的巧克力搭不起來。在這個改良版中，我在海綿蛋糕和糖霜裡同時用了融化的巧克力和可可粉——然後就在一瞬間，它使每一個巧克力愛好者的夢想成真。因為巧克力具有弱酸性，有助於促進膨鬆劑的活性，也使海綿蛋糕更柔軟和細緻，沒有乾硬、碎裂的風險。別害怕在麵糊裡加些熱水——還有牛奶，這有助於維持蛋糕極優質的溼潤感，它才會在你的嘴裡化開來。

巧克力海綿蛋糕

+ 把烤箱架調整到中間的位置，烤箱預熱到 180℃，在兩個 20 公分的圓形蛋糕模裡鋪上烘焙紙。
+ 把黑巧克力和黃油放到一只耐熱碗裡，以平底鍋隔水加熱融化。然後放到一旁，直到變成溫的，再加到糖和蛋裡，混合均勻。
+ 撒入無麩質烘焙粉、杏仁粉、可可粉、泡打粉、小蘇打粉、黃原膠和鹽。混合均勻，直到形成光滑、沒有團塊的麵糊。
+ 加入熱水和牛奶，攪打到混合均勻。
+ 把麵糊均分到準備好的蛋糕模裡，烤 35-40 分鐘，或直到以牙籤測試的結果是乾淨的。
+ 把蛋糕留在模具裡冷卻 10 分鐘，然後取出來放到金屬架上，讓蛋糕完全冷卻。

巧克力奶油霜

+ 用裝上攪棒的升降式攪拌機或裝上兩個攪棒的手持式攪拌機，攪拌麵糊 2-3 分鐘。撒入糖粉，再攪拌 5 分鐘，直到麵糊變得泛白、蓬鬆。
+ 撒入可可粉和鹽，攪拌直到混合均勻。
+ 最後，加入融化和冷卻的巧克力，一直攪拌，直到打出富豐、滑順的巧克力奶油霜。

組合蛋糕

+ 如果海綿蛋糕的頂部拱起來，就用鋒利的鋸齒刀鏟平。
+ 把下層的海綿蛋糕放到蛋糕架上，在頂部抹上一層厚厚的奶油霜，但要留下足夠的量來抹蛋糕的外層。把另一個海綿蛋糕放上去，底部朝上，這樣才會有漂亮、平坦的頂部可供裝飾。
+ 以剩下的巧克力奶油霜抹在蛋糕表層，用曲柄抹刀或湯匙背部做出漩渦狀的裝飾花樣。

保存

放在密封容器裡，或用保鮮膜包起來放到涼爽、乾燥的地方或冰箱裡，可保存 3-4 天。如果是放在冰箱裡，食用前先取出來，置於室溫下 15 分鐘。

來點變化

牛奶巧克力蛋糕——在海綿蛋糕中，用牛奶巧克力取代黑巧克力（把牛奶巧克力和黃油分別融化，才能得到最好的效果），糖的用量減至 200 克，無麩質烘焙粉的用量增加到 240 克，並且省略可可粉。在奶油霜裡，用牛奶巧克力取代黑巧克力，並且把可可粉減至 40 克（但是要慢慢加進去，直到達到你想要的風味和顏色）。

白巧克力蛋糕——在海綿蛋糕中，用牛奶巧克力取代黑巧克力，黃油的用量減至 160 克（把白巧克力和黃油分別融化，才能得到最好的效果），糖的用量減至 150 克，無麩質烘焙粉增加到 240 克，杏仁粉增加到 120 克，省略可可粉。在奶油霜裡，用牛奶巧克力取代黑巧克力，並且省略可可粉。

簡易香草蛋糕

份數　12-14
準備時間　1 小時 30 分鐘
烘焙時間　20 分鐘

香草海綿蛋糕

300 克無麩質烘焙粉
100 克杏仁粉①
375 克細砂糖
4½ 茶匙泡打粉
¾ 茶匙黃原膠
½ 茶匙鹽
255 克無鹽黃油，軟化
3 顆蛋，室溫
3 顆蛋白，室溫
180 克全脂牛奶，室溫
1½ 茶匙香草莢醬
4½ 茶匙檸檬汁②
新鮮水果，用於裝飾（選擇性的）

香草瑞士蛋白奶油霜

8 顆蛋白
500 克細砂糖
½ 茶匙塔塔粉
500 克無鹽黃油，軟化
1½ 茶匙香草莢醬
½ 茶匙鹽

這個蛋糕的重點就是均衡——對於問題「你怎麼有辦法用正確的原料、正確的比例，一下子做出這麼滑潤、口感富豐、濃郁、輕盈蓬鬆的海綿蛋糕？」主要的回答有二：使用反糖油拌和法（見 40-41 頁）做出絲絨般的滑順口感，並且在每一顆蛋之外添加額外的蛋白，如此一來，就能在不折損蛋糕風味的情況下提高它的蓬鬆度（增加膨鬆劑或許也可以做到）。

香草海綿蛋糕

+ 把烤箱架調整到中間的位置，烤箱預熱到 180℃，在三個 20 公分的圓形蛋糕模裡鋪上烘焙紙。
+ 在一只大碗裡撒入無麩質烘焙粉、杏仁粉、糖、泡打粉、黃原膠和鹽。
+ 加入黃油，用裝上攪棒的升降式攪拌機或裝上兩個攪捧的手持式攪拌機，把黃油拌到乾原料裡，直到質地呈粗麵包屑狀。③
+ 用另一只碗，把蛋、蛋白、牛奶、香草莢醬和檸檬汁混合在一起。然後把溼原料分成兩、三批加到麵糰裡，每加一批就混拌一次，直到麵糊均勻、沒有團塊為止。
+ 把麵糊均分到準備好的蛋糕模裡，將表面抹平，烤 20-24 分鐘，或直到膨起、表面呈焦黃色，而且以牙籤測試的結果是乾淨的。
+ 把蛋糕留在模具裡冷卻 10 分鐘，然後取出來放到金屬架上，讓蛋糕完全冷卻。

香草瑞士蛋白奶油霜

+ 把蛋白、糖和塔塔粉放到一只耐熱碗裡混勻，用平底鍋隔水加熱。不停攪拌，直到蛋白混合物達到 65℃，而且糖完全溶解。
+ 把混合物從火源上移開，用裝上打蛋器的升降式攪拌機或裝上兩個攪捧的手持式攪拌機，以中高速攪打 5-7 分鐘，直到體積大幅膨脹，並且降至室溫。在你進行到下一步之前，蛋白混合物降至室溫是非常重要的。
+ 加入黃油，每次 1-2 大匙，一邊以中速持續攪拌。如果用的是升降式攪拌機，我建議在這個步聚把打蛋器換成攪棒。④
+ 持續攪打，直到黃油統統放入，而且奶油霜顯得光滑蓬鬆。加入香草莢醬和鹽，以快轉混勻。

組合蛋糕

+ 如果海綿蛋糕的頂部拱起來，就用鋒利的鋸齒刀鏟平。

+ 把下層的海綿蛋糕放到蛋糕架上，在頂部抹上一層厚厚的奶油霜。放上第二個海綿蛋糕，再抹上一層奶油霜，然後放第三個，底部朝上，這樣才會有漂亮、平坦的頂部。

+ 以剩下的巧克力奶油霜塗滿蛋糕表層，用曲柄抹刀或湯匙背部做出漩渦狀的裝飾花樣。如果你喜歡的話，可以用新鮮水果做頂飾（例如覆盆子）。

保存

放在密封容器裡，或用保鮮膜包起來放到涼爽、乾燥的地方或冰箱裡，可保存 3-4 天。如果是放在冰箱裡，食用前先取出來，置於室溫下 15 分鐘。

註解

① 杏仁粉可以維持蛋糕幾天的溼潤（見 37 頁）。你可以用相等重量的無麩質烘焙粉取代它，但是海綿蛋糕會比較快乾掉。

② 檸檬汁與膨鬆劑產生化學反應，能使海綿蛋糕變得更輕盈、蓬鬆。

③ 反糖油拌和法（見 40-41 頁）使海綿蛋糕產生絲絨般的滑順質地和均勻的氣孔，同時降低了頂部拱起的可能性。

④ 慢慢地加入黃油，脂肪量才不會讓蛋白霜無法應付。你在做的是一種十分精緻的乳化劑，最重要的是均衡和計時。如果奶油霜進入了「軟稀」的階段，看似軟糊、散開，就繼續加入黃油並攪打混合物。一旦你把黃油統統加進去之後，它就會凝聚起來。瑞士蛋白奶油霜的疑難排解訣竅，請見 46 頁。

榛果＋牛奶巧克力蛋糕

如果我的下半輩子只能吃一種蛋糕，這會是我的選擇。它嚐起來像蛋糕形式的榛果醬（但實際上沒有使用任何榛果醬），讓它變得好吃一千倍。它的海綿蛋糕香滑細緻，而且有濃濃的榛果味——因為榛果在磨碎前先烤過。還有，它的牛奶巧克力奶油霜，一言以蔽之，就是太危險了（以一口一滿湯匙的形式而言）。把海綿蛋糕和奶油霜加在一起，你就能享受最歡樂的時光。

份數　10-12
準備時間　1 小時 30 分鐘
烹調時間　5 分鐘
烘焙時間　35 分鐘
冷卻時間　30 分鐘

榛果海綿蛋糕

210 克榛果
210 克無麩質烘焙粉
300 克細砂糖
3 茶匙泡打粉
¾ 茶匙黃原膠
½ 茶匙鹽
165 克無鹽黃油，軟化
3 顆蛋，室溫
240 克全脂牛奶，室溫
1 茶匙香草莢醬

牛奶巧克力奶油霜

400 克無鹽黃油，軟化
250 克糖粉
250 克牛奶巧克力（大約 40% 的可可塊），融化後冷卻
20-30 克鹼性可可粉
½ 茶匙鹽

巧克力滴液

60 克黑巧克力（60-70% 的可可塊），切碎
90 克重乳脂鮮奶油

榛果海綿蛋糕

+ 把烤箱架調整到中間的位置，烤箱預熱到 180℃，在三個 15 公分的圓形蛋糕模裡鋪上烘焙紙。
+ 首先，用煎鍋以中高火烘烤榛果 5-7 分鐘，不時攪拌，直到外皮開始鬆脫、變成深棕色的豆子。①將烘好的榛果輕輕倒到一張茶巾上，聚攏四角，把外皮揉掉。讓榛果完全冷卻，丟掉外皮，留下 30 克稍後裝飾用。把其餘的用食物處理機或攪拌機打得粉碎。
+ 把無麩質烘焙粉、糖、泡打粉、黃原膠和鹽放入一只大碗裡，再加入打碎的榛果，攪拌均勻。
+ 加入黃油，用裝上攪棒的升降式攪拌機或裝上兩個攪棒的手持式攪拌機，把黃油拌入乾原料裡，直到質地呈粗麵包屑狀。②
+ 把蛋、牛奶和香草莢醬放到另一只碗裡混合均勻，再把溼原料分成兩、三批加到麵糰裡，每加一批就混拌一次，直到麵糊變得光滑，沒有團塊。
+ 將麵糊均分到準備好的蛋糕模裡，將表面抹平，烤 30-32 分鐘，或直到膨起，表面呈焦黃色，而且以牙籤測試的結果是乾淨的。在烤的頭 20 分鐘不要打開烤箱門，因為可能造成蛋糕塌陷。③
+ 把蛋糕留在模具裡冷卻 10 分鐘，然後取出來放到金屬架上，讓蛋糕完全冷卻。

牛奶巧克力奶油霜

+ 用裝上攪棒的升降式攪拌機或裝上兩個攪棒的手持式攪拌機，攪打黃油 2-3 分鐘。撒入糖粉，再打 5 分鐘，直到變得泛白、蓬鬆。
+ 加入融化且冷卻的牛奶巧克力，攪打均勻。
+ 最後，撒入 20 克的可可粉和鹽，攪打均勻。如果你想要更豐富的風味和稍微深一點的顏色，你可以加入更多的可可粉（總量最多 30 克）。

巧克力滴液

+ 把切碎的黑巧克力放到耐熱碗裡。
+ 把重乳脂鮮奶油放到平底深鍋加熱到剛好沸騰的程度，然後倒到巧克力上頭。靜置 4-5 分鐘，然後攪拌混合，呈現滑順的光澤。
+ 放到一旁，稍微降溫。

組合蛋糕

+ 如果海綿蛋糕的頂部拱起來，就用鋒利的鋸齒刀鏟平。
+ 把下層的海綿蛋糕放到蛋糕架上，在頂部抹上一層厚厚的奶油霜。放上第二個海綿蛋糕，再抹上一層奶油霜，然後放第三個，底部朝上，這樣才會有漂亮、平坦的頂部可供裝飾。
+ 剩下的牛奶巧克力奶油霜，取大部分塗滿蛋糕表層（留一些做裝飾），用麵粉鏟或曲柄抹刀將糖霜抹平。
+ 把蛋糕冰到冰箱裡 30-45 分鐘，直到奶油霜變涼、變硬。
+ 把烘好的榛果剁成粗粒，蛋糕冰好後，用榛果碎粒裝飾第三層，在基部創造出「領子」的感覺。
+ 檢查巧克力滴液的稠度，應該要軟稀到可以滴下來，但是不能熱到把糖霜融化掉。如果太濃稠，就放到微波爐裡加熱 5 秒鐘，直到稠度剛好。
+ 製做巧克力滴液。方法一，先用擠瓶在蛋糕頂部邊緣做出一個圓圈，然後把蛋糕頂部填滿；或用方法二，把巧克力滴液倒在蛋糕頂部，然後用湯匙／曲柄抹刀輕輕引導滴液從邊緣滴下來。用曲柄抹刀抹平頂部，讓滴液稍微變堅硬（應該只要花幾分鐘）。
+ 把剩下的奶油霜裝到擠花袋裡（用你自己選擇的擠花嘴），然後用擠出來的奶油霜花裝飾蛋糕，直到用完。

保存

放在密封容器裡，或用保鮮膜包起來放到涼爽、乾燥的地方或冰箱裡，可保存 3-4 天。如果是放在冰箱裡，食用前先取出來，置於室溫下 15 分鐘。

註解

① 烘烤榛果能夠產生更濃郁的香氣，而且有助於脫皮。脫皮是基於美觀的考量，脫皮的榛果才能夠做出漂亮的焦黃色海綿蛋糕。

② 反糖油拌和法（見 40-41 頁）使海綿蛋糕產生絲絨般的滑順質地和均勻的氣孔，同時降低了頂部拱起的可能性。

③ 雖然塌陷的蛋糕通常和反糖油拌和法無關，但是大量磨碎的榛果使海綿蛋糕更脆弱，從烤箱裡拿出來時也額外蓬鬆 —— 所以，如果你太早打開烤箱，它就比較容易塌陷。

胡蘿蔔蛋糕

份數 10-12
準備時間 45 分鐘
烘焙時間 1 小時 30 分鐘

胡蘿蔔蛋糕是少數讓你開心又含有蔬菜的美食。擦碎的胡蘿蔔使蛋糕具有溼潤、細緻的質地（擦碎是關鍵——細磨的胡蘿蔔會在烘焙期間釋放出太多水分），而暖心的綜合香料又賦予奇妙的芳香。因為用的是重乳脂鮮奶油而不是黃油，所以蛋糕上厚厚的奶油乳酪糖霜甜而不膩。

胡蘿蔔蛋糕

260 克無麩質共焙粉

320 克紅糖

1 茶匙泡打粉

1 茶匙小蘇打粉

½ 茶匙黃原膠

2 茶匙肉桂粉

½ 茶匙綜合香料粉

½ 茶匙薑粉

½ 茶匙鹽

200 克蔬菜油、葵花油或其他中性油

4 顆蛋，室溫

300 克胡蘿蔔，擦碎

140 克核桃或山核桃，切碎

奶油乳酪糖霜

200 克重乳脂鮮奶油，冰的①

100 克糖粉，篩過

200 克全脂鮮奶油乳酪，冰的

½ 茶匙香草莢醬

¼ 茶匙鹽

註解

① 以重乳脂鮮奶油做出的奶油乳酪糖霜，其穩定性（即使沒有大量的糖粉）是你用黃油怎麼樣都無法達到的（見47頁）。

② 麵糊要保持濃稠，溼原料的比例要低，才能確保胡蘿蔔釋放出來的水分不會造成稠密、溼黏的蛋糕。

胡蘿蔔蛋糕

+ 把烤箱架調整到中間的位置，烤箱預熱到 180℃，在一個 20 公分的圓形蛋糕模或彈簧扣模具（至少 7 公分深）裡鋪上烘焙紙。

+ 把無麩質烘焙粉、糖、泡打粉、小蘇打粉、黃原膠、所有的香料和鹽放到一只大碗裡混勻。②

+ 加入油和蛋，混拌成滑順、濃稠的麵糊。

+ 加入擦碎的胡蘿蔔。留下 20 克切碎的堅果做裝飾，然後把其餘的倒入麵糊裡混勻。

+ 把麵糊倒到準備好的模具裡，將表面抹平，大約烤 1 小時 30 分鐘，或直到膨起，表面呈深焦黃色，而且以牙籤測試的結果是乾淨的。如果蛋糕表面太快開始變焦，就用鋁箔紙蓋住（光亮面朝上），直到烤好為止。

+ 把蛋糕留在模具裡冷卻 15 分鐘，然後取出來放到金屬架上，讓蛋糕完全冷卻。

奶油乳酪糖霜

+ 用裝上打蛋器的升降式攪拌機或裝上兩個攪棒的手持式攪拌機，把重乳脂鮮奶油和糖粉打在一起，直到可以形成挺立的尖角。

+ 用另一只碗，將鮮奶油乳酪攪打成光滑狀，然後倒入打好的鮮奶油裡，再攪打 1 分鐘或直到可以形成挺立的尖角。

+ 加入香草莢醬和鹽，混拌均勻。

+ 讓糖霜在冷卻的蛋糕上均勻地擴散開來，用曲柄抹刀或湯匙背面做出漩渦花樣的裝飾。撒上之前保留下來的 20 克碎堅果，就完成了。

保存

以密封容器置於涼爽、乾燥的地方，可保存 3-4 天。

檸檬糖霜蛋糕

份數　10
準備時間　30 分鐘
烘焙時間　1 小時

這個蛋糕已經將滿滿的檸檬風味推到了極至的境界，它具有最完美、溼潤、細緻的質地，是檸檬糖霜的絕妙搭配——尤其是乾燥後的糖霜變成易脆裂的清新甜品。這個蛋糕不但不會甜膩，還會散發出令人無法抗拒的清新芳香。

長方形蛋糕

200 克無麩質烘焙粉

65 克杏仁粉①

200 克細砂糖

3 茶匙泡打粉

½ 茶匙黃原膠

¼ 茶匙鹽

225 克無鹽黃油，軟化

3 顆無蠟檸檬皮

4 顆蛋，室溫

120 克全脂牛奶，室溫

6 大匙檸檬汁

1 茶匙香草莢醬

檸檬糖霜

120 克糖粉，篩過

7-8 茶匙檸檬汁

註解

① 杏仁粉可以維持蛋糕幾天的溼潤（見 37 頁）。你可以用相等重量的無麩質烘焙粉取代它，但是海綿蛋糕會比較快乾掉。

② 反糖油拌和法（見 40-41 頁）使蛋糕產生絲絨般的滑順質地。

長方形蛋糕

+ 把烤箱架調整到中間的位置，烤箱預熱到 180℃，在一個 900 克的吐司模（23 × 13 ×7.5 公分）裡鋪上烘焙紙。

+ 把無麩質烘焙粉、杏仁粉、糖、泡打粉、小蘇打粉、黃原膠和鹽放到一只大碗裡混勻。

+ 加入黃油，用裝上攪棒的升降式攪拌機或裝上兩個攪捧的手持式攪拌機，把黃油拌入乾原料裡，直到質地呈粗麵包屑狀。② 加入檸檬皮，然後一直攪拌到混合均勻。

+ 把蛋、牛奶、檸檬汁和香草莢醬放到另一只碗裡混合均勻，再把溼原料分成兩、三批加到麵糰裡，每加一批就混拌一次，直到麵糊變得光滑，沒有團塊。

+ 將麵糊倒到準備好的吐司模裡，將表面抹平，大約烤 1 小時，或直到膨起，表面呈焦黃色，而且以牙籤測試的結果是乾淨的。如果蛋糕表面太快開始變焦，就用鋁箔紙蓋住（光亮面朝上），直到烤好為止。

+ 把蛋糕留在模具裡冷卻 10 分鐘，然後取出來放到金屬架上，讓蛋糕完全冷卻。

檸檬糖霜

+ 攪打糖霜和 6 茶匙檸檬汁，直到質地變得濃稠。再加入 1-2 茶匙檸檬汁，攪拌均勻，直到糖霜軟稀的程度可以裹住湯匙背面。

+ 把檸檬糖霜淋在冷卻的蛋糕上，用湯匙背面均勻地抹開，讓糖霜從邊緣滴下去。

保存

以密封容器置於涼爽、乾燥的地方，可保存 3-4 天。

來點變化

柳橙糖霜蛋糕——用柳橙取代檸檬。

粉紅糖霜——想做出這麼俏麗、活潑的色彩，就要用覆盆子濃縮汁來取代一部分的檸檬汁：熬煮 100 克的覆盆莓，直到變軟，用篩網濾掉籽，再用小火加熱，使汁液濃縮，直到變稠，然後再與糖霜混合。

整顆柳橙＋巧克力大理石環形蛋糕

份數　14-16
準備時間　1 小時
烹調時間　2 小時
烘焙時間　1 小時 10 分鐘

環形蛋糕

2-3 顆無蠟柳橙（最好是有機的）

240 克無鹽黃油，軟化，另外加
　上抹在模具上的

120 克杏仁粉，另外加上撒在模
　具上的

400 克細砂糖

4 顆蛋，室溫

350 克無麩質烘焙粉

2 茶匙泡打粉

1 茶匙小蘇打粉

1 茶匙黃原膠

½ 茶匙鹽

60 克全脂原味優格或酸奶，室
　溫①

100 克黑巧克力（60-70% 的可
　可塊），融化後冷卻

20 克鹼性可可粉

巧克力釉面

100 克黑巧克力（60-70% 的可
　可塊），切碎

135 克重乳脂鮮奶油

我敢說你會認同我說的：沒多少種風味的組合會像巧克力加柳橙那樣特別。這個蛋糕想做得出色，只要用柳橙皮和柳橙汁就行了。我在把柳橙打成泥然後加到蛋糕裡之前，先將整顆柳橙慢慢燉了兩個小時。這會讓蛋糕具有深層、講究的風味，以及極其溼潤、豐富的質地。它並不輕盈、蓬鬆——而是稠密、香滑，但沒完全沒有厚重感。巧克力糊和甘納許盤繞在一起做成的釉面，使環形蛋糕美得令你喘不過氣來。

環形蛋糕

+ 將柳橙徹底洗淨，放到裝滿水的大平底深鍋裡燉煮兩小時，直到變軟。然後取出來，放涼。切掉頭尾，再切成四等分，然後去籽。用食物處理機或果汁機將柳橙打成泥，直到質地滑順，然後放到一旁待用。

+ 把烤箱架調整到中低的位置，烤箱預熱到 180℃。把黃油塗在一個容量相當於 12 杯的大環形模具內側（大約 26 公分寬和 11 公分深），然後撒上杏仁粉。

+ 用裝上打蛋器的升降式攪拌機或裝上兩個攪棒的手持式攪拌機攪打黃油和糖 5 分鐘，直到變得泛白、蓬鬆。加入蛋，一次一顆，每加一顆就先攪拌均勻。不時刮下攪拌碗側邊和底部的麵糊，以免有部分的麵糊未完全混合。

+ 把無麩質烘焙粉、杏仁粉、泡打粉、小蘇打粉、黃原膠和鹽放到一只大碗裡混勻。把 ⅓ 的麵糰加到黃油和蛋的混合物裡，混合均勻，直到完全融合。

+ 加入大約 350 克的柳橙泥，混合均勻。如果混合物散開來或顯出裂痕，別擔心（不太可能，那只是因為果泥中有大量的水分）——下一批乾原料會使麵糊光滑柔細。

+ 加入第二批 ⅓ 的麵糰、優格或酸奶，以及剩下的麵糰，每加一批就混勻一次，才能做出光滑、蓬鬆和很濃稠的麵糊，而且沒有團塊。

+ 把大約 ⅓ 的麵糊（約 575 克）倒到另一只碗裡，加入融化的巧克加和可可粉。一直攪拌，直到原料完全混合均勻。

+ 把⅓的柳橙糊舀到環形模具裡，接著舀½的巧克力糊倒在上頭，然後再倒上⅓的柳橙糊，再來是剩下的巧克力糊，最後是剩下的柳橙糊。在工作台上輕輕拍打模具，幫助麵糊完全附著在模具的凹槽裡。用一把刀或竹籤從上頭一直打旋到底部。最後把表面抹平。
+ 大約烤 1 小時，或直到以牙籤測試的結果是乾淨的，或只黏著一點點潮溼的團塊。如果蛋糕的頂部太快開始變焦，就用鋁箔紙蓋住（光亮面朝上），直到烤好為止。
+ 把蛋糕從烤箱裡拿出來，留在模具裡冷卻 20-30 分鐘，然後取出來放到金屬架上，讓蛋糕完全冷卻。

巧克力釉面

+ 把切碎的黑巧克力放到一只耐熱碗裡。
+ 把重乳脂鮮奶油放到平底深鍋加熱到剛好沸騰的程度，然後倒到巧克力上頭。靜置 2-3 分鐘，然後攪拌混合，呈現滑順的光澤。
+ 把做釉面的釉料澆在冷卻的環形蛋糕上，讓釉料從邊緣流下。
+ 在食用前置於室溫下至少 30 分鐘。

保存

放在密封容器裡，或用保鮮膜封起來放到涼爽、乾燥的地方，可保存 3-4 天。

註解

① 優格或酸奶的弱酸性，賦予蛋糕特別清新的口感（也促進膨鬆劑的活性），讓蛋糕的風味更輕爽，質地更輕盈。

覆盆子托盤蛋糕

份數　12-16
準備時間　45 分鐘
烘焙時間　50 分鐘
烹調時間　5 分鐘

簡單的托盤蛋糕有一種令人感覺愜意的魅力。它很容易準備，不需要任何花俏的裝飾，但是絕對能散發出誘人的風味。這個托盤蛋糕具有濃郁的奶油和檸檬芳香，點綴在海綿蛋糕裡的覆盆子，為蛋糕增添了色彩和撲鼻的清新。如絲絨般滑順的乳酪糖霜，和覆盆子濃縮汁交織成美麗的焦點。

托盤蛋糕

300 克無質烘焙粉
100 克杏仁粉①
300 克細砂糖
4½ 茶匙泡打粉
¾ 茶匙黃原膠
½ 茶匙鹽
340 克無鹽黃油，軟化
2 顆無蠟檸檬皮
6 顆蛋，室溫
190 克全脂牛奶，室溫
1 大匙檸檬汁
1 茶匙香草莢醬
350 克冷凍覆盆子②

覆盆子乳酪糖霜

250 克新鮮或冷凍覆盆子
300 克重乳脂鮮奶油，冰的
100-150 糖粉，篩過
225 馬斯卡彭乳酪，冰的
1 茶匙香草莢醬

托盤蛋糕

+ 把烤箱架調整到中間的位置，烤箱預熱到 180℃，在一個 23 × 33 公分的托盤裡鋪上烘焙紙。
+ 把無麩質烘焙粉、杏仁粉、糖、泡打粉、黃原膠和鹽放到一只大碗裡混勻。
+ 加入黃油，用裝上攪棒的升降式攪拌機或裝上兩個攪棒的手持式攪拌機，把黃油拌入乾原料裡，直到質地呈粗麵包屑狀。加入檸檬皮，然後一直攪拌到混合均勻。
+ 用另一只碗，把蛋、蛋白、牛奶、檸檬汁和香草莢醬混合在一起。然後把溼的原料分成兩、三批加到麵糰裡，每加一批就混拌一次，直到麵糊均勻、沒有團塊為止。
+ 將一半的麵糊倒到準備好的托盤裡，將表面抹平，然後把一半的覆盆子撒在上頭。倒入另一半的麵糊，將表面抹平，再把剩下的覆盆子撒上去。③
+ 烤 50-55 分鐘，或直到膨起，表面呈焦黃色，而且以牙籤測試的結果是乾淨的。如果蛋糕表面太快開始變焦，就用鋁箔紙蓋住（光亮面朝上），直到烤好為止。
+ 看你想怎麼食用，你可以把它放在托盤裡等到完全冷卻，或把蛋糕留在托盤裡冷卻 10 分鐘，然後取出來放到金屬架上，再讓蛋糕完全冷卻。

覆盆子乳酪糖霜

+ 首先，準備覆盆子濃縮汁：把覆盆子放到平底深鍋裡以中高火熬煮，時時攪拌，直到莓子軟化，釋出汁液。
+ 將鍋中內容物透過篩網倒入罐子或碗裡，濾除籽和外皮。
+ 把汁液倒回鍋裡，以中高火熬煮 3-5 分鐘，期間經常攪拌，直到汁液變得黏稠，但不要像果醬。放到一旁冷卻，待用。
+ 用裝上打蛋器的升降式攪拌機或裝上兩個攪棒的手持式攪拌機，把重乳脂鮮奶油和糖粉打在一起，直到可以形成挺立的尖角。
+ 把馬斯卡膨乳酪放到另一只碗裡打到鬆軟、平滑，然後和香草莢醬一起倒打好的鮮奶油裡。此時的糖霜應該很容易塗開，形成軟軟的尖角。如果太鬆軟，就再多打一會兒，讓它稍微濃稠些。
+ 把糖霜抹在冷卻的托盤蛋糕上，以漩渦狀攪入冷卻的覆盆子濃縮汁。切成數份就可以食用了。

保存

放在密封容器裡，或用保鮮膜封住放到涼爽、乾燥的地方，可保存 3-4 天。

來點變化

還有很多種其他莓果可以用來做這種托盤蛋糕，從藍莓、黑莓到草莓都行。

註解

① 杏仁粉可以維持蛋糕幾天的溼潤（見 37 頁）。你可以用相等重量的無麩質烘焙粉取代它，但是海綿蛋糕會比較快乾掉。

② 冷凍的覆盆子會使周圍的麵糊變硬（冰的，再加上麵糊裡有黃油），所以它們不會像新鮮的覆盆子那樣沉到底部。

③ 把覆盆子分成兩批，才能保證均勻地分布在蛋糕裡。

香草＋覆盆子瑞士捲

份數　10-12
準備時間　45 分鐘
烘焙時間　10 分鐘
烹調時間　5 分鐘

香草海綿蛋糕

葵花油、蔬菜油或其他口味中性
　的油，塗在模具上
4 顆蛋，室溫
150 克細砂糖
½ 茶匙香草莢醬
60 克無鹽黃油，融化
110 克無麩質烘焙粉
¾ 茶匙黃原膠①
½ 茶匙泡打粉
½ 茶匙小蘇打粉
¼ 茶匙鹽

覆盆子鮮奶油霜

250 克新鮮或冷凍的覆盆子
250 克重乳脂鮮奶油，冰的
75-100 克糖粉，再加上要撒在
　模具上的

要做出好的瑞士捲，總歸只有幾個要訣：在攪打蛋和糖時，知道你要的稠度；在加入原料時動作要輕，才能保留住麵糊裡珍貴的氣泡；不要烤過頭，變成乾巴巴的海綿蛋糕；避免可怕的（傳統的）捲起—冷卻—攤開—填料—捲起法（見注解③），那是瑞士捲常常失敗的原因。

香草海綿蛋糕

+ 把烤箱架調整到中間的位置，烤箱預熱到 180℃，在一個 25 × 35 公分的淺托盤裡鋪上烘焙紙。將油輕輕塗在烘焙紙上和模具的四邊（或是用烹飪噴霧噴上液態油）。②
+ 用裝上打蛋器的升降式攪拌機或裝上兩個攪棒的手持式攪拌機，以中高速攪打蛋和糖，大約 5-7 分鐘，直到變得泛白、濃稠、蓬鬆，而且體積大約變成三倍。混合物從打蛋上滴下來的時候，應該會短暫地呈堆疊狀。
+ 加入香草和融化的黃油，攪打 10-20 秒，直到完全融合。
+ 把無麩質烘焙粉、黃原膠、泡打粉、小蘇打粉和鹽統統撒入溼原料裡，攪打 10-20 秒，直到沒有團塊。刮下碗的側邊和底部的麵糊，以免未充分混合。
+ 把麵糊倒到準備好的托盤裡，將表面抹平，厚度要均勻。烤 10-12 分鐘，或直到以牙籤測試的結果是乾淨的，而且海綿蛋糕摸起來有彈性。
+ 烤好後馬上用鋁箔紙緊密地蓋住托盤，讓它冷卻，直到達到室溫或 22℃ 左右。（如果太涼，海綿蛋糕在捲起時會裂開，而冷卻得不夠的話，可能使餡料融化。）③趁海綿蛋糕冷卻時準備餡料。

覆盆子鮮奶油霜

+ 首先，準備覆盆子濃縮汁：把覆盆子放到平底深鍋裡以中高火熬煮，經常攪拌，直到莓果軟化，釋出汁液。
+ 將鍋中內容物透過篩網倒入罐子或碗裡，濾除籽和外皮。
+ 把汁液倒回鍋裡，以中高火熬煮 3-5 分鐘，期間經常攪拌，直到汁液變得黏稠，但不要像果醬。放到一旁冷卻，待用。
+ 把重乳脂鮮奶油和糖粉打在一起，直到可以形成挺立的尖角。然後拌入覆盆子濃縮汁——直到完全融合成粉紅色的鮮奶油，或部分融合，這樣就能產生白色、粉紅色和紅色的條紋。

組合瑞士捲

+ 掀去冷卻的海綿蛋糕上的鋁箔紙，用曲柄抹刀從托盤邊緣讓蛋糕脫模，把餡料倒在蛋糕上均勻地抹開，在其中一個短邊留下一到兩公分的空白（這是你開始捲海綿蛋糕的地方）。

+ 把留空白的短邊轉過來靠近自己。借助下方的烘焙紙，抬起蛋糕的一角，然後開始輕輕地捲起來。

+ 一邊捲，一邊輕輕抬起烘焙紙，直到捲完——烘焙紙應該很容易從海綿蛋糕上撕下來。

+ 切除蛋糕捲的兩端，撒上糖粉後就可以食用。

保存

放在密封容器裡，或用保鮮膜包起來放到涼爽、乾燥的地方或冰箱裡，可保存 3-4 天。如果是放在冰箱裡，食用前先取出來，置於室溫下 15 分鐘。（注意，因為鮮奶油染上了天然覆盆子濃縮汁的顏色，可能在接觸空氣後氧化，變得帶點紫色。這只會影響它的外觀，但不影響到風味。）

來點變化

這個海綿蛋糕食譜可以當做各種瑞士捲的基底，只要加上不同的口味和香料，甚至利用食用色素做出圖案。或者，你可以用自選的果醬當做素瑞士捲的內餡，做成果醬瑞士捲。

註解

① 稍多一點的黃原膠（考量到烘焙粉的量）能確保海綿蛋糕有足夠捲起但不會裂開的彈性，而且不會軟綿綿的。

② 因為在將蛋糕捲起時，烘焙紙需要平穩的從蛋糕上撕下來，所以抹上點油是很重要的。

③ 「Serious Eats」的史黛拉·帕克斯（Stella Parks）創造了一個萬無一失的方法，讓蛋糕具有足夠的彈性捲起，而且不會裂開。傳統的方法是將蛋糕趁熱捲起來，待涼了之後攤開，填上餡料之後再捲度起來，但是細緻的蛋就承受了太多外力。史黛拉的方法是利用鋁箔紙攔住水蒸氣，使海綿蛋糕柔軟易折。

巧克力瑞士捲

份數　10-12
準備時間　1 小時
烘焙時間　10 分鐘

溼潤的巧克力海綿蛋糕和馬斯卡彭鮮奶油霜的完美盤繞，澆上賞心悅目的巧克力甘納許釉面。在蛋糕的世界裡，簡單的瑞士捲往往被認為過時了、不值得白費力氣而受到忽視。但是，你只要品嚐一下入口即化的巧克力海綿蛋糕，香滑的乳酪鮮奶油餡和巧克力釉面就在你的味蕾上綻放煙火——唔，你才知道他們都說錯了。

巧克力海綿蛋糕

葵花油、蔬菜油或其他口味中性的油，塗在模具上
60 克黑巧克力（60-70% 的可可塊），切碎
60 克無鹽黃油
4 顆蛋，室溫
150 克細砂糖
90 克無麩質烘焙粉
20 克鹼性可可粉
¾ 茶匙黃原膠①
½ 茶匙泡打粉②
¼ 茶匙鹽

馬斯卡彭鮮奶油霜

240 重乳脂鮮奶油，冰的
50 克糖粉，篩過
60 克馬斯卡彭乳酪，冰的

巧克力釉面

120 克黑巧克力（60-70% 的可可塊），切碎
180 克重乳脂鮮奶油

巧克力海綿蛋糕

+ 把烤箱架調整到中間的位置，烤箱預熱到 180℃，在一個 20 × 35 公分的淺托盤裡鋪上烘焙紙。將油輕輕塗在烘焙紙上和托盤的四邊（或是用烹飪噴霧噴上液態油）。③
+ 把黑巧克力和黃油放到一只耐熱碗裡，以平底鍋隔水加熱融化，直到變得滑順亮澤。然後放到一旁，稍微降溫。
+ 用裝上打蛋器的升降式攪拌機或裝上兩個攪棒的手持式攪拌機，以中高速攪打蛋和糖，大約 5-7 分鐘，直到變得泛白、濃稠、蓬鬆，而且體積大約變成三倍。混合物從打蛋器上滴下來的時候，應該會短暫地呈堆疊狀。
+ 加入融化的巧克力，攪打 10-20 秒，直到完全融合。
+ 把無麩質烘焙粉、可可粉、黃原膠、泡打粉和鹽撒入巧克力混合物裡，攪打 10-20 秒，直到沒有團塊。刮下碗的側邊和底部的麵糊，以免未充分混合。
+ 把麵糊倒到準備好的托盤裡，將表面抹平，使厚度均勻。烤 10-12 分鐘，或直到以牙籤測試的結果是乾淨的，而且海綿蛋糕摸起來有彈性。
+ 烤好後馬上用鋁箔紙緊密地蓋住托盤，讓它冷卻，直到達到室溫或 22℃ 左右。（如果太涼，海綿蛋糕在捲起時會裂開，而冷卻得不夠的話，可能使餡料融化。）④趁海綿蛋糕冷卻時準備餡料和釉料。

馬斯卡彭鮮奶油霜

+ 用裝上打蛋器的升降式攪拌機或裝上兩個攪棒的手持式攪拌機，把重乳脂鮮奶油和糖粉打在一起，直到可以形成挺立的尖角。⑤
+ 用另一只碗，將馬斯卡彭乳酪輕輕攪打成光滑狀，然後倒到打好的鮮奶油裡攪拌，直到變成可以輕鬆抹開的柔滑餡料，且不易變形。

組合瑞士捲

+ 掀去冷卻的海綿蛋糕上的鋁箔紙，用曲柄抹刀從托盤邊緣讓蛋糕脫模，把餡料倒在蛋糕上均勻地抹開，在其中一個短邊留下一到兩公分的空白（這你開始捲海綿蛋糕的地方）。
+ 把留空白的短邊轉過來靠近自己。借助下方的烘焙紙，抬起蛋糕的一角，然後開始輕輕地捲起來。
+ 一邊捲，一邊輕輕抬起烘焙紙，直到捲完──烘焙紙應該很容易從海綿蛋糕上撕下來。把瑞士捲放到一旁，開始準備巧克力釉面。

巧克力釉面

+ 把切碎的黑巧克力放到一只耐熱碗裡。
+ 把重乳脂鮮奶油放到平底深鍋加熱到剛好沸騰的程度，然後倒到巧克力上頭。靜置 2-3 分鐘，然後攪拌混合，呈現滑順的光澤。
+ 把做釉面的巧克力釉料澆在瑞士捲上，讓釉料從邊緣流下。
+ 在食用前置於室溫下至少 30 分鐘，讓巧克力釉面定型。

保存

放在密封容器裡，或用保鮮膜包起來放到涼爽、乾燥的地方或冰箱裡，可保存 3-4 天。如果是放在冰箱裡，食用前先取出來，置於室溫下 15 分鐘。

註解

① 稍多一點的黃原膠（考量到烘焙粉的量）能確保海綿蛋糕有足夠捲起但不會裂開的彈性，而且不會軟綿綿的。

② 麵糊裡融化的巧克力具有弱酸性，有助於促進膨鬆劑的活性，所以你在這裡用到的膨鬆劑，比香草瑞士捲（見 72 頁）還少。

③ 因為在將蛋糕捲起時，烘焙紙需要平穩的從蛋糕上撕下來，所以抹上點油是很重要的。

④ 「Serious Eats」的史黛拉·帕克斯（Stella Parks）創造了一個萬無一失的方法，讓蛋糕具有足夠的彈性捲起，而且不會裂開。傳統的方法是將蛋糕趁熱捲起來，待涼了之後攤開，填上餡料之後再捲度起來，但是細緻的蛋就承受了太多外力。史黛拉的方法是利用鋁箔紙攔住水蒸氣，使海綿蛋糕柔軟易折。

⑤ 把攪拌機設在中低速，以免產生太大的氣泡和過度打發。如果把鮮奶油打過頭，看似僵硬而且快要散掉的樣子，就輕輕拌入更多的鮮奶油（不攪打）。

巧克力岩漿蛋糕

份數　4
準備時間　45 分鐘
冷卻時間　30 分鐘
烘焙時間　12 分鐘

巧克力甘納許

60 克黑巧克力（60-70% 的可可塊），切碎
90 克重乳脂鮮奶油

岩漿蛋糕

60 克無鹽黃油，另加上塗在模具上的
20 克鹼性可可粉，另加上撒在模具上的
100 克黑巧克力（60-70% 的可可塊），切碎
100 克紅糖①
2 顆蛋，室溫
20 克無麩質烘焙粉
¼ 茶匙黃原膠
¼ 茶匙鹽
糖粉，用於裝飾
重乳脂鮮奶油或香草冰淇淋和草莓，食用時搭配

註解

① 用紅糖可以維持少量的烘焙粉；用大量的巧克力和黃油，可使海綿蛋糕溼潤，並防止乾裂。

② 如果是事先將岩漿蛋糕準備好，就冷藏到需要用的時候（但理想上當天就要拿出來烤）。從冰箱取出後直接放入烤箱，但烘焙時間要再加上 2 分鐘左右（總共 14 分鐘）。

誘人的熔岩般核心，尤其再搭配一大球冰淇淋，有誰不愛這樣的巧克力岩漿蛋糕？一般會以沒烤熟的麵糊做為「岩漿」的部分，但這個食譜是用冰的巧克力甘納許來取代。不僅消除了麵糊裡含有未熟蛋的擔憂，風味也更豐富，質地更奢華。以甘納許為內餡，在蛋糕烤好前也不用那麼分秒必較——就算多烤了幾分鐘，甘納許還是會呈流質狀態。

巧克力甘納許

+ 把切碎的黑巧克力放到一只耐熱碗裡。
+ 把重乳脂鮮奶油放到平底鍋裡加熱到剛好沸騰的程度，然後倒到巧克力上頭。靜置 2-3 分鐘，然後一直攪拌到變成滑順有光澤的甘納許。
+ 冷藏 30 分鐘，直到變結實，但仍然可以用杓子舀起。

岩漿蛋糕

+ 把烤箱架調整到中間的位置，烤箱預熱到 220℃。在 4 個小蛋糕模裡塗上一層厚厚的黃油，並且撒上可可粉。拍掉多餘的可可粉，然後放到一旁。
+ 把黑巧克力和黃油放到一只耐熱碗裡，以平底鍋隔水加熱融化。然後放到一旁，直到變溫。
+ 用裝上打蛋器的升降式攪拌機或裝上兩個攪棒的手持式攪拌機，以中高速攪打蛋和糖，大約 5-7 分鐘，直到變得泛白、濃稠、蓬鬆，而且體積大約變成三倍。混合物從打蛋器上滴下來的時候，應該會短暫地呈堆疊狀。
+ 拌入融化的巧克力，直到混合均勻。把無麩質烘焙粉、可可粉、黃原膠和鹽統統撒入溼原料裡，用抹刀輕輕地拌入乾原料，直到沒有團塊。攪拌期間不時刮下碗的側邊和底部的麵糊，以免未充分混合。
+ 把一半的麵糊均分到 4 個模具裡，把大約 1½ 大匙的冷卻甘納許放到每個裝了部分麵糊的模具的中間。把剩餘的麵糊均分到 4 個模具裡，完全蓋住甘納許內餡。②
+ 把 4 個模具放到一個烤盤或托盤上，烤 12 分鐘，或直到蛋糕頂部膨起，摸起來結實，但搖晃時中央有晃動感。降溫 20-30 秒，然後倒扣到餐盤裡。撒上糖粉，食用時搭配鮮奶油或冰淇淋和幾顆草莓。

來點變化

岩漿蛋糕的內餡，可以用海鹽焦糖或巧克力焦糖甘納許來取代巧克力甘納許（把熱焦糖倒到切碎的巧克力上頭就好）。

杯子蛋糕

＋

馬芬糕

有很長一段時間，我對杯子蛋糕和馬芬糕又愛又恨。一次又
一次，我做的杯子蛋糕簡直慘不忍睹（事實上，有時候根本
不像杯子蛋糕，反而像極了約克夏布丁），而且我的馬芬糕
又扁又醜，我稱之為「馬芬糕大陰謀」。歷經好幾個禮拜的
不停試驗，才終於完成令我滿意的基本香草杯子蛋糕食譜。
它的頂部是平坦的，只有一點微微的圓形隆起，充滿奶油香，
還有最漂亮、細緻、入口即化的質地。重要的是它可以維持
好幾天──不像一般看到的杯子蛋糕，隔天就變得又乾又扁。

和它相似的馬芬糕也有很棒的香草馬芬糕食譜，做出來的成
品有漂亮的圓頂和膨鬆、溼潤的質地──因為我當時正在學
習如何把杯子蛋糕做成平頂，結果在過程中發現使馬芬糕有
漂亮圓頂的祕訣。

今天，「馬芬糕大陰謀」已經成為過去式──感謝老天爺。
更妙的是，有的馬芬糕吃起來像蘋果派和內餡塞了巧克力醬
的杯子蛋糕──在做出這麼美味的蛋糕時，我想到過去辛苦
的種種而發出一陣陣不可置信的笑聲。

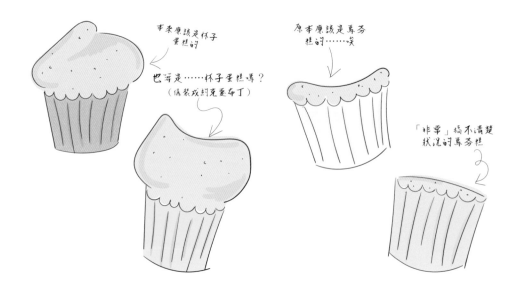

本來應該是杯子蛋糕的

但這是……杯子蛋糕嗎？
（偽裝成封克蛋布丁）

原本應該是馬芬糕的……笑

「非常」搞不清楚狀況的馬芬糕

本章杯子蛋糕＋馬芬糕的種類

本章裡所我所選擇的食譜，不僅是因為美味，也因為這些食譜是：

＋　許多人都會用的基礎食譜，

＋　引入特別有趣的原料或方法，影響了杯子蛋糕和馬芬糕在烤箱裡、外的反應。

好吧，我承認，帶你認識無麩質杯子蛋糕的世界，就這方面來說，為巧克力杯子蛋糕填充巧克力醬內餡（見 90 頁）不是非做不可，但是盡可能用把眾多杯子蛋糕填上許多美味的東西，可是我畢生的任務啊。這就是為什麼本書裡有七分之四的杯子蛋糕都填上了內餡——從咖啡焦糖醬到檸檬酪等等。不客氣。

麩質的角色

和做蛋糕一樣，麩質在杯子蛋糕和馬芬糕的世界裡並不是主要角色。事實上，如果你過度混拌麵糊，麩質在小麥烘焙裡可能會阻礙杯子蛋糕形成入口即化的細緻質地。

就無麩質杯子蛋糕和馬芬糕而言，過度混拌並不是算是個問題，而且要仿造麩質的任何正面效果也很簡單（像是維持溼度和結構），只要稍微改變一下溼：乾原料的比例，並且加上一小撮黃原膠。

「馬芬糕大陰謀」
從前，我的杯子蛋糕看起來像是約克夏布丁，而馬芬糕又扁又醜。幸好，「馬芬糕大陰謀」已經成為過去式，現在我的杯子蛋糕和馬芬糕每次看起來就像下一頁的圖示。

馬芬糕不只是沒有奶油霜的杯子蛋糕──還有其他不同點

　　跟科學一樣，在烘焙裡，定義是很重要的。在我們開始看如何製做完美的無麩質杯子蛋糕和馬芬糕之前，我們先來談談是什麼讓杯子蛋糕和馬芬糕有那麼有模有樣。

　　杯子蛋糕。其特色無疑是幾乎平坦的頂部，只有微微的圓形隆起，上頭正好可以放堆像小山一般的美麗奶油霜。這種蛋糕應該有滑順、入口即化的柔軟質地。它們絕對算是比較甜的點心，可是這應該要計入最後擠上的奶油霜──任何人都不會想吃甜的要死、嚐起來只有糖的杯子蛋糕。不過，杯子蛋糕在點心裡還是有不可動搖的地位。

　　馬芬糕。另一方面，馬芬糕不只是一種甜點──謝天謝地：誰不喜歡把馬芬糕當成早餐或點心？馬芬糕不像杯子蛋糕那麼甜──它們有更豐富的風味和口感。從質地上來說，它們幾乎像麵包一樣結實，而且溼潤度也足夠維持一整天（如果放到微波爐裡稍微加熱，最多甚至可以維持 4 天）。當然，它們的頂部有馬芬糕的特色，高高隆起的圓拱形，配上美麗的焦黃色澤，完美的從模具中膨脹出來，漂亮的跟麵包店裡的一樣。

　　為了把杯子蛋糕和馬芬糕做得有模有樣的，要注意，杯子蛋糕和馬芬糕的原料比例、麵糊稠度和烘焙時間都大不相同──一切都在這一章的食譜中揭露出來。

杯子蛋糕平頂＋馬芬糕圓頂的五個理由

　　我原本打算在這裡寫兩個段落——一段教你怎麼做出平頂的杯子蛋糕，另一段教你怎麼做出高高隆起的圓頂馬芬糕。但是我馬上弄清楚，我只不過是把同樣的事情寫兩次：把做出平頂杯子蛋糕的因素反過來，就是做出圓頂馬芬糕的因素，根本不足為奇。因此，我整理出在烤杯子蛋糕和馬芬糕時所要考量的五大重要事項，概述如下，另外也用表格4（見88頁）做成了摘要。

1. 麵糊稠度。一般說來，馬芬糕的麵糊應該比杯子蛋糕的麵糊濃稠很多。杯子蛋糕的麵糊在舀入紙杯後會均勻的流向四處，而馬芬糕的麵糊會維持杓子的形狀，看來就是有形成圓頂的趨勢。這種趨勢背後的科學與麵糊的稠度和黏性密切相關，而且這兩者對熱傳遞速度的影響——老實說，我們（還）不是很清楚。重點是，若要得到最好的效果，你應該把馬芬糕麵糊做得比較稠，把杯子蛋糕麵糊做得比較稀。

2. 麵糊倒入紙杯的方式。在講到把麵糊倒入紙杯（或馬芬糕模具、杯子蛋糕模等等）的時候，我不贊同「倒半滿」的做法。在做杯子蛋糕時，我喜歡把紙杯填到¾滿，才能保證杯子蛋糕在烘烤時從邊緣滿上來，剛好超出杯口一點點——我不喜歡躲在杯口下的杯子蛋糕，那樣你就只能看到糖粉。

做馬芬糕的時候，你要把紙杯填到全滿，盡量再比邊緣高出幾公釐——尤其是你想做出麵包店才做得出來的特大號馬芬糕，頂部膨脹超出杯口的直徑，看起來像朵蘑菇似的。

在所有的食譜裡，數量和烘焙時間都是針對12洞、120毫升的馬芬糕或杯子蛋糕而設計的。紙杯的杯口直徑為7公分，底部直徑5公分，高度4公分。

3. 烤箱溫度。以相對高溫的190℃烤馬芬糕，能讓邊緣的麵糊完全熟透，在中央烤熟前就先定型。結果，由於膨鬆劑（以及水分蒸發時的水蒸氣）持續產生二氧化碳，造成中央一直膨脹，而邊緣已經定型不動。瞧！這就形成了馬芬糕的頂部。雖然許多小麥烘焙食譜在開始烤馬芬糕的時候將溫度設定在200℃，但是我不推薦把這種做法用在無麩質烘焙上，因為無麩質穀粉比較容易變乾。這麼高的溫度可能造成結塊，在烘烤的頭5分鐘內，如果馬芬糕頂部的質地變得乾硬，會導致膨脹不均勻、歪斜。

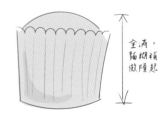

　　杯子蛋糕的烘焙溫度比較低，要設在160℃——原因正好和馬芬糕相反。我們希望它的邊緣和中央烤熟的速度盡量一樣，才能均勻地膨起，形成平坦的頂部。

將麵糊倒進杯子蛋糕（上圖）或馬芬糕（下圖）模具裡，不是隨隨便便倒入就好。參考這個指引，就能做出平坦、只有微微隆起的杯子蛋糕，和頂部呈漂亮圓拱形的馬芬糕。

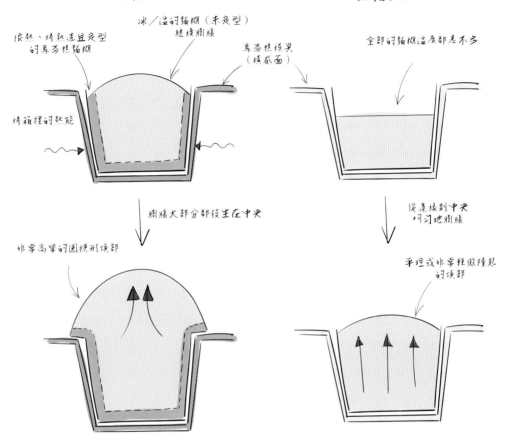

高溫烤箱&冰的馬芬
糕麵糊

低溫烤箱&室溫的杯子蛋
糕麵糊

很熱、烤熟達且定型
的馬芬糕麵糊

冰／溫的麵糊（未定型）
繼續膨脹

馬芬糕模具
（橫截面）

全部的麵糊溫度都差不多

烤箱裡的熱能

膨脹大部分發生在中央

非常高聳的圓拱形頂部

從邊緣到中央
均勻地膨脹

平坦或非常輕微隆起
的頂部

烤箱溫度、原料溫度和馬芬
糕模具的顏色，都會影響麵
糊的膨脹，繼而影響到馬芬
糕（左）和杯子蛋糕（右）
的形狀。

4. 原料溫度。使用室溫的原料，往往是烘焙成功的一大要素——就杯子蛋而言，是百分之百正確的。在你動手做之前，你的雞蛋、黃油和牛奶都應該是室溫的溫度。不過，馬芬糕就不一樣了。馬芬糕最好用冰的雞蛋、牛奶和優格（你仍舊應該使用在室溫下軟化的黃油，否則你在使用反糖油拌和法的時候，很難把黃油拌入烘焙粉裡）。

造成這種差異的原因跟第 3 點的烤箱溫度很接近。提醒：如果在中央烤好前邊緣已經熟透且定型了，中央會繼續膨脹，就會形成圓拱形的頂部。如果你用的是冰的原料，那麼馬芬糕的中央要花比較長的時間才會熱透，要用較高的烤箱溫度來增強、擴大效果。反過來說，室溫的材料表示麵糊溫度比較接近烤箱溫度，杯子蛋糕的邊緣和中央的受熱和烤熟的速度幾乎是一樣的——

麵糊在低溫烤箱裡朝相同的方向膨脹，有助於形成平坦的頂部。

5. 額外的影響：烘焙模具的顏色。這個效果並不明顯，不過，如果你已經有一個很好用的烘焙模具，我肯定不希望你專程再去買一個。簡單地說，深色模具比淺色模具更容易吸熱和散熱。在做杯子蛋糕和馬芬糕的時候，深色模具的作用就像溫度較高的190℃烤箱，而淺色模具就像度較低的160℃烤箱。所以，若要達到最好（中的最好）的效果，做馬芬糕時要用深色模具，做杯子蛋糕時用淺色模具。

如果你依照前四項規則去做，那麼烘焙模具的顏色並不是那麼具有影響力，不管用深色或淺色的模具，你仍然可以做出漂亮、可口的杯子蛋糕和馬芬糕。我偏好淺色的烘焙模具，因為它讓蛋糕四周變成焦黃色的速度比較慢。即使用160℃的溫度，深色的烘焙模具也可能讓蛋糕的四周和邊緣呈現明顯的焦黃色。那是在做香草或白巧克力杯子蛋糕時我想避免的事，因為這些蛋糕只有在微微呈現金黃色的時候最好看。

如果是做馬芬糕的話，用淺色模具也可以，因為不管用什麼顏色的模具，較高的烤箱溫度就足以做出漂亮的焦糖色（當然，還有圓拱形頂部）。

你會注意到，我的五大理由指的不是不同的膨鬆劑，也不是酸性原料的使用，例如優格、酸奶或檸檬汁。那是因為，相較於麵糊稠度和烤箱溫度，這些因素對於蛋糕烤好後的外觀和質地來說，影響力並不明顯。馬芬糕含有比較多的酸性原料，所以，多一點點的膨鬆劑確實會促進麵糊的膨脹，但是對於圓拱形頂部的實際影響性是有爭議的。舉例來說，106頁的檸檬罌粟籽蛋糕就沒有圓拱形的頂部──雖然我們在麵糊裡加入了檸檬汁。

馬芬糕麵糊裡的優格也值得一提，因為它在杯子蛋糕的食譜中取代了一部分的黃油，做出來的質地沒那麼細緻，比較接近麵包。況且，優格（不像牛奶）使馬芬糕麵糊變得比較濃稠，同時

表格4：杯子蛋糕 VS 馬芬糕

	杯子蛋糕	馬芬糕
麵糊稠度	稀稀的，可流動	濃稠
倒入紙杯的滿度	¾滿	全滿
烤箱溫度	低溫160℃	高溫190℃
原料溫度	室溫	冰的
額外的影響：烘焙模具的顏色	淺色	深色

還能確保烤好的馬芬糕漂亮又溼潤。原因是：做無麩質馬芬糕牽涉到烘焙均衡的問題——你一方面想用很濃稠的麵糊做出麵包店才做得出來的圓拱形頂部，另一方面，減少溼原料在無麩質烘焙中是件危險的事情，因為很容易做出又乾又易碎的馬芬糕。所以，使用優格或酸奶是很完美的解決方式，把兩件事情結合得恰到好處。

如何防止沾黏

也許你現在還想不出來（你知道，由於我堅持使用不添加黃原膠的無麩質烘焙粉、無鹽黃油、烤箱溫度計和電子秤——到小數點以下），我喜歡 1,000% 地掌握事情發生的過程和原因。把事情交給運氣去決定，雖然在剛開始研發食譜的階段很有趣，因為你想看事情順其自然的發展是什麼樣子，但是當你要依照食譜的指示做出預期的成果時，準確很重要。

那就是為什麼我發現很難信任宣稱不沾黏的紙模或紙杯。在我的經驗裡，宣示得愈有信心，我愈可能犧牲掉一半的馬芬糕奉獻給紙杯神。我有解決方法嗎？在每個紙杯裡大略刷上葵花油或菜籽油。（不沾黏的烹飪噴霧噴也有效。）在紙杯內輕輕覆上一層——只要輕輕刷上，不要太厚重——黏在紙杯上的杯子蛋糕和馬芬糕就成為過去式了。

那會佔用掉開始烘焙前的 2-3 分鐘嗎？當然。會麻煩嗎？肯定會，不過這樣才能從紙杯上取下每一塊珍貴的蛋糕。那省了你不少挫折的傷心淚吧？你說的沒錯。

使用奶油霜的說明

我在蛋糕那一章（見 46 頁）略述了我最喜歡的奶油霜，在做擠花杯子蛋糕時也是一樣的。不過，這裡我需要說的是關於奶油霜和杯子蛋糕的比例。

雖然我做的杯子蛋糕不是準確 1:1 的奶油霜：杯子蛋糕，但是也十分接近了。也許看起來很厚重，但是記住，我的奶油霜沒有一般的那麼甜。而且，坦白說，它看起來就是漂亮，尤其在撒上巧克力屑或碎堅果之後。

在本章食譜中，奶油霜的用量使奶油霜和杯子蛋糕的比例就和附圖一樣——如果在你看起來太多，就依同樣的比率減少奶油霜的所有原料用量。在擠花方面真的沒什麼嚴格的規則，任何事情都只是參考或建議，你可以視情況調整。

杯子蛋糕：奶油霜的理想比例

說明：這是主觀的，沒有科學證據

1:1

三重巧克力杯子蛋糕

份數　12
準備時間　1 小時 15 分鐘
烘焙時間　26 分鐘
烹調時間　5 分鐘

別讓大量的巧克力和這麼小量的烘焙粉嚇壞你了。即使從原料表看來好像是跨到布朗尼的領域，但其實我們還在杯子蛋糕的範圍裡。話雖如此，如果有嚐起來像布朗尼的杯子蛋糕（但實際上沒有乳脂般的黏稠），再加上溼潤的質地和濃濃的巧克力香，那就是它了。因為沒有所謂的太多巧克力（我個人的座右銘），所以裡頭塞滿了巧克力乳脂內餡，上頭頂著巧克力奶油霜，最後撒上巧克力屑做裝飾。我稱之為「三重」巧克力，但說真的，我還漏算了其他東西。

巧克力杯子蛋糕

200 克黑巧克力（60-70% 的可可塊），切碎
150 克無鹽黃油
15 克鹼性可可粉
150 克細砂糖
3 顆蛋，室溫
65 克無麩質烘焙粉
30 克杏仁粉
1½ 茶匙泡打粉
½ 茶匙黃原膠
½ 茶匙鹽
90 克熱水①
巧克力米或巧克力屑，用於裝飾

巧克力乳脂內餡

75 克全脂牛奶②
75 克黑巧克力（60-70% 的可可塊），切碎
40 克細砂糖
25 克鹼性可可粉
30 克無鹽黃油

巧克力奶油霜

450 克無鹽黃油，軟化
320 克糖粉
80 克鹼性可可粉
½ 茶匙鹽
200 克黑巧克力（60-70% 的可可塊），融化後冷卻

巧克力杯子蛋糕

+ 把烤箱架調整到中間的位置，烤箱預熱到 160℃，在一個 12 洞的馬芬糕模具裡放上做杯子蛋糕的紙杯。
+ 把黑巧克力和黃油放到一只耐熱碗裡，以平底鍋隔水加熱融化。然後放到一旁冷卻，直到變溫，再拌入可可粉和糖，混合均勻。
+ 加入蛋，一次一顆，每加入一顆就攪打均勻。
+ 把無麩質烘焙粉、杏仁粉、泡打粉、黃原膠和鹽撒到巧克力混合物上，混拌均勻，直到沒有團塊。
+ 加入熱水，攪打均勻，直到麵糊變得光滑。
+ 把麵糊均分到 12 個紙杯裡，每個填到 ¾ 滿。
+ 烤 26-28 分鐘，或直到以牙籤測試的結果是乾淨的，或只沾有一點潮溼的屑屑。
+ 從模具裡取出杯子蛋糕，放到金屬架上冷卻。

巧克力乳脂內餡

+ 把牛奶、一半的碎巧克力、糖和可可粉倒入一只平底深鍋裡，以中高火加熱，不時攪拌，直到巧克力融化（大約 5 分鐘）。
+ 從火源上移開，加入黃油和剩下的巧克力，混拌到完全融化，然後放到一旁待用。冷卻期間巧克力醬會稍微變得更濃稠些。

巧克力奶油霜

+ 用裝上攪棒的升降式攪拌機或裝上兩個攪棒的手持式攪拌機，將黃油攪打 2-3 分鐘。撒入糖粉，再攪拌 5 分鐘，直到混合物變得泛白、蓬鬆。
+ 撒入可可粉和鹽，攪拌均勻。
+ 加入融化且冷卻的巧克力，一直攪拌，直到巧克力奶油霜變得蓬鬆，呈均勻的深咖啡色。

組合杯子蛋糕

+ 用蘋果去核器或擠花嘴寬的那一端在每一個杯子蛋糕中間弄一個洞。填入巧克力醬（如果醬變得太濃，就微波 10 秒鐘，直到可以灌注）。
+ 把奶油霜放到擠花袋裡（用你喜歡的擠花嘴），擠到每個杯子蛋糕上，然後撒上巧克力米或巧克力屑。

保存

以密封 1 容器置於涼爽、乾燥的地方，可保存 3-4 天。

來點變化

你可以用各式各樣的奶油霜做為杯子蛋糕的頂飾，像是香草瑞士蛋白奶油霜（見 94 頁）或草莓奶油霜（見 110 頁）。或試著做：
百吃不厭的杯子蛋糕——用壓碎的消化餅乾（見 164 頁）和融化的黃油充分混合，做出每個杯子蛋糕的基底。倒入巧克力杯子蛋糕的麵糊，然後放入烤箱。以瑞士蛋白霜做頂飾，用廚房噴槍燒烤蛋白霜。

註解

① 熱水有助於形成超溼潤、細緻的質地，但不會讓烤好的杯子蛋糕太溼或太黏。如果你擔心熱水會使蛋變熟，告訴你，不會的。雞蛋在前一個步驟中已經混到麵糊裡了，而且熱水量相對的少，所以不會發生這種事情。

② 你可以依照自己喜歡的內餡稠度來加入更多牛奶。75 克的牛奶能做出濃稠、像果醬似的、慢慢結實成乳脂的內餡。

香草杯子蛋糕

份數　12
準備時間　1 小時
烘焙時間　22 分鐘

這是大部分杯子蛋糕都會照著做的基本食譜。只要一點小小的變化（大部分和溼：乾原料比例有關，端視你要添加什麼形式的調味料），就可以產生上百種版本。不過，我還是喜歡它的原版。香滑，帶著幾許香草風味，迷人的淡淡金黃色，再加上微微隆起的頂部，就是我覺得杯子蛋糕應該有的樣子。

香草杯子蛋糕

200 克無麩質烘焙粉
60 克杏仁粉
200 克細砂糖
3 茶匙泡打粉
½ 茶匙黃原膠
¼ 茶匙鹽
130 克無鹽黃油，軟化
160 克全脂牛奶，室溫
2 顆蛋，室溫
2 顆蛋白，室溫①
1 大匙檸檬汁（選擇性的）②

1 茶匙香草莢醬

自選巧克力米，用於裝飾（選擇
　性的）

香草瑞士蛋白奶油霜

6 顆蛋白
375 克細砂糖
¼ 茶匙塔塔粉
400 克無鹽黃油，軟化
1 茶匙香草莢醬
½ 茶匙鹽

香草杯子蛋糕

+ 把烤箱架調整到中間的位置，烤箱預熱到 160℃，在一個 12 洞的馬芬糕模具裡放上做杯子蛋糕的紙杯。
+ 把無麩質烘焙粉、杏仁粉、糖、泡打粉、黃原膠和鹽放到一只大碗裡混勻。
+ 加入黃油，用裝上攪棒的升降式攪拌機或裝上兩個攪棒的手持式攪拌機，把黃油拌入乾原料裡，直到質地呈粗麵包屑狀。③
+ 用另一只碗，把牛奶、蛋、蛋白、檸檬汁（如果有用的話）和香草莢醬混合在一起。然後把溼原料分成兩批加到烘焙粉混合物裡，每加一批就混拌一次，直到麵糊均勻、沒有團塊為止。
+ 把麵糊均分到 12 個紙杯裡，每個填到 ¾ 滿。
+ 烤 22-24 分鐘，或直到以牙籤測試的結果是乾淨的，或只沾有一點潮溼的屑屑。
+ 從模具裡取出杯子蛋糕，放到金屬架上冷卻。

香草瑞士蛋白奶油霜

+ 把蛋白、糖和塔塔粉放到一只耐熱碗裡混勻，用平底鍋隔水加熱。不停攪拌，直到蛋白混合物達到 65℃，而且糖完全溶解。
+ 把混合物從火源上移開，用裝上打蛋器的升降式攪拌機或裝上兩個攪棒的手持式攪拌機，以中高速攪打 5-7 分鐘，直到體積大幅膨脹，並且降為室溫。在你進行到下一步之前，蛋白混合物降為室溫是非常重要的。
+ 加入黃油，每次 1-2 大匙，一邊以中速持續攪拌。如果用的是升降式攪拌機，我建議在這個步驟把打蛋器換成攪棒。④
+ 持續攪打，直到黃油統統放入，而且奶油霜顯得光滑蓬鬆。加入香草莢醬和鹽，迅速混勻。
+ 把奶油霜放到擠花袋裡（用你喜歡的擠花嘴），擠到每個杯子蛋糕上頭。如果想要的話，可以撒上巧克力米。

保存

以密封容器置於涼爽、乾燥的地方，可保存 3-4 天。

來點變化

你可以用各種頂飾來裝飾香草杯子蛋糕，像是巧克力奶油霜（見 90 頁）或草莓奶油霜（見 110 頁）。這個基本食譜也是檸檬罌粟籽杯子蛋糕（見 106 頁）、草莓和白巧克力杯子蛋糕（見 110 頁），以及咖啡咖啡咖啡杯子蛋糕（見 100 頁）的基礎。

註解

① 額外的蛋白使杯子蛋糕變得特別蓬鬆，但不用增加膨鬆劑的用量；膨鬆劑可能對風味有不良影響。

② 添加 1 茶匙檸檬汁是選擇性的，但是它的酸性能促進膨鬆劑的作用，做出均勻蓬鬆的杯子蛋糕，而不會影響到香草的風味。雖然有些食譜會使用優格或酸奶來達到相同的功效，但是那些東西對風味有很大的影響。

③ 反糖油拌和法（見 40-41 頁）使杯子蛋糕產生絲絨般的滑順質地和均勻的氣孔，同時有助於維持平坦的頂部。

④ 慢慢地加入黃油，脂肪量才不會讓蛋白霜無法應付。你在做的是一種十分精緻的乳化劑，最重要的是均衡和計時。如果奶油霜進入了「軟稀」的階段，看似軟糊、散開，就繼續加入黃油並攪打混合物。一旦你把黃油統統加進去之後，它就會凝聚起來。瑞士蛋白奶油霜的疑難排解訣竅，請見 46 頁。

花生醬巧克力杯子蛋糕

份數　14
準備時間　45 分鐘
烘焙時間　24 分鐘

就是有東西能把巧克力和花生醬結合在一起，讓人想好好放縱一番。巧克力和花生醬本身的風味都很濃郁，但是一起加到杯子蛋糕裡，所創造出來的風味更可口。以花生醬做為杯子蛋糕裡唯一的脂肪成分，在烘焙上通常很難處理。為了做出完美、細緻、鬆軟的蛋糕，需要把花生醬和液態油混合在一塊。相同的，把黃油加到花生醬巧克力奶油霜裡，會比只用花生醬有更蓬鬆的質感。不過，這些額外的成分都蓋不掉花生醬的風味，只會更突顯出它的香濃。

花生醬杯子蛋糕

160 克無麩質烘焙粉

40 克杏仁粉

200 克紅糖

3 茶匙泡打粉

½ 茶匙黃原膠

½ 茶匙鹽

150 克天然、不加糖的細滑花生醬

130 克葵花油或其他中性油①

160 克全脂牛奶，室溫

2 顆蛋，室溫

2 顆蛋白，室溫

1 大匙檸檬汁

15 克生的無鹽花生，烘烤後剁碎，用於裝飾

花生醬巧克力奶油霜

350 克無鹽黃油，軟化

300 克天然、不加糖的細滑花生醬

300 克糖粉

150 克黑巧克力（60-70% 的可可塊），融化後冷卻

45 克鹼性可可粉

½ 茶匙鹽

註解

①添加液態油對頂部平坦的花生醬杯子蛋糕而言是非常重要的。若不添加液態油，最後的麵糊會比較濃稠，更像馬芬糕麵糊。

花生醬杯子蛋糕

+ 把烤箱架調整到中間的位置，烤箱預熱到 160℃，在一個 12 洞的馬芬糕模具裡放上做杯子蛋糕的紙杯，在第二個馬芬糕模具裡放上 2 個紙杯（這個食譜可做出 14 份）。

+ 把無麩質烘焙粉、杏仁粉、糖、泡打粉、黃原膠和鹽放到一只大碗裡混勻。

+ 用另一只碗，把花生醬、油、牛奶、蛋、蛋白和檸檬汁打在一起。把溼原料加到烘焙粉混合物裡攪打，直到麵糊均勻、沒有團塊為止。

+ 把麵糊均分到 14 個紙杯裡，每個填到 ¾ 滿。

+ 烤 24-26 分鐘，或直到以牙籤測試的結果是乾淨的，或只沾有一點潮溼的屑屑。

+ 從模具裡取出杯子蛋糕，放到金屬架上冷卻。

花生醬巧克力奶油霜

+ 用裝上攪棒的升降式攪拌機或裝上兩個攪棒的手持式攪拌機，以中速攪拌黃油和花生醬 2-3 分鐘，直到均勻、蓬鬆。

+ 加入糖粉後再攪拌 5-7 分鐘，直到顏色泛白且非常蓬鬆。然後加入巧克力、可可粉和鹽，一直攪拌，直到完全混合均勻（大約 1-2 分鐘）。

+ 把奶油霜放到擠花袋裡（用你喜歡的擠花嘴），擠到每個杯子蛋糕上頭，然後撒上烘烤過的生花碎屑做裝飾。

保存

以密封容器置於涼爽、乾燥的地方，可保存 3-4 天。

來點變化

花生醬＋果醬杯子蛋糕——你可以在花生醬杯子蛋糕裡填入草莓果醬和草莓奶油霜（見 110 頁）。或者試試覆盆子果醬，並且把冷凍乾燥的覆盆子加到奶油霜裡。

咖啡咖啡咖啡杯子蛋糕

份數　12
準備時間　1 小時 15 分鐘
烘焙時間　22 分鐘
烹調時間　10 分鐘

喜愛咖啡的人可高興了。這些杯子蛋糕也許是最好的咖啡甜點，三種不同的咖啡成分碰撞在一起，在味蕾上爆出咖啡的饗宴。你也許想在糖霜裡略過卡布奇諾粉——別這麼做。正是卡布奇諾粉才能把頂部配料帶入一種全新的境界，讓即溶咖啡的濃厚感變得香醇細滑。至於咖啡焦糖醬：它是神來之筆，一旦你嚐過之後，你會想把它加到……唔，任何東西裡。

咖啡杯子蛋糕

160 克全脂牛奶
1½-2 大匙即溶咖啡顆粒①
200 克無麩質烘焙粉
60 克杏仁粉
200 克細砂糖
3 茶匙泡打粉
½ 茶匙黃原膠
¼ 茶匙鹽
130 克無鹽黃油，軟化
2 顆蛋，室溫
2 顆蛋白，室溫

咖啡焦糖醬

90 克重乳脂鮮奶油
½-1 大匙即溶咖啡顆粒
100 克細砂糖
35 克無鹽黃油
¼ 茶匙鹽（選擇性的）

咖啡糖霜

550 克重乳脂鮮奶油，冰的
4½ 大匙卡布奇諾粉
2½ 茶匙即溶咖啡顆粒
300 克糖粉，篩過

咖啡杯子蛋糕

+ 把烤箱架調整到中間的位置，烤箱預熱到 160℃，在一個 12 洞的馬芬糕模具裡放上做杯子蛋糕的紙杯。
+ 把牛奶和即溶咖啡顆粒放在一起加熱，直到咖啡粒完全溶解。放到一旁冷卻，或降為室溫。
+ 把無麩質烘焙粉、杏仁粉、糖、泡打粉、黃原膠和鹽放到一只大碗裡混勻。
+ 加入黃油，用裝上攪棒的升降式攪拌機或裝上兩個攪棒的手持式攪拌機，把黃油拌入乾原料裡，直到質地呈粗麵包屑狀。
+ 用另一只碗，把溶入咖啡的牛奶、蛋和蛋白打在一起。把溼原料分成兩批加到烘焙粉混合物裡，每加一批就混拌一次，直到麵糊均勻、沒有團塊為止。
+ 把麵糊均分到 12 個紙杯裡，每個填到 ¾ 滿。
+ 烤 22-24 分鐘，或直到以牙籤測試的結果是乾淨的，或只沾有一點潮溼的屑屑。
+ 從模具裡取出杯子蛋糕，放到金屬架上冷卻。

咖啡焦糖醬

+ 用一只小平底深鍋或微波專用碗加熱重乳脂鮮奶油和即溶咖啡顆粒，直到完全溶解。②放到一旁待用。
+ 用另一只平底深鍋以中火煮糖，偶爾攪拌，直到糖完全溶解，變成淡琥珀色的焦糖。③
+ 加入黃油，攪拌均勻，直到黃油完全融化，然後再煮 30 秒。
+ 從火源上移開，倒到咖啡奶油霜裡，混合均勻。拌入鹽（如果有用的話）。
+ 冷卻至室溫，焦糖醬才會變得更稠些。

咖啡糖霜

+ 用一只小平底深鍋或微波專用碗加熱 110 克的重乳脂鮮奶油、卡布奇諾粉和即溶咖啡顆粒，直到完全溶解。放到一旁，讓它完全冷卻。
+ 用裝上打蛋器的升降式攪拌機或裝上兩個攪棒的手持式攪拌機，攪打剩下的重乳脂鮮奶油和糖粉，直到可以形成挺立的尖角。
+ 加入咖啡奶油霜，一次 1 大匙，以中速不停攪打。把咖啡奶油霜全部加進去之後繼續攪打 30 秒，直到完全混合均勻，糖霜能形成挺立的尖角。④

組合杯子蛋糕

+ 用蘋果去核器或擠花嘴寬的那一端在每一個杯子蛋糕中間弄一個洞。填入咖啡焦糖醬（如果醬變得太濃，就微波 10 秒鐘，直到可以灌注或舀起來）。
+ 把咖啡糖霜放到擠花袋裡（用你喜歡的擠花嘴），擠到每個杯子蛋糕上。

保存

以密封容器置於涼爽、乾燥的地方，可保存 3-4 天。

註解

① 咖啡除了增添風味，它的酸性 pH 值還能夠加速膨鬆劑的作用，做出特別鬆軟、細緻的杯子蛋糕。

② 把咖啡加到重乳脂鮮奶油裡（而不是煮成焦糖前的砂糖裡）很重要，因為這表示你可以單純用砂糖來煮成焦糖，觀察出它的顏色 —— 當焦糖變成正確的琥珀色時你必須一眼就看出來，不會受到咖啡顏色的妨礙。

③ 焦糖的顏色和風味都比咖啡淡，是醇濃、稍苦的咖啡的好搭檔。

④ 重要的是，以這樣的順序準備糖霜可以維持它的穩定性 —— 使它易於澆飾花邊及維持形狀。如果你從一開始就把咖啡奶油霜和剩下的鮮奶油、糖打在一起，可能會做出軟糊、散開的糖霜。

胡蘿蔔杯子蛋糕

份數　12
準備時間　45 分鐘
烘焙時間　24 分鐘

由於擦碎的胡蘿蔔（擦碎是必要的——細磨的胡蘿蔔會在烘焙期間釋放出太多水分，使蛋糕失去蓬鬆度）和大量的香料，這些杯子蛋糕的溼潤度和風味都完美極了。碎核桃賦予它們美妙的嚼感，奶油乳酪糖霜擠花美的如夢似幻，吃起來就像雲一樣鬆軟，還有奶油乳酪令人驚艷的香甜。

胡蘿蔔杯子蛋糕

160 克無麩質烘焙粉
160 克紅糖
1 茶匙泡打粉
½ 茶匙小蘇打粉
½ 茶匙黃原膠
1 茶匙肉桂粉
¼ 茶匙薑粉
¼ 茶匙綜合香料粉
¼ 茶匙鹽
130 克葵花油或其他中性油
60 克全脂原味或希臘優格，室溫
2 顆蛋，室溫
200 克胡蘿蔔，擦碎
600 克核桃，切碎，再額外加上裝飾的量

奶油乳酪糖霜①

300 克重乳脂鮮奶油，冰的
150 糖粉，篩過
300 克全脂奶油乳酪，冰的
1 茶匙香草莢醬
¼ 茶匙鹽

註解

① 以重乳脂鮮奶油做出的奶油乳酪糖霜，其穩定性（即使沒有大量的糖粉）是你用黃油怎麼樣都無法達到的（見 47 頁）。

胡蘿蔔杯子蛋糕

+ 把烤箱架調整到中間的位置，烤箱預熱到 160℃，在一個 12 洞的馬芬糕模具裡放上做杯子蛋糕的紙杯。
+ 把無麩質烘焙粉、糖、泡打粉、小蘇打粉、黃原膠、香料和鹽放到一只大碗裡混勻。
+ 用另一只碗，把油、優格和蛋打在一起。把溼原料加到烘焙粉混合物裡攪打，直到麵糊均勻、沒有團塊為止。
+ 加入擦碎的胡蘿蔔和切碎的核桃，攪拌均勻。
+ 把麵糊均分到 12 個紙杯裡，每個填到 ¾ 滿。
+ 烤 24-26 分鐘，或直到以牙籤測試的結果是乾淨的，或只沾有一點潮溼的屑屑。
+ 從模具裡取出杯子蛋糕，放到金屬架上冷卻。

奶油乳酪糖霜

+ 用裝上打蛋器的升降式攪拌機或裝上兩個攪棒的手持式攪拌機，把重乳脂鮮奶油和糖粉打在一起，直到可以形成挺立的尖角。
+ 用另一只碗，將鮮奶油乳酪攪打成光滑狀，然後倒入打好的鮮奶油裡，再攪打 1 分鐘或直到可以形成挺立的尖角。加入香草莢醬和鹽，混拌均勻。
+ 把奶油霜放到擠花袋裡（用你喜歡的擠花嘴），擠到每個杯子蛋糕上頭，然後撒上碎桃核做裝飾。

保存

以密封容器置於涼爽、乾燥的地方，可保存 3-4 天。

檸檬罌粟籽杯子蛋糕

份數　12
準備時間　1 小時 30 分鐘
烘焙時間　22 分鐘
冷卻時間　6 分鐘

檸檬罌粟籽杯子蛋糕

200 克無麩質烘焙粉
60 克杏仁粉
200 克細砂糖
3 茶匙泡打粉
½ 茶匙黃原膠
¼ 茶匙鹽
4 大匙罌粟籽
2 顆無蠟檸檬皮
130 克無鹽黃油，軟化
160 克全脂牛奶，室溫
2 顆蛋，室溫
2 顆蛋白，室溫①
2 大匙檸檬汁
½ 茶匙香草莢醬

檸檬酪

60 克檸檬汁
75 克細砂糖
¼ 茶匙鹽
3 顆蛋黃
50 克無鹽黃油

罌粟籽瑞士蛋白奶油霜

6 顆蛋白
375 克細砂糖
¼ 茶匙塔塔粉
400 克無鹽黃油，軟化
½ 茶匙鹽
2-4 大匙罌粟籽

我喜歡把這種蛋糕形容為甜點裡的陽光，它們令人愉悅，就是這麼簡單。從咬下去的第一口開始，有瑞士蛋白奶油霜的蓬鬆，接著是從軟綿綿的蛋糕裡迸裂出來的檸檬風味，感覺非常獨特。然後，當然，是最精采的部分——讓你覺得「此物只應天上有」：蛋糕中央清新怡人的檸檬酪。

檸檬罌粟籽杯子蛋糕

+ 把烤箱架調整到中間的位置，烤箱預熱到 160℃，在一個 12 洞的馬芬糕模具裡放上做杯子蛋糕的紙杯。
+ 把無麩質烘焙粉、糖、泡打粉、小蘇打粉、黃原膠、香料和鹽混合在一起，拌入罌粟籽和檸檬皮。
+ 加入黃油，用裝上攪棒的升降式攪拌機或裝上兩個攪棒的手持式攪拌機，把黃油拌入乾原料裡，直到質地呈粗麵包屑狀。
+ 用另一只碗，把牛奶、蛋、蛋白、檸檬汁和香草莢醬打在一起。把溼原料分成兩批加到烘焙粉混合物裡，每加一批就混拌一次，直到變成光滑、沒有團塊的麵糊。
+ 把麵糊均分到 12 個紙杯裡，每個填到 ¾ 滿。
+ 烤 22-24 分鐘，或直到以牙籤測試的結果是乾淨的，或只沾有一點潮溼的屑屑。
+ 從模具裡取出杯子蛋糕，放到金屬架上冷卻。

檸檬酪

+ 把除了黃油以外的所有檸檬酪原料放到一只平底深裡，快速攪打一下，直到蛋黃和其他原料均勻地混合在一起。以中高火煮 6-8 分鐘，不時攪拌（不是攪打），直到檸檬酪開始變稠（以食品溫度計測量，溫度應該在 76-78℃左右）。②
+ 從火源上移開，拌入黃油，混合均勻，直到融化。（或者，若要做成超滑順的檸檬酪，你可以在加入黃油前先將混合物篩過。）
+ 放到一旁冷卻，偶爾攪拌一下，以免形成浮膜。

罌粟籽瑞士蛋白奶油霜

+ 把蛋白、糖和塔塔粉放到一只耐熱碗裡混勻,用平底鍋隔水加熱。不停攪拌,直到蛋白混合物達到 65℃,而且糖完全溶解。

+ 把混合物從火源上移開,用裝上打蛋器的升降式攪拌機或裝上兩個攪棒的手持式攪拌機,以中高速攪打 5-7 分鐘,直到體積大幅膨脹,並且降為室溫。在你進行到下一步之前,蛋白混合物降為室溫是非常重要的。

+ 加入黃油,每次 1-2 大匙,一邊以中速持續攪拌。如果用的是升降式攪拌機,我建議在這個步聚把打蛋器換成攪棒。③

+ 持續攪打,直到黃油統統放入,而且奶油霜顯得光滑蓬鬆。加入鹽和罌粟籽,迅速混勻。

組合杯子蛋糕

+ 用蘋果去核器或擠花嘴寬的那一端在每一個杯子蛋糕中間弄一個洞。填入冷卻的檸檬酪。

+ 把奶油霜放到擠花袋裡(用你喜歡的擠花嘴),擠到每個杯子蛋糕上。

保存

以密封容器置於涼爽、乾燥的地方,可保存 3-4 天。

註解

① 額外的蛋白使杯子蛋糕變得特別蓬鬆,但不用增加膨鬆劑的用量;膨鬆劑可能對風味有不良影響。

② 用木杓或抹刀攪拌(不是攪打)有助於防止形成泡沫——泡沫是很難避免的事,即使檸檬酪開始變稠。

③ 用攪棒取代打蛋器,拌入奶油霜的空氣會比較少,才能做出絲絨般的滑順質地。瑞士蛋白奶油霜的疑難排解訣竅,請見 46 頁。

草莓＋白巧克力杯子蛋糕

草莓的微酸能夠中和白巧克力的甜度。這種杯子蛋糕既香滑又鬆軟，草莓果醬內餡是甜蜜的驚喜。真正令人難忘的，是它們頂部的飾花。做出讓人驚艷的草莓奶油霜的訣竅（不用任何人工香料）在於使用冷凍乾燥的草莓，將它和糖粉一起打成粉末。

份數　16
準備時間　1 小時
烘焙時間　22 分鐘

白巧克力杯子蛋糕

200 克無麩質烘焙粉
60 克杏仁粉
150 克細砂糖
3 茶匙烘焙粉
½ 茶匙黃原膠
¼ 茶匙鹽
60 克無鹽黃油，軟化
160 克全脂牛奶，室溫
2 顆蛋，室溫
2 顆蛋白，室溫
150 克白巧克力，融化後冷卻成溫的①
8-16 大匙草莓果醬，做內餡
白巧克力屑或米，用於裝飾

草莓奶油霜

55 克冷凍乾燥草莓
530 克糖粉
620 克無鹽黃油，軟化
1-2 滴紅色食用色素（選擇性的）

註解

① 白巧克力與黃油一起融化時會變成米白色和散開來，因此要個別融化。相較於黑巧克力，白巧克力對黃油裡的水分更為敏感。

白巧克力杯子蛋糕

+ 把烤箱架調整到中間的位置，烤箱預熱到 160℃，在一個 12 洞的馬芬糕模具裡放上做杯子蛋糕的紙杯，在第二個馬芬糕模具裡放上 4 個紙杯（這個食譜可做 16 份）。
+ 把無麩質烘焙粉、杏仁粉、砂糖、泡打粉、黃原膠和鹽混合在一起，加入黃油，用裝上攪棒的升降式攪拌機或裝上兩個攪棒的手持式攪拌機，把黃油拌入乾原料裡，直到質地呈粗麵包屑狀。
+ 用另一只碗，把牛奶、蛋和蛋白打在一起。把溼原料加到烘焙粉混合物裡攪打，直到變成光滑、沒有團塊的麵糊。
+ 加入白巧克力，混合均勻。把麵糊均分到 16 個紙杯裡，每個填到大約 ⅔ 滿。
+ 烤 22-24 分鐘，或直到以牙籤測試的結果是乾淨的，或只沾有一點潮溼的屑屑。
+ 從模具裡取出杯子蛋糕，放到金屬架上冷卻。

草莓奶油霜

+ 用食物處理機或攪拌機，將冷凍乾燥草莓和 30 克糖粉打成細末。用篩網篩掉較大的粉屑，然後放到一旁待用。
+ 用裝上攪棒的升降式攪拌機或裝上兩個攪棒的手持式攪拌機，攪打黃油 2-3 分鐘。撒入草莓糖粉和剩下的糖粉，再攪打 5 分鐘，直到混合物變得蓬鬆，呈粉紅色。
+ 如果你想要的話，可以加入紅色食用色素增艷。

組合杯子蛋糕

+ 用蘋果去核器或擠花嘴寬的那一端在每一個杯子蛋糕中間弄一個洞。填入 ½ 到 1 大匙的果醬。
+ 把奶油霜放到擠花袋裡（用你喜歡的擠花嘴），擠到每個杯子蛋糕上，然後撒上白巧克力米或白巧克力屑做裝飾。

保存

以密封容器置於涼爽、乾燥的地方，可保存 3-4 天。

雙重巧克力馬芬糕

份數　12
準備時間　30 分鐘
烘焙時間　20 分鐘

150 克黑巧克力（60-70% 的可可塊），切碎①
125 克無鹽黃油，軟化
180 克無麩質烘焙粉
60 克杏仁粉
30 克鹼性可可粉
200 克細砂糖
2 茶匙烘焙粉
1 茶匙小蘇打粉
1 茶匙黃原膠
½ 茶匙鹽
100 克全脂牛奶
100 克全脂原味或希臘優格
2 顆蛋
150 克黑巧克力片或白巧克力脆片

註解

① 因為巧克力具有弱酸性，有助於促進麵糊裡膨鬆劑的活性，所以這種馬芬糕會比香草馬芬糕有更高聳的圓拱形頂部。

② 因為馬芬糕麵糊相當濃稠，所以不用擔心巧克力脆片會沉底 —— 它們會均勻地散布在麵糊裡。

雙重巧克力，雙重歡樂——幾乎是我生活的座右銘，這些馬芬糕讓生活更有滋味。雙重巧克力馬芬糕很溼潤，因為用了大量的巧克力和幾湯匙鹼性可可粉，所以它帶有濃濃的巧克力香。巧克力脆片是最後讓馬芬糕爆發出令人無法抗拒的誘惑力的大功臣。

+ 把烤箱架調整到中間的位置，烤箱預熱到 190℃，在一個 12 洞的馬芬糕模具裡放上做馬芬糕的紙杯。
+ 把黑巧克力和黃油放到一只耐熱碗裡，以平底鍋隔水加熱融化。然後放到一旁，直到變溫。
+ 把無麩質烘焙粉、杏仁粉、可可粉、糖、泡打粉、小蘇打粉、黃原膠和鹽放到一只碗裡混勻。
+ 用另一只碗，把牛奶、優格和蛋打在一起。然後把溼原料和融化的巧克力混合物加到乾原料裡混合，攪打到麵糊變得光滑、濃稠，沒有團塊為止。
+ 保留一些巧克力脆片做頂飾，其餘的拌到麵糊裡。②
+ 把麵糊均分到 12 個紙杯裡，每個填到全滿。
+ 把保留下來的巧克力脆片撒在馬芬糕上頭，烤 20-22 分鐘，或直到以牙籤測試的結果是乾淨的，或只沾有一點潮溼的屑屑。
+ 從模具裡取出馬芬糕，放到金屬架上冷卻。

保存

最好當天吃完，不過也可以用密封容器存放在涼爽、乾燥的地方，最多可保存 4 天。如果你要在第三或第四天吃，食用前先以微波爐加熱 5-10 秒鐘。

藍莓馬芬糕

份數　12
準備時間　30 分鐘
烘焙時間　20 分鐘

280 克無麩質烘焙粉
80 克杏仁粉
150 克紅糖
2 茶匙泡打粉
1 茶匙小蘇打粉
1 茶匙黃原膠
½ 茶匙鹽
2 顆無蠟檸檬皮
130 克無鹽黃油，軟化
140 克全脂牛奶，冰的①
140 克全脂原味或希臘優格，冰的
2 顆蛋，冰的
2 大匙檸檬汁
1 茶匙香草莢醬
180 克新鮮或冷凍藍莓
1 大匙粗砂糖，用於散撒

註解

① 冰的原料（包括優格和蛋）有助於馬芬糕圓拱形頂部的形成（見 87-88 頁）。

② 馬芬糕麵糊比杯子蛋糕麵糊濃稠的多，有助於馬芬糕的膨脹和具特色的圓拱形頂部的形成（見 86 頁）。

③ 這能保證，即使烘焙期間有些藍莓稍下沉了，它們還是能很均勻地分布在馬芬糕裡。

完美的藍莓馬芬糕必須迅速攪打，具有美麗的圓拱形、焦糖色的頂部，除了不可或缺的藍莓以外，還要有溼潤、柔軟的質地。按照這份食譜做出的無麩質藍莓馬芬糕，符合以上所有條件。在送入烤箱前撒上粗砂糖，令它們烤好後美的發亮，咬下去還有嘎吱作響的甜滋味。

+ 把烤箱架調整到中間的位置，烤箱預熱到 190℃，在一個 12 洞的馬芬糕模具裡放上做馬芬糕的紙杯。

+ 把無麩質烘焙粉、杏仁粉、紅糖、泡打粉、小蘇打粉、黃原膠和鹽放到一只碗裡混勻。

+ 加入檸檬皮和黃油，用裝上攪棒的升降式攪拌機或裝上兩個攪棒的手持式攪拌機，把黃油拌入乾原料裡，直到質地呈粗麵包屑狀。

+ 用另一只碗，把牛奶、優格、蛋、檸檬汁和香草莢醬打在一起。然後把溼原料加到乾原料裡混合，攪打到麵糊變得光滑、濃稠，沒有團塊為止。

+ 然後把溼原料和融化的巧克力混合物加到乾原料裡混合，攪打到麵糊變得光滑、濃稠，沒有團塊為止。②

+ 把沒有藍莓的杯子蛋糕麵糊舀到紙杯裡，每杯大約 1 大匙。③

+ 保留 30 克的藍莓做馬芬糕的頂飾，其餘的拌到剩下的麵糊裡。把麵糊均分到 12 個紙杯裡，每個填到全滿。

+ 把保留下來的藍莓撒在馬芬糕上頭，再撒上粗砂糖。如果用的是新鮮藍莓，要烤 20-22 分鐘左右；如果用的是冷凍藍莓，要烤 24-26 分鐘左右；或直到以牙籤測試的結果是乾淨的，或只沾有一點潮溼的屑屑。

+ 從模具裡取出馬芬糕，放到金屬架上冷卻。

保存

最好當天吃完，不過也可以用密封容器存放在涼爽、乾燥的地方，最多可保存 4 天。如果你要在第三或第四天吃，食用前先以微波爐加熱 5-10 秒鐘。

來點變化

使用其他莓果，例如覆盆子或黑莓就很適合這種版本的馬芬糕。或者，可以試試：

巧克力脆片馬芬糕——用黑巧克力或牛奶巧克力脆片取代藍莓。

蘋果派馬芬糕

份數　12
準備時間　45 分鐘
冷藏時間　30 分鐘
烘焙時間　22 分鐘

肉桂奶酥

70 克無麩質烘焙粉
50 克紅糖
½ 茶匙肉桂粉
40 克無鹽黃油，冰的

蘋果馬芬糕

2 顆甜中帶酸的結實蘋果（例如粉
　紅佳人、史密斯奶奶或布雷本）
2 大匙檸檬汁
175 克紅糖
1½ 茶匙肉桂粉
280 克無麩質烘焙粉
80 克杏仁粉
2 茶匙泡打粉
1 茶匙小蘇打粉
1 茶匙黃原膠
½ 茶匙薑粉
½ 茶匙肉豆蔻（種籽）粉
½ 茶匙鹽
130 克無鹽黃油，軟化
140 克全脂牛奶，冰的①
140 克全脂原味或希臘優格，冰的
2 顆蛋，冰的
100 克山核桃，切碎

註解

① 冰的原料（包括優格和蛋）有
　助於馬芬糕圓拱形頂部的形
　成（見 87-88 頁）。

② 在使用前將奶酥冷藏起來，才
　能確保在烘焙時維持形狀。

雖然這種馬芬糕已經有最美妙、溼潤、肉桂香味的質地，但是它內含的碎蘋果派和頂部的奶酥，真的讓它更特別。它咬起來香滑又嘎吱作響，烤得恰到好處的碎山核桃，為它額外增添了誘人的風味。

肉桂奶酥

+ 把無麩質烘焙粉、糖和肉桂放到一只碗裡混勻。拌入黃油，直到混合物質地呈粗麵包屑狀，用手捏在一起的時候能夠維持形狀。

+ 趁你準備馬芬糕麵糊的時候，將奶酥混合物冷藏至少 30 分鐘。當你把它撒到馬芬糕頂部時，它摸起來應該是結實或堅硬的。②

蘋果馬芬糕

+ 把烤箱架調整到中間的位置，烤箱預熱到 190℃，在一個 12 洞的馬芬糕模具裡放上做馬芬糕的紙杯。

+ 將蘋果削皮、去核，然後切成大約像豌豆般的大小。把蘋果丁放到檸檬汁、25 克的糖和 1 茶匙肉桂粉裡搖晃。放到一旁浸漬，讓汁液盡量跑出來。

+ 拿一只碗，放入無麩質烘焙粉、杏仁粉和剩下的糖，再加入泡打粉、小蘇打粉、黃原膠、剩下的肉桂粉，還有薑粉、肉豆蔻粉和鹽。

+ 加入黃油，用裝上攪棒的升降式攪拌機或裝上兩個攪棒的手持式攪拌機，把黃油拌入乾原料裡，直到質地呈粗麵包屑狀或粗沙狀。

+ 用另一只碗，把牛奶、優格和蛋打在一起。然後把溼原料加到烘焙粉混合物裡，攪打到變成光滑、濃稠，沒有團塊的麵糊。拌入切碎的蘋果和流出來的汁液，以及 75 克山核桃。把麵糊均分到 12 個紙杯裡，每個填到全滿。

+ 把冷藏好的奶酥和剩下的山核桃混合在一起，大量地撒到馬芬糕上。大部分的奶酥要堆在中央，少部分在邊緣，因為在烘焙時這會影響到馬芬糕頂部的隆起。

+ 烤 22-24 分鐘左右，或直到以牙籤測試的結果是乾淨的，或只沾有一點潮溼的屑屑。

+ 從模具裡取出馬芬糕，放到金屬架上冷卻。

保存

最好當天吃完，不過也可以用密封容器存放在涼爽、乾燥的地方，最多可保存 4 天。如果你要在第三或第四天吃，食用前先以微波爐加熱 5-10 秒鐘。

焦化奶油香蕉堅果馬芬糕

份數　12
準備時間　30 分鐘
烹調時間　6 分鐘
烘焙時間　22 分鐘

2 根香蕉，壓碎（去皮後的重量
　　大約 200 克）
2 大匙檸檬汁
150 克無鹽黃油
150 克全脂原味或希臘優格
100 克全脂牛奶
2 顆蛋
280 克無麩質烘焙粉
80 克杏仁粉
150 克紅糖
2 茶匙泡打粉
1 茶匙小蘇打粉
1 茶匙黃原膠
¼ 茶匙鹽
90 克山核桃，剁成粗粒

把黃油煮到變成如堅果般的琥珀棕色，會比黃油原本的風味更可口，不管這個點子是誰先想到的，我要給他一個大大的擁抱。焦化黃油背後的科學和梅納反應（Maillard reaction）有關（那也是使麵包的深焦黃色外皮這麼美味，和燒烤牛排別具風味的原因），但是在科學之外，在溼潤且香氣十足的馬芬糕裡，焦化黃油的堅果般色調和壓碎的香蕉及山核桃也搭配得恰到好處。香蕉為糖的焦糖化出了一臂之力，使馬芬糕的表層特別好吃。

+ 把烤箱架調整到中間的位置，烤箱預熱到 190℃，在一個 12 洞的馬芬糕模具裡放上做馬芬糕的紙杯。
+ 把香蕉和檸檬汁混合在一起，預防氧化和變成褐色，然後放到一旁待用。
+ 做焦化黃油。把黃油放到平底深鍋裡（最好是淺色的，你才能看出黃油顏色的變化），以中火加熱 5-6 分鐘，直到融化，期間不時攪拌。它會開始產生泡泡和泡沫，然後變成琥珀色。你應該會看到平底鍋底有深褐色的斑點——那些都是焦化的乳固形物。總計約 6-8 分鐘的時間。之後把鍋子從火源上移開，放到一旁降溫。
+ 把變溫的焦化黃油和壓碎的香蕉、優格、牛奶和蛋混全在一起。
+ 拿另一只碗，撒入無麩質烘焙粉、杏仁粉、糖、泡打粉、小蘇打粉、黃原膠和鹽。
+ 把溼原料加到烘焙粉混合物裡，攪打到變成光滑、濃稠，沒有團塊的麵糊。保留一點山核桃做裝飾用，其餘的統統混合到麵糊裡。
+ 把麵糊均分到 12 個紙杯裡，每個填到全滿。
+ 把保留下來的山核桃撒在馬芬糕上頭，烤 20-22 分鐘或直到呈焦黃色，而且以牙籤測試的結果是乾淨的，或只沾有一點潮溼的屑屑。
+ 從模具裡取出馬芬糕，放到金屬架上冷卻。

保存

最好當天吃完，不過也可以用密封容器存放在涼爽、乾燥的地方，最多可保存 4 天。如果你要在第三或第四天吃，食用前先以微波爐加熱 5-10 秒鐘。

來點變化

巧克力榛果香蕉馬芬糕——用榛果取代山核桃，並且在烘焙前，在每一個馬芬糕頂部以打旋的方式堆上一滿湯匙的巧克力榛果抹醬。

櫛瓜＋菲達乳酪馬芬糕

份數　10
準備時間　20 分鐘
烘焙時間　30 分鐘

120 克無鹽黃油，融化後冷卻，
　再加上抹在模具上的量
2-3 條櫛瓜，擦碎（處理前的重
　量大約 300 克）
300 克無麩質烘焙粉①
2 茶匙泡打粉
½ 茶匙黃原膠
½-1 茶匙鹽
½ 茶匙黑胡椒與白胡椒
1 大匙百里香和迷迭香葉片，切
　碎
4 顆蛋，室溫
60 克全脂牛奶，室溫
150 克菲達乳酪，弄碎
120 克曬乾的番茄，剁成大塊

註解

① 櫛瓜含有大約 95% 的水，因
　此要用大量的無麩質烘焙粉
　來維持麵糊的稠度，以免烘烤
　時馬芬糕被櫛瓜釋出的水分
　弄得溼糊糊的。（櫛瓜的高含
　水量是把它們加入麵糊前先
　盡量擠乾的原因。）

令人垂涎三尺的馬芬糕有多美味，變化就有多豐富，不過這些櫛瓜和菲達乳酪馬芬糕絕對是我的最愛。擦碎的櫛瓜使馬芬糕呈現出完美的溼潤度，菲達乳酪的鹹度和番茄乾的美妙芳香，把馬芬糕推向一個全新的境界。同時，準備過程簡單快速到不可思議，所以這些馬芬糕很適合當成點心，甚至是早餐或早午餐的美味附餐。

+ 把烤箱架調整到中間的位置，烤箱預熱到 190℃，在一個 12 洞的馬芬糕模具裡放上做馬芬糕的紙杯。
+ 把篩子放到一只碗上，將擦碎的櫛瓜放到篩網裡，讓多餘的水分滴下來——輕輕擠壓，把水分盡量擠出來。
+ 拿一只碗，撒入無麩質烘焙粉、泡打粉、黃原膠、鹽和胡椒。再加入香草，然後混勻。
+ 用另一只碗，把融化的黃油蛋打和牛奶打在一起。把溼原料加到烘焙粉混合物裡，攪打到變成光滑、濃稠，沒有團塊的麵糊。
+ 加入擠乾的櫛瓜、菲達乳酪和番茄乾，混合均勻。
+ 把麵糊均分到 10 個紙杯裡，每個填到 ¾ 滿。烤 30-32 分鐘，或直到呈焦黃色，而且以牙籤測試的結果是乾淨的，或只沾有一點潮溼的屑屑。
+ 從模具裡取出馬芬糕，放到金屬架上冷卻。

保存

最好當天吃完，不過也可以用密封容器存放在涼爽、乾燥的地方，最多可保存 4 天。如果你要在第三或第四天吃，食用前先以微波爐加熱 5-10 秒鐘。

布朗尼

我把話先說在前頭，我對布朗尼可是很認真的。就像我喜愛蛋糕和餅乾一樣，布朗尼也是我真心喜愛的食物之一。它們完美的稠密度、略帶黏性的質地，和誘人、令人垂涎、像紙一樣薄的亮澤外皮，都深得我心。

當然，還有巧克力。噢——巧克力。我可以為巧克力和黃油融化在一起時的撩人光澤，或是當巧克力被輕輕拌入攪打的蛋糖混合物時的魔法寫上幾篇文章……不過別擔心，我會克制自己的。

只要這麼說就夠了：我奉獻出一生中的好幾個月，去找出亮澤布朗尼的理想配方（最後一次是食譜變化版 NO. 21）——你會喜歡上我對布朗尼執著的成果。就跟平常一樣，不客氣。

本章裡的布朗尼種類

如果知道我對布朗尼的喜愛，你就不會驚訝布朗尼在這裡有自己的一整章內容，而不只是一、兩篇食譜——在沉浸於巧克力的世界時，不會被餅乾條或其他甜點攪局。

大體而言，本章裡有五種基本的布朗尼食譜：亮面、酥脆、可可、無麩質和白巧克力。這些食譜很夢幻，也很容易進一步變化成各種其他食譜——你所要做的就是添加香料、堅果或巧克力片等東西（因為巧克力愈多愈好）。

然後，再免費奉送一點其他的布朗尼食譜——這些食譜的特別之處在於它們援用了特殊的料理或烘焙方法，或就是出色到我一定要和你分享的程度（就像 138 頁的鹹焦糖夾心布朗尼，好吃到令你說不出話來），或者兩者皆有。

做無麩質布朗尼很簡單

一般說來，布朗尼是這本書裡烘焙粉含量最少的無麩質烘焙產品——只有 9%（見 36 頁的表格 3）。相較於含量大約在 40% 左右的麵包或餅乾，你會了解為什麼你所使用的天然穀粉是製做布朗尼時較不需考量的因素之一。

就布朗尼而言，我們並不著重於模仿麩質的效果——在 Q 彈的完美布朗尼世界裡，並沒有彈性或「麩質發展」的空間。無麩質布朗尼唯一可能的陷阱是，假如你用太多的無麩質烘焙粉，它們可能變得又乾又易碎。

話雖如此，如果你依照（而且了解背後的原因）後面幾頁食譜的基礎來展開烘焙布朗尼的歷險，在前方等著你的，就是質地 Q 彈的巧克力完美甜點。

Q 彈、軟黏、還是紮實，看你喜歡，但不能像蛋糕

完美的布朗尼應該是什麼樣子，答案似乎因人而異。也許你只是個淺嚐者，但我卻是十足的狂熱分子。布朗尼還有 Q 彈和軟黏之間的平衡問題——我理想中的完美布朗尼是偏向 Q 彈的，只帶一點點的軟黏。

幸好，這些都很容易變化，只要調整烘焙時間就可以了——烘焙時間短，質地就偏向軟黏，烘焙時間長，質地就偏向 Q 彈。布朗尼的牙籤測試（見 32 頁）判定法稍微有所不同。不需要和做蛋糕時一樣的乾淨牙籤——那表示你的布朗尼烤過頭了。判定

厚厚一層半熟的麵糊&許多溼潤的屑屑：很Q彈的布朗尼

半熟的麵糊：軟黏的布朗尼

許多溼潤的屑屑：Q彈的布朗尼

的標準是，將牙籤插入布朗尼中間 2 秒鐘，然後看到：

+ **軟黏的布朗尼**——牙籤上覆著半熟的麵糊。麵糊的質地應該是摸起來軟軟黏黏的，但不像生麵糊那樣容易流動。
+ **很 Q 彈的布朗尼**——牙籤上有厚厚一層麵糊，也有許多溼潤的屑屑。
+ **Q 彈的布朗尼**——牙籤上布滿了溼潤的屑屑。

我建議你在建議的烘焙時間到達前幾分鐘做牙籤測試，並且在每次測試後觀察牙籤上的沾黏物。最後，你會記住什麼樣的牙籤會對應到什麼樣的布朗尼。

另一方面，有嚼感的紮實布朗尼，大多與食譜中紅糖的用量和烤好後在密封容器裡存放多久有關。紅糖的量愈多（相對於白砂糖）、布朗尼在密封容器裡存放得愈久，布朗尼就愈紮實。

當然，也有其他質地的布朗尼——像蛋糕。我不知道你的情況，但是如果我要巧克力口味、吃起來像蛋糕的點心，我吃巧克力蛋糕就好了。我甚至會說，蛋糕似的布朗尼不是布朗尼的一種，而是沒烤好的布朗尼——所以，你肯定不會在這本書裡找到吃起來像蛋糕的布朗尼食譜。（如果你剛好很喜歡蛋糕口感的布朗尼，我只有說抱歉了）

事實上，避免做出蛋糕似的布朗尼，正是你在我的布朗尼食譜裡看不到任何膨鬆劑的原因。使用泡打粉和小蘇打粉，就能讓布朗尼具有孔洞組織的質地，不用為了做出 Q 彈或軟黏的布朗尼去調整所有其他的原料和製做方法，而破壞烘焙效果。

助陣明星：巧克力

你知道，為什麼大家常說在做菜的時候應該使用你喜歡喝的酒？答案毫不意外，在巧克力上也是同樣的道理。你在製做布朗尼的時候，一定要使用優質的巧克力，你真的很喜歡很喜歡的口味。

在我的布朗尼食譜裡，我建議你用的巧克力可可比例能做出最美味的成果——可可塊的比例通常在 60-70% 左右。如果你想要更濃的巧克力風味，你當然可用更高的比例，但是當你降低比例時一定要小心。我不建議用低於 50% 可可塊的牛奶巧克力。

因為許多布朗尼食譜都靠著把糖和蛋打在一起來形成質地和外觀，所以你當然需要一定量（通常相當大量）的糖（糖也有助於維持布朗尼的美觀和 Q 彈）。如果你同時使用我所建議的糖

用量和低可可塊比例的較甜巧克力，做出來的布朗尼會甜死人。所以，如果你手邊只有牛奶巧克力或半甜巧克力，你可以用稍多量的可可粉來調和它的甜度。

但是，萬一你手邊沒有巧克力，而你又真的很想很想吃布朗尼，怎麼辦？別擔心，我有辦法——132 頁的 Q 彈可可布朗尼食譜不需要真正的巧克力，而且它相當 Q 彈，好吃的不得了，又十分令人滿足。

惑人的光澤亮面

祕密在於像紙一樣薄、迷惑我許久的光澤亮面。瀏覽網路上的食譜和無數的實體食譜，似乎對怎麼做光澤亮面沒有一致的看法。有些師傅言之鑿鑿的說，就是攪打蛋和糖，但也有人說，祕訣是把糖溶在黃油裡（關於這種古怪的說法，以下有更多內容）。有些人宣稱祕訣是只用可可粉，也有人說在布朗尼麵糊裡加些巧克力脆片，會讓一切都不一樣。

不過，這些食譜都有一個共通點，那就是，它們的成果驚人的（且令人失望的）不穩定。今天做的布朗尼有光澤亮面，隔天再做一批新的布朗尼，用的是同樣的食譜……像紙一樣薄的光澤亮面就不見了。

這麼不穩定的成果和缺乏可重製性相當惱人——當我用一模一樣的條件重現一項實驗時（即使是巧克力口味的布朗尼實驗），我會期望每次都得到一樣的結果。

我的問題有兩方面：第一，很普遍的「把糖溶在黃油裡」的方法，對我來說並沒有作用，只是形成沒有光澤、幾乎看不出來的表皮。第二，攪打蛋和糖，只會讓布朗尼形成脆裂的頂部（見131 頁）——儘管非常美味，但仍然不符合我的要求。很顯然，糖溶化的方式在光澤亮面的形成上扮演著核心的角色。不過，知道這樣就已經足夠了。

當我在分析布朗尼頂部的脆皮時，發生了一項重大突破。（是的，我喜歡近距離觀察我的烘焙品——而且，沒錯，往往用放大鏡觀察。我的付出得到了我想要的。）你知道嗎，我注意到它實際上包含兩部分：像蛋白霜的餅皮，上面還有一層極薄的光亮外皮。那個光亮的外皮就是我一直努力想達成的惑人光澤亮面。所以，其實它已經在那裡了。現在的挑戰是把它獨立出來，要製造它，但不要伴隨那層像蛋白霜的餅皮。

到頭來，最後這一步驟根本不能算是挑戰。因為布朗尼頂部乾掉後就會形成像蛋白霜的餅皮，所以，減少烘焙粉、增加巧克

力（做出超 Q 彈的質地），攪打蛋和糖，每次做出的布朗尼就都能有像紙一樣薄的光澤亮面。

我把這個步驟再精進一些，用紅糖取代砂糖，因為紅糖能使布朗尼的質地更溼潤，而且更能確保薄薄的光澤亮面每次都能穩定、可靠、重複的出現（見 128 頁）──這樣的結果才能溫暖我愛好科學、執迷於巧克力的心。

揭穿「把糖溶在黃油裡」的迷思

我會盡量說地簡短、委婉。糖不會在黃油裡溶解──化學作用不是這樣的。糖需要所謂的「極性溶劑」（例如，水）才能溶解，而黃油只含有小量的水，不足以溶解你加到布朗尼麵糊裡的大量的糖。即使在高溫下，溶解於黃油的糖也是少的微不足道，絕對不足以形成布朗尼美觀、光亮的表面。光澤亮面的形成都由糖的溶解來控制，但是溶解作用要發生在蛋裡，而不是黃油裡。結案。

烤箱溫度：160℃ VS 180℃

除非你打算做脆皮布朗尼，否則讓布朗尼的外表乾掉是你最不想做的事。160℃的相對低溫能確保在布朗尼的外表太乾前，內部有時間烤到 Q 彈的程度。

同時，低溫所需的烘焙時間較長，正好讓布朗尼有時間在頂部形成整片光澤亮面──而不是只有在中央。以高溫烘焙的時間比較短，往往在頂部形成不勻稱的光澤亮面，而邊緣幾乎完全沒有亮面。

光澤布朗尼

份數　9-12
準備時間　30 分鐘
烘焙時間　24 分鐘

240 克黑巧克力（60-70% 的可可塊），切碎
120 克無鹽黃油
3 顆蛋，室溫①
210 克紅糖
75 克無麩質烘焙粉
30 克鹼性可可粉②
½ 茶匙黃原膠
½ 茶匙鹽

註解

① 若要做出光澤亮面，糖要盡量在蛋液裡溶解，所以室溫的蛋比冰的蛋更理想。如果你忘了先把蛋放在室溫下回溫，可以在使用前把它們放在一碗溫水裡 5-10 分鐘。此外，不要把水或牛奶加到麵糊裡（就像做巧克力蛋糕一樣）。如果你加了水，糖會優先溶解在水中，然後你就要難過的跟亮面說 bye-bye 了。

② 鹼性可可粉比弱酸性的天然可可粉的風味更豐富、濃郁。相當大量的可可粉減少了烘焙粉的需求量，做出來的布朗尼超級 Q 彈。

我要介紹你一個百分之百可靠的方法，能做出濃濃巧克力味、像紙一樣薄的 Q 彈（或軟黏的，依你的喜好）光澤布朗尼——每一次都成功。不需要憑臆測，也不用一絲不苟地測量原料的溫度或做任何複雜的事情。這個食譜的效果歸結於三件事：乾原料用量少，巧克力用量多，以及把蛋和糖打得又稠又蓬鬆（讓糖有充分的時間溶解在蛋裡）。到目前為止，我已經做了幾百次這種布朗尼——它們現在仍然美的令我屏息。

+ 把烤箱架調整到中間的位置，烤箱預熱到 160℃，在一個 20 公分的正方形烤盤裡鋪上烘焙紙。烘焙紙要裁得夠大，覆蓋住烤盤的四邊（之後才方便取出烤好的布朗尼）。

+ 把黑巧克力和黃油放到一只耐熱碗裡，以平底鍋隔水加熱融化。然後放到一旁，直到變溫。

+ 用裝上打蛋器的升降式攪拌機或裝上兩個攪棒的手持式攪拌機，以中高速攪打蛋和糖，大約 5-7 分鐘，直到變得泛白、蓬鬆，而且體積大約變成三倍。混合物從打蛋器上滴下來的時候，應該會短暫地呈堆疊狀。

+ 拌入融化的巧克力，混合到剛好均勻為止。

+ 把無麩質烘焙粉、可可粉、黃原膠和鹽撒到巧克力混合物上，用抹刀輕輕拌入，直到沒有團塊為止。不時刮下攪拌碗側邊和底部的麵糊，以免有部分的麵糊未完全混合。

+ 把麵糊倒到鋪著烘焙紙的烤盤裡，將表面抹平，烤 24-28 分鐘（軟黏的布朗尼要 24 分鐘，Q 彈的布朗尼要 28 分鐘），或直到以牙籤測試的結果是沾著半熟的麵糊（軟黏），或布滿了溼潤的屑屑（Q 彈）。

+ 在抓著烤盤紙從烤盤裡取出之前，先讓布朗尼完全冷卻至室溫。拿一把鋒利的刀切成小塊（冷卻能讓布朗尼定型，才能切出平整的邊緣。）

+ 如果你想吃溫的布朗尼（譬如說，搭配一杓冰淇淋），就用微波爐加熱 15 秒左右。

保存

以密封容器置於室溫下，可保存 3-4 天。

來點變化

你可以在這些布朗尼裡加入黑巧克力、牛奶巧克力、白巧克力，或是切碎的堅果——切碎、烤過的榛果特別好。

脆皮布朗尼

份數　9-12
準備時間　30 分鐘
烘焙時間　30 分鐘

170 克黑巧克力（60-70% 的可可塊），切碎
210 克無鹽黃油
3 顆蛋，室溫
300 克細砂糖
145 克無麩質烘焙粉
35 克鹼性可可粉
½ 茶匙黃原膠
½ 茶匙鹽

你已經知道如何做出光澤布朗尼，把一切改變過來，你會做出咬起來嘎吱作響、具有蛋白霜似的外皮和質地超級 Q 彈的脆皮布朗尼。它的成功仰賴於布朗尼乾透的表面，只要調整一下巧克力：黃油的比例，減少巧克力的量，用細砂糖取代紅糖，增加乾原料的量，烤箱溫度調高到 180℃，稍微增加烘焙時間。你也許會覺得這些步驟會做出令人失望的乾硬成品，但是大量的黃油會保持布朗尼的美觀和 Q 彈。成果是對於廣闊的布朗尼世界來說一種截然不同的質地和份外的美味。

+ 把烤箱架調整到中間的位置，烤箱預熱到 180℃，在一個 20 公分的正方形烤盤裡鋪上烘焙紙。烘焙紙要裁得夠大，覆蓋住烤盤的四邊（之後才方便取出烤好的布朗尼）。
+ 把黑巧克力和黃油放到一只耐熱碗裡，以平底鍋隔水加熱融化。然後放到一旁，直到變溫。
+ 用裝上打蛋器的升降式攪拌機或裝上兩個攪棒的手持式攪拌機，以中高速攪打蛋和糖，大約 5-7 分鐘，直到變得泛白、蓬鬆，而且體積大約變成三倍。混合物從打蛋器上滴下來的時候，應該會短暫地呈堆疊狀。
+ 倒入融化的巧克力，一邊用低速攪打，然後調高到中高速繼續攪打，直到所有巧克力完全混合。
+ 把無麩質烘焙粉、可可粉、黃原膠和鹽撒到雞蛋巧克力混合物上，用抹刀輕輕拌入，直到沒有團塊為止。
+ 把麵糊倒到鋪著烘焙紙的烤盤裡，將表面抹平，烤 30-35 分鐘（軟黏的要 30 分鐘，Q 彈的要 35 分鐘），或直到以牙籤測試的結果是沾著半熟的麵糊（軟黏），或沾了些溼潤的屑屑（Q 彈）。
+ 在抓著烤盤紙從烤盤裡取出之前，先讓布朗尼完全冷卻至室溫。拿一把鋒利的刀切成小塊（冷卻能讓布朗尼定型，才能切出平整的邊緣。）
+ 如果你想吃溫的布朗尼（譬如說，搭配一杓冰淇淋），就用微波爐加熱 15 秒左右。

保存
以密封容器置於室溫下，可保存 3-4 天。

Q 彈可可布朗尼

雖然我得承認，好的布朗尼需要真正的巧克力，但是有可能當你想吃布朗尼的時候，手邊卻沒有巧克力。我可不想吊你的胃口。這個食譜讓布朗尼具有濃濃的巧克力香，Q 彈的質地和華麗的亮面——只要用可可粉。它的含糖量很高，不過鹼性可可粉巧妙地中和了它的甜味。還有，糖是形成光澤亮面不可或缺的成分。

份數　9-12
準備時間　30 分鐘
烘焙時間　35 分鐘

375 克細砂糖①
3 顆蛋，室溫
210 克無鹽黃油，融化後冷卻至室溫
110 克鹼性可可粉
90 克無麩質烘焙粉
¼ 茶匙黃原膠
½ 茶匙鹽

註解

① 你可以把砂糖的量減少到 300 克，但是布朗尼的頂部就不太可能形成平滑的光澤面。我不建議低於 300 克，因為這樣會做出比較結實、缺乏彈性的布朗尼。

② 像用真正的巧克力做布朗尼一樣地打發蛋和糖混合物（攪打到變得泛白、蓬鬆），會使可可布朗尼的質地像蛋糕一樣。在真正的巧克力布朗尼中，巧克力是 Q 彈「萬無一失的保險」，所以不太需要擔心打發的問題。

③ 慢慢加熱蛋和糖，有助於糖的完全溶解（而不會把蛋煮熟），才能保證做出像紙一樣薄的美麗光澤面。

+ 把烤箱架調整到中間的位置，烤箱預熱到 160℃，在一個 20 公分的正方形烤盤裡鋪上烘焙紙。烘焙紙要裁得夠大，覆蓋住烤盤的四邊（之後才方便取出烤好的布朗尼）。

+ 把糖和蛋放到一只耐熱碗裡攪打，直到剛好混合均勻。你可以用木杓、抹刀或打蛋器——如果是用打蛋器的話，不要把蛋打發。混合物不應該變得泛白又蓬鬆，只要把蛋和糖混合均勻就好。②

+ 把蛋糖混合物放到平底鍋上隔水加熱，不時攪拌，直到混合物的溫度達到 28-30℃，而且糖完全溶解（取一點混合物用手指搓揉時，不應該有任何顆粒感）。③

+ 從火源上移開，加入黃油後混合均勻。撒入可可粉、無麩質烘焙粉、黃原膠和鹽，混合到麵糊呈光滑狀，沒有團塊為止。

+ 把麵糊倒到鋪上烘焙紙的烤盤裡，將表面抹平，烤 35-40 分鐘（軟黏的布朗尼要 35 分鐘，Q 彈的要 40 分鐘），或直到以牙籤測試的結果是沾著半熟的麵糊（軟黏），或沾滿了溼潤的屑屑（Q 彈）。

+ 在抓著烤盤紙從烤盤裡取出之前，先讓布朗尼完全冷卻至室溫。拿一把鋒利的刀切成小塊（冷卻能讓布朗尼定型，才能切出平整的邊緣。）

+ 如果你想吃溫的布朗尼（譬如說，搭配一杓冰淇淋），就用微波爐加熱 15 秒左右。

保存

以密封容器置於室溫下，可保存 3-4 天。以這種保存法放得愈久，布朗尼會愈 Q 彈和紮實。

無穀＋無奶布朗尼

份數　9-12
準備時間　30 分鐘
烘焙時間　18 分鐘

別被這些布朗尼愚弄了——它們可能是不含麩質、牛奶和（大部分）精製糖的，所以被認為很健康，但是卻好吃到不能再好了。甘美、軟黏、濃濃的巧克力香，和表面薄薄的脆皮，它們每一項都有。

125 克黑巧克力（60-70% 的可可塊），切碎①

50 克椰子油

3 顆蛋，室溫

100 克椰子糖

90 克杏仁粉②

30 克鹼性可可粉

¼ 茶匙鹽

175 克黑巧克力脆片（選擇性的）

+ 把烤箱架調整到中間的位置，烤箱預熱到 180℃，在一個 20 公分的正方形烤盤裡鋪上烘焙紙。烘焙紙要裁得夠大，覆蓋住烤盤的四邊（之後才方便取出烤好的布朗尼）。

+ 把黑巧克力和椰子油放到一只耐熱碗裡，以平底鍋隔水加熱融化。然後放到一旁，直到變溫。

+ 用裝上打蛋器的升降式攪拌機或裝上兩個攪棒的手持式攪拌機，以中高速攪打蛋和糖，大約 5-7 分鐘，直到變得泛白、蓬鬆，而且體積大約變成三倍。③

+ 慢慢倒入融化的巧克力，一邊用低速攪打，直到所有巧克力完全混合。

+ 把杏仁粉、可可粉和鹽撒到雞蛋巧克力混合物上，用抹刀輕輕拌入，直到沒有團塊為止。

+ 把大部分的巧克力脆片（如果有用的話）拌入布朗尼麵糊裡，然後把麵糊倒到鋪著烘焙紙的烤盤裡，將表面抹平，撒下其餘的巧克力脆片。

+ 烤 18-20 分鐘（軟黏的布朗尼要 18 分鐘，Q 彈的要 20 分鐘），或直到以牙籤測試的結果是沾著半熟的麵糊（軟黏），或沾了些溼潤的屑屑（Q 彈）。

+ 在抓著烤盤紙從烤盤裡取出之前，先讓布朗尼完全冷卻至室溫。拿一把鋒利的刀切成小塊（冷卻能讓布朗尼定型，才能切出平整的邊緣。）

+ 如果你想吃溫的布朗尼（譬如說，搭配一杓冰淇淋），就用微波爐加熱 15 秒左右。

註解

① 如果你偏好可可塊含量在 80% 以上的黑巧克力（精製糖的含量較少），就把椰子糖增加到 175 克。

② 如果你希望略過杏仁粉（譬如說，假如你對杏仁過敏），你可以用 75 克的無麩質烘焙粉或 90 克的其他堅果粉來取代，例如榛果。

③ 攪打蛋和糖，直到泛白且體積變大，這是做出布朗尼美味脆皮的祕訣。

保存

以密封容器置於室溫下，可保存 3-4 天。

白巧克力布朗尼

份數　9-12
準備時間　30 分鐘
烘焙時間　45 分鐘

---

210 克白巧克力，切碎
60 克無鹽黃油
3 顆蛋，室溫
150 克細砂糖
120 克無麩質烘焙粉
½ 茶匙黃原膠
½ 茶匙鹽

一般以為，白巧克力布朗尼和布朗迪是一樣的，事實上，布朗迪不含任何巧克力（除非你添加了巧克脆片），而且更接近餅乾。做出完美白巧克力布朗尼（Q 彈，甜而不膩，淡黃色，配上薄脆光亮的金色表面）的祕訣有三：相較於黑巧克力布朗尼，稍微減少糖的用量；把蛋和糖攪打到變得泛白、蓬鬆；以及個別融化黃油和白巧克力。後者尤其重要，因為和黃油一起融化的白巧克力很容易裂開。黑巧克力裡的可可粉，在遇到少量水的時候仍能使可可脂穩定，但是白巧克力裡沒有可可塊，所以無法得到穩定。黃油含有 15-17% 的水，足夠造成麻煩。

+ 把烤箱架調整到中間的位置，烤箱預熱到 160℃，在一個 20 公分的正方形烤盤裡鋪上烘焙紙。烘焙紙要裁得夠大，覆蓋住烤盤的四邊（之後才方便取出烤好的布朗尼）。
+ 把白巧克力放到一耐熱碗裡，以平底鍋隔水加熱融化。然後放到一旁待用。以同樣的方法融化黃油，然後放到一旁降溫。
+ 用裝上打蛋器的升降式攪拌機或裝上兩個攪棒的手持式攪拌機，以中高速攪打蛋和糖，大約 5-7 分鐘，直到變得泛白、蓬鬆，而且體積大約變成三倍。混合物從打蛋器上滴下來的時候，應該會短暫地呈堆疊狀。
+ 拌入融化的巧克力，再拌入黃油。
+ 撒入無麩質烘焙粉、黃原膠和鹽，用抹刀輕輕拌入，直到沒有團塊為止。
+ 把麵糊倒到鋪著烘焙紙的烤盤裡，將表面抹平，烤 45-50 分鐘，或直到以牙籤測試的結果是沾著半熟的麵糊，或沾了些溼潤的屑屑。如果表面太快開始變焦，就用鋁箔紙蓋住（光亮面朝上），直到烤好為止。
+ 在抓著烤盤紙從烤盤裡取出之前，先讓布朗尼完全冷卻至室溫。拿一把鋒利的刀切成小塊（冷卻能讓布朗尼定型，才能切出平整的邊緣。）
+ 如果你想吃溫的布朗尼（譬如說，搭配一杓冰淇淋），就用微波爐加熱 15 秒左右。

保存
以密封容器置於室溫下，可保存 3-4 天。

來點變化
覆盆子白巧克力布朗尼——加入一些新鮮覆盆子，它的酸味能夠中和白巧克力的甜味。

鹹焦糖夾心布朗尼

份數　9-12
準備時間　1 小時
烹調時間　15 分鐘
烘焙時間　30 分鐘

如果有一種東西叫做「食物大爆險」，那就是我的。這些焦糖布朗尼的每一個層次都令人驚艷。首先是質地的結合：Q 彈、稍微紮實的布朗尼，中間又夾著軟黏的焦糖漿。然後是風味的融合：巧克力的微苦，搭配甜中帶鹹的焦糖的美味。每一口都像讓感官爆炸一樣，而且平心而論，它的食譜並沒有比標準的布朗尼食譜複雜太多。那結果呢？生活改變了。（而且，相信我，我可不是隨便說說。）

布朗尼

240 克黑巧克力（70% 左右的可
　　可塊），切碎
120 克無鹽黃油
3 顆蛋，室溫
210 克紅糖
75 克無麩質烘焙粉
30 克鹼性可可粉
½ 茶匙黃原膠
½ 茶匙鹽

焦糖夾心

180 克重乳脂鮮奶油
30 克無鹽黃油
80 克金色糖漿
100 克細砂糖
¼-½ 茶匙鹽，依個人喜好

布朗尼

+ 在一個 20 公分的正方形烤盤裡鋪上烘焙紙。烘焙紙要裁得夠大，覆蓋住烤盤的四邊（之後才方便取出烤好的布朗尼）。
+ 把黑巧克力和黃油放到一只耐熱碗裡，以平底鍋隔水加熱融化。然後放到一旁降溫。
+ 用裝上打蛋器的升降式攪拌機或裝上兩個攪棒的手持式攪拌機，以中高速攪打蛋和糖，大約 5-7 分鐘，直到變得泛白、蓬鬆，而且體積大約變成三倍。混合物從打蛋器上滴下來的時候，應該會短暫地呈堆疊狀。
+ 拌入融化的巧克力。
+ 撒入無麩質烘焙粉、黃原膠、可可粉和鹽，然後用抹刀輕輕拌入，直到沒有團塊為止。
+ 把一半的麵糊（大約 400 克）倒到鋪著烘焙紙的烤盤裡，將表面抹平，放入冰箱待用。①把另一半放在室溫下。

焦糖夾心＋組合布朗尼

+ 把烤箱架調整到中間的位置，烤箱預熱到 160℃。
+ 用一只平底深鍋把重乳脂鮮奶油和 15 克黃油煮滾。從火源上移開，放到一旁待用，混合物要保持溫的狀態。
+ 拿一只乾淨的平底深鍋，放入金色糖漿和糖，以中高火熬煮，不時攪拌，直到溫度達到 145℃。從火源上移開，加入鮮奶油混合物，混拌均勻，然後再次加熱，一直攪拌，直到溫度達到 112-116℃。②立刻從火源上移開，拌入鹽和剩下的黃油。
+ 讓焦糖降溫到 80℃（這個溫度不容易使底層的布朗尼融化，但仍然可以澆注和塗開），期間偶爾攪拌。把降溫的焦糖倒在烤盤裡已冷卻的布朗尼上，然後塗開，邊緣留下 1 公分左右的空隙（防止烘焙時焦糖溢出太多）。
+ 把另一半布朗尼麵糊舀到焦糖上，輕輕塗開，完全覆蓋住焦糖夾心。
+ 烤 30-35 分鐘，直到以牙籤測試的結果是沾著半熟的麵糊，或一點溼潤的屑屑。
+ 在抓著烤盤紙從烤盤裡取出之前，先讓布朗尼完全冷卻至室溫。拿一把鋒利的刀切成小塊（冷卻能讓布朗尼定型，才能切出平整的邊緣。這些布朗尼是從烤箱裡取出後溫熱的食用，雖然會讓誘人的焦糖流出來，但可以避免冷卻後難以切開的惡夢。）
+ 如果你想吃溫的布朗尼（譬如說，搭配一杓冰淇淋），就用微波爐加熱 5-10 秒，讓焦糖軟化。

保存

以密封容器置於室溫下，可保存 3-4 天。

註解

① 底層的布朗尼冷卻後會變得更結實，倒上焦糖時不容易融化或移動。另一半布朗尼麵糊在室溫下應該具有足夠的流動性，才能在焦糖上輕易地塗開。

② 溫度介於 112-116℃ 之間的焦糖，在所謂的「軟糖球」階段。這是做出焦糖夾心最理想的溫度範圍，儘管在烘焙時受到高溫烘烤，但是在布朗尼完全冷卻下來後，焦糖會變得超級柔軟。在軟糖球階段的測試方法，是把一小塊糖球扔到一杯涼水裡，然後舀出來——應該要能維持形狀，但擠壓時非常柔軟。（如果你有使用糖溫度計或電子溫度計，就不需要這麼做。）

乳酪蛋糕布朗尼

份數　9-12
準備時間　45 分鐘
烘焙時間　50 分鐘
冷卻時間　30 分鐘

布朗尼層

160 克黑巧克力（60-70% 的可
　可塊），切碎
80 克無鹽黃油
140 克紅糖
2 顆蛋，室溫
50 克無麩質烘焙粉
20 克鹼性可可粉，再加上食用
　時要用的量
¼ 茶匙黃原膠
½ 茶匙鹽

乳酪蛋糕層

300 克全脂鮮奶油乳酪，室溫
60 克全脂原味優格或酸奶，室
　溫
75 克細砂糖
1 大匙玉米澱粉
1 顆蛋，室溫
½ 大匙檸檬汁

註解

① 攪打蛋和糖，能夠使布朗尼
　頂部形成一層薄薄的光澤亮
　面 —— 但是在個食譜裡你並
　不需要這種光澤亮面：當你將
　乳酪蛋糕麵糊倒到布朗尼上
　頭時，那層光澤亮面會剝離，
　然後混合到乳酪蛋糕麵糊裡。
　況且，布朗尼的頂部最後一定
　會被乳酪蛋糕蓋住。

布朗尼和乳酪蛋糕是天作之合，就讓我們就來試試看。把布朗尼烤到九分熟之後再倒上乳酪蛋糕，才能做出兩個分明的層次：香滑的乳酪蛋糕和下層 Q 彈的布朗尼。把升降式攪拌機設在最低速來攪打乳酪蛋糕的麵糊，以確保麵糊的濃稠，才不會像稀薄的麵糊那樣穿透下方的布朗尼混合物。

布朗尼層

+ 把烤箱架調整到中間的位置，烤箱預熱到 160℃，在一個 20 公分的正方形烤盤裡鋪上烘焙紙。烘焙紙要裁得夠大，覆蓋住烤盤的四邊（之後才方便取出烤好的布朗尼）。
+ 把巧克力和黃油放到一只耐熱碗裡，以平底鍋隔水加熱融化。從火源上移開，稍微降溫。加入糖，混合均勻，再加入蛋，混合均勻。①
+ 撒入無麩質烘焙粉、可可粉、黃原膠和鹽，混合均勻，直到沒有團塊為止。
+ 把麵糊倒到鋪著烘焙紙的烤盤裡，將表面抹平，烤 20 分鐘。趁著烤布朗尼的時候準備乳酪蛋糕。

乳酪蛋糕層

+ 你可以用裝上攪棒或打蛋器（攪拌，但不攪打）的升降式攪拌機，以最低速攪拌乳酪蛋糕混合物，或以傳統打蛋器人工攪拌（避免手持式電動攪拌機，那會捲入太多空氣）。
+ 把鮮奶油乳酪和優格混拌在一起，大約 1 分鐘，直到呈光滑狀。加入糖和玉米澱粉，混合均勻。加入蛋和檸檬汁，混拌成光滑的麵糊。

組合布朗尼

+ 布朗尼混合物烤了 20 分鐘之後，從烤箱裡取出。從烤盤上方大約 2-3 公分處（才不會使部分烤好的布朗尼麵糊位移）輕輕倒下乳酪蛋糕麵糊，小心不要讓這兩層混在一起。
+ 抹平頂部，放回烤箱繼續烤 30-32 分鐘左右，直到邊緣完全定型，但中間仍然可以稍微搖晃。
+ 在抓著烤盤紙從烤盤裡取出之前，先讓布朗尼在室溫下冷卻 1-2 小時（或放入冰箱至少 30 分鐘）。拿一把鋒利的刀切成小塊（冷卻能讓布朗尼和乳酪蛋糕定型，才能切出平整的邊緣 —— 在冰箱裡冷藏 1 小時後的切邊特別漂亮）。食用前撒上可可粉。

保存

以密封容器置於涼爽、乾燥的地方，可保存 3-4 天。

烤棉花糖布朗尼

份數　9-12
準備時間　45 分鐘
烘焙時間　24 分鐘

布朗尼

240 克黑巧克力（60-70% 的可
　　可塊），切碎
120 克無鹽黃油
210 克紅糖
3 顆蛋，室溫
75 克無麩質烘焙粉
30 克鹼性可可粉
½ 茶匙黃原膠
½ 茶匙鹽

瑞士蛋白霜

3 顆蛋白
150 克細砂糖
¼ 茶匙塔塔粉
1 茶匙香草莢醬

註解

① 攪打蛋和糖，能夠使布朗尼
頂部形成一層薄薄的光澤亮
面 —— 但是這個食譜裡你並
不需要這種光澤亮面：光澤亮
面會剝離，然後混合到瑞士蛋
白霜裡。況且，布朗尼的頂部
最後一定會被瑞士蛋白霜蓋
住。

Q 彈的黑巧克力布朗尼，和蓬鬆如棉花糖般、烘烤出焦糖色的瑞士
蛋白霜：如果聽起來很美妙，你可以想像第一口咬下去的美妙有多
真實。這些布朗尼的準備過程簡單到不可思議，但是成品令人垂涎
三尺。

布朗尼

+ 把烤箱架調整到中間的位置，烤箱預熱到 160℃，在一個 20 公
　分的正方形烤盤裡鋪上烘焙紙。烘焙紙要裁得夠大，覆蓋住烤
　盤的四邊（之後才方便取出烤好的布朗尼）。
+ 把巧克力和黃油放到一只耐熱碗裡，以平底鍋隔水加熱融化。
　放到一旁冷卻，直到變溫。
+ 把糖加到融化的巧克力裡，混合均勻。加入蛋，混拌到剛好均
　勻為止。①
+ 撒入無麩質烘焙粉、可可粉、黃原膠和鹽，混合均勻，直到沒
　有團塊。
+ 把麵糊倒到鋪著烘焙紙的烤盤裡，將表面抹平，烤 24-28 分鐘
　（軟黏的布朗尼要 24 分鐘，Q 彈的要 28 分鐘），或直到以牙
　籤測試的結果是沾著半熟的麵糊（軟黏），或沾滿了溼潤的屑
　屑（Q 彈）。
+ 讓布朗尼在烤盤裡冷卻至室溫。

瑞士蛋白霜

+ 把蛋白、糖和塔塔粉放到一只耐熱碗裡，以平底鍋隔水加熱。
　不時攪拌，直到蛋白霜混合物達到 65℃，而且糖完全溶解。
+ 把蛋白霜從火源上移開，用裝上打蛋器的升降式攪拌機或裝上
　兩個攪棒的手持式攪拌機以中高速攪打 5-7 分鐘，直到可以形
　成挺立、光澤的尖角。加入香草莢醬，攪打均勻。

組合布朗尼

+ 把蛋白霜舀到布朗尼上頭，用湯匙或抹刀做出漩渦和尖角。
+ 用廚房噴槍燒烤蛋白霜。（或是把蛋白霜放到熱烤架下 20 秒，
　直到出現漂亮的焦糖色。）
+ 在抓著烤盤紙從烤盤裡取出之前，先讓布朗尼完全冷卻至室溫。
　拿一把鋒利的刀切成小塊（冷卻能讓布朗尼和蛋白霜定型，才
　能切出平整的邊緣。）如果蛋白霜會黏在刀子上，在切之前先
　在刀子上塗一點中性油。

保存

以密封容器置於室溫下，保存 3-4 天。

三重巧克力布朗尼

份數　9-12
準備時間　45 分鐘
烘焙時間　24 分鐘
冷卻時間　35 分鐘

布朗尼

240 克黑巧克力（60-70% 的可
　　可塊），切碎

120 克無鹽黃油

210 克紅糖

3 顆蛋，室溫

75 克無麩質烘焙粉

30 克鹼性可可粉

½ 茶匙黃原膠

½ 茶匙鹽

100-125 克白巧克力脆片

巧克力甘納許

200 克黑巧克力（60-70% 的可
　　可塊），切碎

275 克重乳脂鮮奶油

註解

① 攪打蛋和糖，能夠使布朗尼
頂部形成一層薄薄的光澤亮
面 —— 但是這在個食譜裡你
並不需要這種光澤亮面：光澤
亮面會剝離，然後混合到甘納
許裡。況且，布朗尼的頂部最
後一定會被甘納許蓋住。

在講到布朗尼和巧克力時，有時候愈多就代表愈好：愈可口、愈迷
人、愈讚不絕口。這些三重布朗尼除了更好，還是更好——白巧克
力脆片點綴在超 Q 彈又紮實的布朗尼裡，布朗尼上頭還旋著一層亮
晶晶又美味的巧克力甘納許。

布朗尼

+ 把烤箱架調整到中間的位置，烤箱預熱到 160℃，在一個 20 公
分的正方形烤盤裡鋪上烘焙紙。烘焙紙要裁得夠大，覆蓋住烤
盤的四邊（之後才方便取出烤好的布朗尼）。

+ 把黑巧克力和黃油放到一只耐熱碗裡，以平底鍋隔水加熱融化。
然後放到一旁，直到變溫。

+ 把糖加到融化的巧克力裡，混合均勻。加入蛋，混拌到剛好均
勻為止。①

+ 撒入無麩質烘焙粉、可可粉、黃原膠和鹽，混合均勻，直到沒
有團塊為止。拌入白巧克力脆片，直到分布均勻。

+ 把麵糊倒到鋪著烘焙紙的烤盤裡，將表面抹平，烤 24-28 分鐘
（軟黏的布朗尼要 24 分鐘，Q 彈的要 28 分鐘），或直到以牙
籤測試的結果是沾著半熟的麵糊（軟黏），或沾了些溼潤的屑
屑（Q 彈）。

+ 讓布朗尼在烤盤裡冷卻至室溫。

巧克力甘納許

+ 把黑巧克力放到一只耐熱碗裡。

+ 把重乳脂鮮奶油放到平底鍋裡加熱到剛好沸騰的程度，然後倒
到巧克力上頭。靜置 4-5 分鐘，然後一直攪拌到變成滑順有光
澤的甘納許。

+ 把甘納許放入冰箱冷藏大約 20 分鐘，經常攪拌，直到可以塗開。
把甘納許倒在冷卻的布朗尼上頭，抹開來，用曲柄抹刀或湯匙
背面做出漩渦狀。

+ 在抓著烤盤紙把布朗尼從烤盤裡取出之前，先讓甘納許在室溫
下定型，大約 30 分鐘，或在冰箱裡冷藏 15 分鐘。拿一把鋒利
的刀切成小塊（冷卻能讓布朗尼和甘納許定型，才能切出平整
的邊緣。）

保存

以密封容器置於室溫下，可保存 3-4 天。

餅乾

＋

餅乾條

如果你看一眼我的冰箱或冷凍櫃，很可能會發現一批（通常是巧克力脆片的）餅乾麵糰，已經準備好可以馬上放入烤箱。部分原因是，我似乎一直在實驗新的餅乾食譜。但更重要的是，有誰不愛一口咬下去中間仍然軟黏的溫熱餅乾，15 分鐘前你不也還在思考著——我現在真的可以稍微放縱一下了吧？

餅乾的魔力在於，有了基本的餅乾麵糰食譜之後，只要在調味、烘焙時間、烤箱溫度、烘焙粉用量方面做些更動或花樣，和以餅乾標準的大小或放到鑄鐵鍋裡烘烤，或是以焦糖、棉花糖、榛果抹醬等為內餡，你就可以創作出千百種完全不同的餅乾。

不要讓我從質地開始講起！布朗尼可能有 Q 彈、紮實或軟黏的，蛋糕也有溼潤、蓬鬆或有點稠密的，而餅乾只會有多到數不完的種類。紮實、Q 彈、軟黏、清脆、酥鬆、入口即化、像糕餅、甚至成層狀的——在餅乾的世界裡，質地並不是小配角或支線故事，而是核心主角。

本章裡餅乾＋餅乾條的種類

這一章的重點幾乎完全放在各種基本的無麩質餅乾、小鬆餅和甜點棒上。不過，我希望你得到在本書內容之外做實驗所需要的知識。舉例來說，與其教你做五種（或十種，或二十種）版本的巧克力脆片餅乾，我不如給你一個基本食譜，然後解釋原料與方法背後的科學，你才能自己調整質地，做出你心目中理想的（軟黏、紮實、酥脆——或結合這三者的美味）餅乾。為了幫你展開試驗歷程，許多食譜也附上「來點變化」的點子，幫助你達到美味餅乾的新境界。

麩質的角色

大部分的餅乾和麵包都含有大量的麵粉——大約佔了所有原料的 40%（見 36 頁的表格 3）。當然，結果是，比起對許多其他烘焙品的影響，麩質在餅乾的世界裡具有更大的影響力。

另一方面，麩質會防止餅乾變得又乾又易碎。所以在無麩質烘焙中，你必須調整原料的用量並且添加黃原膠，否則最後可能做出一動就裂開的麵糰，太乾而不好拿起，無法塑形成球狀——基本上是不可能製做、塑形或吃的餅乾。（別擔心，這裡的食譜不會那樣。）

不過，麩質在小麥餅乾的烘焙上也可能引發問題。麵糰揉得太久，可能做出黏呼呼的餅乾，不但沒有入口即化的美妙口感，而且難嚼又不好吃。但是在無麩質烘焙裡，你不用擔心麵糰混合或揉得太久，因為首先就沒有麩質的存在。

所以，雖然麩質在「一般」餅乾的製做中很重要，但是沒有它也很容易應付，而且你可以把餅乾麵糰重新修整好幾遍（假如你在過程中沒有混入太多的粉），因為無麩質餅乾麵糰不怕過度揉製，根本沒有這種事。

糖的種類會怎麼影響餅乾的質地

在我們言歸正傳講到（無麩質）餅乾的製做之前，有一個小小的免責聲明。以下的文字會散見於其後的幾頁裡：「一般説來」、「有時候」、「沒有明顯的趨勢」和「太多變數」。

簡單的説就是，我可能説的是籠統的烘焙餅乾的科學及各種原料對餅乾質地和外觀的影響，但有時候在我們努力的尋找之下仍然沒有明顯的趨勢，因為變數太多了。（你看到我所做的了

吧？）

　　要記住，我們仍然可以做出一般性的結論，來指引我們的餅乾冒險之旅。讓我們從糖開始——特別是白細砂糖（或較少用到的粗砂糖）和紅糖或黑糖。

　　如果我們注意它們的成分（簡單化地），紅糖等於白糖加上各種量的糖蜜。這使得它饒富風味，pH 值稍微偏酸性，比白糖更具吸溼性（從空氣中吸收較多水分）。

　　這對餅乾來說代表什麼？唔，一般說來，用紅糖做的餅乾比較香、溼潤、軟黏或紮實，端視餅乾的烘焙方法。瞧瞧巧克力脆片餅乾（見 154 頁），增加紅糖：白糖的比例，把餅乾的質地從酥脆變成軟黏。在 Q 彈布朗尼餅乾中（見 159 頁），1:1 的紅糖：白糖，確保餅乾能維持住形狀，同時具有 Q 彈的中心和一層薄薄的亮麗外皮。

　　用於餅乾的任何膨鬆劑，都由於弱酸性的紅糖而促進了它們的活性，儘管麵糰裡的其他原料通常使這個效果相形失色。

對膨鬆劑的需求

　　我們是不是應該在餅乾麵糰裡加膨鬆劑的問題，必須依不同的餅乾類型逐案解決。如果你做的餅乾是用切模從麵糰上切下來的，在烘焙時就必須維持形狀——不能擴散開來或失去整齊的邊緣——（通常）不要添加任何膨鬆劑。

　　事實上我喜歡多一個步驟，通常以手揉麵糰或利用木杓用來盡量減少拌入的空氣。那是因為攪打黃油、糖和蛋會拌入空氣，可能造成和膨鬆劑一樣的效果——麵糰裡的空氣在烤箱裡受熱時便會膨脹，使餅乾擴散變形。我們可以從一碗糖餅乾（見 160 頁）和薑餅（見 175 頁）中看到這種差異。糖餅的麵糰是用揉製的，且不含膨鬆劑，可以維持形狀，精準度在一公釐內，邊緣整齊美觀。而薑餅的做法是把黃油、糖和蛋攪打在一起，含有小蘇打粉。因此它們會稍微膨脹——不至於變形（聖誕節餅乾要維持可辨認的形狀），但足以形成稍呈弧形的邊緣。

　　不過在消化餅乾（見 164 頁）和迷迭香脆餅（見 176 頁）中，泡打粉並未大幅改變餅乾的形狀（是的，我知道這些也是切模餅乾——還記得我是怎麼說趨勢的嗎？），而是在麵體裡創造一些孔洞組織，讓餅乾變得酥脆。

　　如果我們不是在做切模餅乾，使用膨鬆劑這個問題的答案就不是那麼分明了。在巧克力裂紋餅乾（見 172 頁）和 Q 彈布朗尼餅乾（159 頁）裡，膨鬆劑是餅乾酥脆外觀的關鍵，而且，

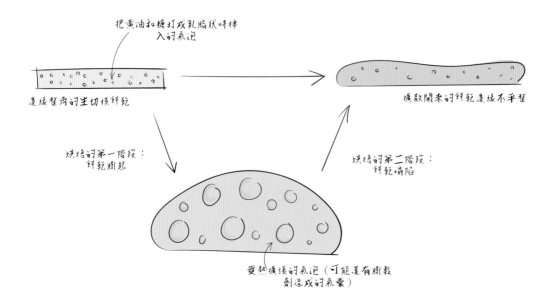

把黃油和糖打成乳脂狀時拌
入的氣泡

邊緣整齊的生切模餅乾

烘焙的第一階段：
餅乾膨起

烘焙的第二階段：
餅乾塌陷

擴散開來的餅乾邊緣不平整

受熱擴張的氣泡（可能還有膨鬆
劑造成的氣囊）

透過烘焙時餅乾的膨起和塌陷，膨鬆劑也賦予巧克力脆片餅乾（154 頁）特有的 Q 彈質地和波紋外觀（尤其你在烘焙過程中把烤盤拿出來在工作枱上敲幾次的話）。在做花生醬三明治餅乾（見 171 頁）和指紋餅乾（167 頁）時，如果添加膨鬆劑的話只會招惹麻煩，餅乾會擴散變形，到處布滿裂痕。

　　結論是：膨鬆劑對餅乾的影響十分重大，有沒有使用膨鬆劑，可能就是餅乾成敗的關鍵。所以你要信任食譜，照著做就對了。（同時忘掉找出明顯和全面性趨勢的事情，好好享受你的餅乾。）

蛋黃 VS 蛋白

　　大致上來説，蛋黃的作用是維持餅乾（切模餅乾）的形狀，或是使質地更紮實、Q 彈或軟黏（對於巧克力脆片餅乾之類的來説）。相對的，蛋白的作用往往類似於膨鬆劑，讓餅乾在烤箱裡鼓起、蓬鬆，使它們有糕餅的質地。

被低估的原料

　　劇透警告：就是鹽。當你瀏覽本章裡的食譜時，你會注意到，大部分的餅乾都含有 ¼ 到 1（滿）茶匙的鹽。原因是，鹽是天然的提味劑，它能樸實地帶出餅乾裡香料的風味。如果你吃過普

餅乾麵糰裡的氣泡（把黃油和糖攪打成乳脂狀時所產生的）和膨鬆劑使餅乾在烤箱裡蓬起和擴散開來──你做切模餅乾時一定想避免這樣的狀況。

普通通的巧克力脆片餅乾（即使它的口感很道地），你就知道我在說什麼。我們常把焦點放在餅乾和小鬆餅所用的糖，卻把鹽擱在一邊——這是天大的錯誤。

鹽對餅乾的影響，其背後的科學實在很有趣：鹽能強化我們身體品嚐糖的甜味的能力。那就是為什麼鹹焦糖風味那麼令人驚艷，以及在巧克力薄片或布朗尼上頭撒點雪花海鹽能增進風味的原因。所以，不要省略掉鹽——在餅乾麵糰裡加一大撮，就會讓一切不一樣。

冰的餅乾麵糰真的有那麼重要嗎？

是的。但是如果你沒有耐性，你通常可以略過它，只會在風味、質地和外觀上做最小程度的犧牲。

冰的餅乾麵糰使各種風味進一步融合成特別美味的東西。這一點尤其顯現在巧克力脆片餅乾上，這就為什麼要一次做一大批麵糰但只烤一點的關係，可以把其餘的放到冰箱裡，等到想吃時再烤。

不過，我不會把所有的麵糰全都冰過，只是為了方便處理和在烘焙期間維持形狀。當然有少數例外：前面提過的巧克力脆片餅乾，以及巧克力裂紋餅乾——剛開始的時候像布朗尼麵糊，真的需要經過冷藏。但是除此之外，在我的經驗裡，需要冷藏的餅乾麵糰在溫暖的廚房裡會很快回溫（最後弄得一團糟），然後餅乾在烤箱裡仍然很容易變形（也是一團糟）。

那就是為什麼我的食譜是屬於不用冰的那種。一碗糖餅乾（見 160 頁）、薑餅（175 頁）、甚至連牛油酥餅（163 頁）都是你可以揉捏、滾動、塑形、切模和不用冰就直接烘焙的，沒有任何問題。你想把麵糰冷藏起來的唯一情況，也許是你廚房裡太溫暖，使麵糰裡的黃油快速融化。否則是可以直接處理，不用冷藏的。

這也表示，你浮現想吃餅乾的欲望和把第一塊（香滑、溫熱、也許充滿著融化的巧克力脆片的）餅乾塞到嘴巴裡之間的時間大幅縮短了。我實在看不出有什麼不好。

巧克力脆片餅乾

份數　16
準備時間　30 分鐘
冷卻時間　1 小時 30 分鐘
烘焙時間　3 X 12 分鐘

100 克無鹽黃油，融化後冷卻
70 克細砂糖
120 克紅糖①
1 顆蛋，室溫
1 顆蛋黃，室溫②
½ 茶匙香草莢醬
220 克無質烘焙粉
½ 茶匙黃原膠
1 茶匙泡打粉
½ 茶匙小蘇打粉
½ 茶匙鹽
50 克黑巧克力脆片
50 克黑巧克力（60-70% 的可可
　　塊），剁成粗塊
雪花海鹽，用於點綴（選擇性的）

酥脆、紮實、Q 彈、軟黏，零星散布著巧克力脆片或巧克力塊，也許撒上一點海鹽，或一把切碎的烤山核桃。對於巧克力脆片餅乾，大家都有自己喜歡的版本。即使已經考量了所有的意見和可能性，這篇簡單的食譜還是為大家保留了一點空間。只要一點小小的變化和調整，你就能不費吹灰之力地把軟黏的質地變成酥脆的口感。

+ 用裝上攪棒的升降式攪拌機或裝上兩個攪棒的手持式攪拌機攪打黃油和糖，直到變得泛白、蓬鬆。
+ 加入蛋、蛋黃和香草莢醬，混合均勻。
+ 撒入無麩質烘焙粉、黃原膠、泡打粉、小蘇打粉和鹽。把乾原料分成兩批加到溼原料裡，每加一批就混拌一次，直到均勻為止。
+ 拌入巧克力脆片和 25 克的碎巧克力塊，混合至分布均勻，然後把麵糰冷藏 1 小時左右，或直到結實到可以舀起來。
+ 用一個容量為 2 大匙的餅乾杓或冰淇淋杓舀冰麵糰，做出 16 個麵球。把麵球放到烤盤上，用保鮮膜封住，冷藏至少 30 分鐘。
+ 把烤箱架調整到中間的位置，烤箱預熱到 180℃，在一個烤盤裡鋪上烘焙紙。
+ 把冰麵球分批（一次頂多 6 個）放入鋪著烘焙紙的烤盤裡，每球之間要有足夠的距離。
+ 放入烤箱。8 分鐘之後取出烤盤，在工作枱上敲 5-7 次讓餅乾變成扁平狀，然後從上頭均勻地撒下剩餘的碎巧克力塊。③（如果你希望餅乾厚一點，就略過敲烤盤的步驟。）此時你也可以「矯正」餅乾的形狀，用比餅乾直徑稍大的圓形切模，從餅乾邊緣推擠。
+ 把餅乾放回烤箱裡，再烤 4-9 分鐘（總共烤 12-17 分鐘），端視你偏好什麼樣的口感和質地。④如果你想要的話，你可以以 2 分鐘的間隔再次敲打烤盤，讓餅乾產生額外的波紋和皺皺的外觀，直到餅乾烤好。
+ 烤好後從烤箱裡拿出來，趁熱用圓形切模再次矯正餅乾的形狀。
+ 讓餅乾在烤盤裡冷卻 2-3 分鐘，然後取出來放到金屬架上完全冷卻。以同樣的方式處理剩下的麵球，等到所有的餅乾都烤好、冷卻之後，如果你想要的話，撒上海鹽。

保存

以密封容器置於室溫下可保存一週，要注意的是，隨著時間過去，餅乾會稍微變軟和變紮實。或者，你可以把沒烤過的生麵球放在密封容器裡，放到冰箱可保存一週左右，或放到冷凍箱裡可保存 1-2 個月。冰的或冷凍的麵球可以直接烘烤，只要再加上 2-3 分鐘的烘焙時間。要注意的是，麵球放在冰箱或凍箱裡愈久，在烘烤時愈不容易擴散變形（也會變得更稠）。

來點變化

芝麻醬巧克力脆片餅乾——把黃油減少至 75 克，另外添加 100 克的芝麻醬。

山核桃 & 白巧克力脆片餅乾——烤一把山核桃，切碎，搭配白巧克力一起使用。

表格 5：不同的烘焙時間對溫的和冰透的巧克力脆片餅乾在質地上所造成的影響

烘焙時間	溫的麵糰	冰透的麵糰
12–13 分鐘	很軟黏	很Q彈
14–15 分鐘	Q彈	紮實
16–17 分鐘	Q彈－紮實	紮實－酥脆

註解

① 用黑糖取代紅糖，風味更佳。把無麩質烘焙粉增加到 240 克，因為黑糖含有較多的糖蜜，所以水分較多。餅乾烤好後的質地比較Q彈或軟黏，視烘焙時間而定。

② 額外的蛋黃能增加餅乾的脂肪含量，使餅乾更紮實、軟黏。如果你希望餅乾的質地比較像糕餅，就用 1 整顆蛋和 1 顆蛋白取代 1 整顆蛋和 1 顆蛋黃。

③ 香草豆部落格的莎拉‧基弗（Sara Kieffer）大力宣揚這種「用力敲鍋」的方式。

④ 精確的烘焙時間能夠決定餅乾從烤箱取出來或過了幾天之後的口感和質地，請參考表格 5。（注意，真正需要的時間會依據烤箱大小和溫度校準而有所不同。）

Q 彈布朗尼餅乾

份數　10
準備時間　30 分鐘
烘焙時間　2 X 10 分鐘

---

160 克黑巧克力（60-70% 的可
　可塊），切碎
80 克無鹽黃油
70 克紅糖①
70 克細砂糖
2 顆蛋，室溫
80 克無麩質烘焙粉
20 克鹼性可可粉
½ 茶匙泡打粉
½ 茶匙黃原膠
½ 茶匙鹽
雪花海鹽，用於點綴

註解

① 1:1 的紅糖和細砂糖比率，能
　夠確保餅乾在烘焙期間不會
　擴散太多，而且具有薄脆光亮
　的外皮，但中間是軟 Q 的。

② 這裡的計時非常重要 —— 如
　果蛋和糖攪打 5-7 分鐘，融化
　的巧克力剛好有足夠的時間
　冷卻到拌入這個混合物的最
　佳溫度，你才能烤出最好吃的
　餅乾。

③ 如果你喜歡的話，可以用湯匙
　去舀餅乾麵糊，但是可能無法
　做出很圓的餅乾。如果你用的
　是較小的冰淇淋杓，就要稍微
　減少烘焙時間。

在我試驗過的所有布朗尼餅乾裡，這是我最喜歡的。它無可挑剔：魅力無邊的 Q 彈，美麗的光澤和裂紋，以及濃郁的巧克力香。但和其他食譜不同的是，這個食譜不過分講究，也不容易失敗（譬如說，如果在混合原料和烘焙之間耽擱了些時間的話）。這些餅乾的含糖量也比一般的稍微少一點，如此更能顯現出巧克力怡人的苦甜味。

+ 把烤箱架調整到中間的位置，烤箱預熱到 180℃，在兩個烤盤裡鋪上烘焙紙。

+ 把黑巧克力和黃油放到一只耐熱碗裡，以平底鍋隔水加熱融化。融化後便從火源上移開。

+ 用裝上打蛋器的升降式攪拌機或裝上兩個攪棒的手持式攪拌機，以中高速攪打糖和蛋 5-7 分鐘，直到呈現泛白而且體積大約變成三倍。②混合物從打蛋器上滴下來的時候，應該會短暫地呈堆疊狀。

+ 把巧克力混合物輕輕地拌入蛋混合物裡，直到剛好混合均勻。

+ 撒入無麩質烘焙粉、可可粉、泡打粉、黃原膠和鹽，然後用抹刀輕輕地拌入，直到剛好混合均勻，沒有團塊為止。餅乾麵糊會很稀、很光滑，像極了布朗尼麵糊。

+ 用一個容量為 3 大匙的大餅乾杓或大冰淇淋杓，舀出 10 球餅乾麵糊，放到鋪著烘焙紙的烤盤上。③因為在烘焙時會膨脹，所以麵糊之間的距離至少要 2.5 公分。由於麵糊很稀，所以要在距離烤盤 2-3 公分的地方再倒下麵糊，才能形成圓盤狀。每個烤盤大約做 5 片餅乾（把所有的麵糊一次舀好，因為這種麵糊在室溫下容易變結實）。

+ 一次烤一盤，每盤大約 10 分鐘，或直到餅乾稍微變大，表面出現光澤和裂紋，但用手摸的感覺仍然有點軟。在第一批烤好後，立刻把第二批放到烤箱裡。

+ 讓餅乾在烤盤裡冷卻 5-10 分鐘，然後取出來放到金屬架上完全冷卻。撒上雪花海鹽後便可食用。

保存
以密封容器置於室溫下可保存一週。

來點變化
你可以在布朗尼餅乾裡填入內餡，像是榛果抹醬、花生醬或焦糖。把大約 1½ 大匙的餅乾麵糊舀到烤盤上，弄出圓形的樣子。在中央放大約 1-2 茶匙的餡料，然後再倒下 1½ 大匙的餅乾麵糊，要完全蓋住餡料，然後用上述的方法烘焙。

不慌不忙、不冰、不變形的一碗糖餅乾

份數　40
準備時間　30 分鐘
烘焙時間　2 X 10 分鐘

360 克無麩質烘焙粉
200 克細砂糖
1 茶匙黃原膠
¼ 茶匙鹽
225 克無鹽黃油，軟化
1 顆蛋，室溫
1 茶匙香草莢醬

註解

① 切模餅乾需要維持形狀，而且邊緣平整，所以用手揉製會比用攪拌機攪打（會拌入空氣）黃油和糖好。麵糰裡的空氣有類似化學膨鬆劑的作用，會使餅乾在烤箱裡膨脹變形。（注意，基於同樣的理由，所以也不用泡打粉和小蘇打粉。）

一如其名，烤餅乾沒那麼麻煩。什麼東西都用手揉（不需要食物處理機或攪拌機）——最後的麵糰雖然偏軟，但是仍然可以直接擀開、切模和烘烤，不需要冷藏。糖餅不僅製做簡單，也能在維持形狀的同時保有最美妙的奶油香味，和入口即化的口感，而且時間愈久，滋味愈棒。事實上，糖餅在烤好後的三到四天最美味。

+ 把烤箱架調整到中間的位置，烤箱預熱到 180℃，在兩個烤盤裡鋪上烘焙紙。

+ 把無麩質烘焙粉、糖、黃原膠和鹽放到一只碗裡，再放入黃油、蛋和香草莢醬，然後統統揉在一起，直到變成光滑、柔軟（但不黏會搭搭）的麵糰。①

+ 在工作枱表面撒上大量的烘焙粉，擀開麵糰，直到厚度約為 3-4 公釐。用一支長長的曲柄抹刀從麵糰下方滑過，鬆開黏住桌面的部分。

+ 用 6 公分的切模切下餅乾，把剩下的麵糰揉在一起，重新擀開，再用切模切下餅乾，直到做出 40 片為止。把餅乾放到鋪著烘焙紙的烤盤上，間隔大約 5 公釐（餅乾不會大幅膨脹）。

+ 一次烤一盤，每盤大約 10-12 分鐘，或直到邊緣呈淡淡的焦黃色。

+ 讓餅乾在烤盤裡冷卻 5-10 分鐘，然後取出來放到金屬架上完全冷卻。

保存

以密封容器置於室溫下可保存 1-2 週。

來點變化

巧克力糖餅——在乾原料裡添加大約 40-50 克的鹼性可可粉。這些糖餅很適合沾著巧克力食用，或把巧克力甘納許夾在兩片餅乾中間。

牛油酥餅

份數　18
準備時間　30 分鐘
烘焙時間　20 分鐘

150 克無鹽黃油，軟化
75 克細砂糖，另外再加上撒在
　餅乾上的
1 茶匙香草英醬
255 克無麩質烘焙粉
60 克玉米澱粉
¾ 茶匙黃原膠
½ 茶匙鹽

註解

① 用木杓或抹刀來混拌的效果
　和打蛋器相反，能防止把空氣
　拌入麵糰，餅乾在烘焙時才能
　維持形狀，也不會膨起。

② 如果你喜歡的話，可以把麵
　糰擀得薄一點——只要縮短
　烘焙時間。我發現，比較薄
　的餅乾（厚度大約 5 公釐）可
　以把形狀和邊緣維持得更好、
　更平整，而且口感更酥脆。

食譜裡的原料愈少，比例和混合的方法就愈重要。對於牛油酥餅來說尤其如此。烘焙粉太少時，餅乾會化成泥漿，太多時又會蓋過這種餅乾特有的黃油風味。相似的，把糖和黃油攪打到變得泛白、蓬鬆，會拌入太多空氣，使餅乾在烘烤時膨脹變形。但是別擔心——這個食譜拿捏得恰到好處，用剛好足夠的鹽帶出簡單的風味，而且還能維持餅乾漂亮的形狀。

+ 把烤箱架調整到中間的位置，烤箱預熱到 160℃，在一個烤盤裡鋪上烘焙紙。
+ 拿一只碗，用木杓或抹刀把黃油、糖和香草英醬混合均勻。①
+ 撒入無麩質烘焙粉、玉米澱粉、黃原膠和鹽。用木杓或抹刀混拌，然後用手揉製，直到麵糰可以黏成一團，形成球狀。（麵糰剛開始很容易散開來，但在揉了幾分鐘之後就會黏在一起。）
+ 用兩張烘焙紙把麵糰壓扁，擀成大約 1 公分厚、15 X 23 公分的長方形。②
+ 把麵糰切成 2.5 X 7.5 公分的長方形，撒下大量的細砂糖，用叉子或牙籤戳出洞來，然後放到烤盤上，間隔大約 1 公分。
+ 大約烤 20-22 分鐘，直到邊緣呈現很淡的金黃色。
+ 讓餅乾在烤盤裡冷卻 10 分鐘，然後取出來放到金屬架上完全冷卻。

保存

以密封容器置於室溫下可保存 1-2 週。

來點變化

烤好且冷卻的原味牛油酥餅，可以拿來沾融化的巧克力醬。或直接在麵糰裡添加香草（例如百里香或迷迭香）或香料（例如小豆蔻、薑或肉桂）。

巧克力消化餅乾

份數　32
準備時間　30 分鐘
烘焙時間　2 X 14 分鐘

---

90 克無麩質烘焙粉
90 克糙米粉
90 克無麩質燕麥，粗輾
90 克紅糖
1 茶匙泡打粉
½ 茶匙黃原膠
½-1 茶匙鹽①
165 克無鹽黃油，切成方塊，冰
　的
50 克全脂牛奶，冰的
250 克黑巧克力（60-70% 的可
　可塊），融化後調溫（選擇性
　的）②

註解

① 我喜歡有點鹹味的消化餅乾，
　不過你的鹽可以加少一點（但
　是我不建議少於 ½ 茶匙）。

② 調溫的巧克力會有一層好看
　的光澤表面。方法：融化 ¾
　的巧克力，從火源上移開，然
　後把剩下的巧克力加進去（叫
　做「種子」；這個方法可以促
　進巧克力正確地結晶），這
　會讓融化的巧克力迅速冷卻。
　以最佳溫度範圍 31-33℃ 重新
　加熱後便可以使用。

③ 視燕麥碎粒的大小，你也許
　需要多一點的烘焙粉或牛奶。
　最後的麵糰不應該黏黏的，而
　且應能維持形狀。

一般說來，消化餅乾是靠全麥麵粉和麥芽精（這兩者都含有麩質）來創造它們獨到的風味和口感。我的無麩質消化餅乾用的是綜合的無麩質烘焙粉、糙米粉和粗輾燕麥，再加上紅糖。它們成功複製了消化餅乾的風味和口感。（雖然食譜裡使用了食物處理機，但是你可以輕鬆地用手做餅乾。只要用手指頭把黃油拌到乾原料裡，然後用叉子或木杓拌入牛奶。）

+ 把烤箱架調整到中間的位置，烤箱預熱到 180℃，在兩個烤盤裡鋪上烘焙紙。
+ 在食物處理機的碗裡放入無麩質烘焙粉、糙米粉、燕麥、糖、泡打粉、黃原膠和鹽，然後迅速攪拌均勻。
+ 加入黃油，攪拌成粗沙粒的質地。
+ 加入冰牛奶，攪拌到麵糰開始黏成一個球（可能有點兒易碎，要看燕麥碎粒的粗細）。③
+ 在撒上些許烘焙粉的工作枱上把麵糰擀開，厚度大約 3 公釐，然後用直徑 5 公分的圓形切模切下餅乾。把剩下的麵糰揉在一起，重新擀開，再用切模切下餅乾，直到做出 32 片為止。（如果你不打算用巧克力的話，就用叉子或牙籤在餅乾上到處戳洞，當做裝飾）把餅乾放到鋪著烘焙紙的烤盤上，間隔要均勻。
+ 一次烤一盤，每盤烤 14-18 分鐘，直到餅乾稍微膨起，且呈焦黃色。
+ 讓餅乾在烤盤裡冷卻 10 分鐘，然後取出來放到金屬架上完全冷卻。
+ 如果你想使用融化的巧克力，做法是，在冷卻的餅乾上澆上大約 ½ 大匙的巧克力，讓它均勻的擴散開來。巧克力層會在室溫下稍微變稠，然後用小叉子做出波浪的花樣。放在室溫下定型 30 分鐘。

保存
以密封容器置於室溫下可保存 1-2 週。

榛果黃油＋果醬指紋餅乾

份數　30
準備時間　45 分鐘
烘焙時間　2 X 16 分鐘

130 克天然、不加糖的細滑花生
　　醬
100 克無鹽黃油，軟化
100 克紅糖
2 顆蛋，分離蛋黃和蛋白
2 大匙全脂牛奶，室溫
½ 茶匙香草莢醬
200 克無麩質烘焙粉
½ 茶匙黃原膠
½ 茶匙鹽
150 克無鹽生花生，烘烤後切碎
5-6 大匙覆盆子或草莓果醬

註解

① 使用木杓或抹刀（而不是用
打蛋器攪打或打成乳脂狀），
才不會把太多空氣拌入混合
物裡，那會使餅乾易碎，無法
維持形狀。

② 蛋白能增加溼度，花生醬能
延緩熱穿透到餅乾裡的速度。
如果你喜歡的話，你不用拌入
蛋白和花生醬也可以做餅乾，
但是烘焙時間就要縮短：在下
一步驟裡減為 11-13 分鐘。

不管你喜不喜歡花生醬果醬三明治，我保證你會愛上這些指紋餅
乾，它們外酥內軟，脆脆的碎花生外皮搭配中間亮麗又香甜的果醬。
雖然這些餅乾只有幾許的風味，但是它們的口感才是重點。我會在
烤好後放上果醬，這樣可以讓餅乾更好看。果醬容易在烘烤時散開、
起泡，實在不吸睛，不如等餅乾冷卻後再放上去。

+ 把烤箱架調整到中間的位置，烤箱預熱到 180℃，在兩個烤盤
　裡鋪上烘焙紙。
+ 拿一只碗，用木杓或抹刀把花生醬、黃油和糖攪拌均勻。①
+ 加入蛋黃、牛奶和香草莢醬，混合均勻。
+ 撒入無麩質烘焙粉、黃原膠和鹽。用木杓或抹刀混拌，直到形
　成光滑、柔軟（但不會黏搭搭）的麵糰，可以塑形成球狀，不
　會裂開或碎掉。
+ 在一只小碗裡輕輕攪打蛋白。把碎花生放到另一只小碗裡。
+ 把大約 1 大匙大小的麵糰揉成球狀，先滾上蛋白，再滾上碎花
　生，然後放到鋪上烘焙紙的烤盤裡，用拇指或一支 ½ 茶匙的量
　匙在中央弄出一個凹洞。以同樣的方式做好 30 個餅乾，放在烤
　盤上的間距是 2.5 公分。②
+ 一次烤一盤，每盤大約 16-18 分鐘，直到呈現淡淡的焦黃色。
　從烤箱裡取出來後馬上用 ½ 茶匙的量匙把凹洞挖深，凹洞可能
　在烘焙時密合。
+ 把餅乾取出來放到金屬架上冷卻，然後在每個餅乾的凹洞處放
　上大約 ½ 茶匙的覆盆子或草莓果醬。

保存
以密封容器置於室溫下可保存 1 週。

芝麻醬餅乾

份數　14
準備時間　30 分鐘
冷卻時間　15 分鐘
烘焙時間　2 X 8 分鐘

100 克芝麻醬
95 克楓糖漿或軟稀的蜂蜜
½ 茶匙香草莢醬
¼ 茶匙小蘇打粉
¼ 茶匙鹽
100 克杏仁粉
3 大匙白芝麻
2 大匙黑芝麻

外酥內軟，整片餅乾飄散著可口的香氣——很難不愛上這些芝麻醬餅乾。一如其名，原料中的主角就是鷹嘴豆泥的關鍵成分芝麻醬，不過用它來做點心也非常棒。在這篇食譜裡，芝麻醬賦予餅乾無法言喻的深厚風味，外層覆上的芝麻，使餅乾不僅美味，也很好看。

+ 在兩個烤盤裡鋪上烘焙紙。
+ 拿一只碗，把除了芝麻粒之外的所有原料混合在一起，直到形成光滑的麵糰。
+ 另外拿一只小碗，把白芝麻和黑芝麻混合在一起。
+ 把一大匙的麵糰揉成球狀，滾上芝麻，再放到鋪著烘焙紙的烤盤裡。
+ 用玻璃杯或量杯的平底輕輕把麵球壓扁，直到厚度大約變成 7-8 公釐。
+ 重複上述步驟，總共做出 14 片餅乾，然後冷藏 15 分鐘左右。趁著冷藏的時間，把烤箱架調整到中間的位置，烤箱預熱到 180℃。
+ 一次烤一盤，每盤大約 8 分鐘，或餅乾稍微膨脹且頂部呈淡淡的焦黃色。
+ 剛取出烤箱的餅乾會很軟，讓餅乾在烤盤裡冷卻 10 分鐘，然後取出來放到金屬架上完全冷卻。

保存
以密封容器置於室溫下可保存 1 週。

來點變化
巧克力芝麻醬餅乾——在麵糰裡添加 15 克鹼性可可粉。

花生醬三明治餅乾

份數　12-13
準備時間　45 分鐘
烘焙時間　2 X 12 分鐘
冷卻時間　20 分鐘

想像花生醬杯子蛋糕的種種美味，只不過改成餅乾的形式。這些花生醬餅乾的口感介於柔軟和紮實之間，而且入口即化。兩片餅乾中間的奢華花生醬甘納許夾心，會在你的味蕾上迸裂出濃郁的香氣。當你同時品嚐到餅乾和甘納許時……你就知道花生醬天堂是什麼樣子。

花生醬餅乾

130 克天然、不加糖的細滑花生醬①
100 克無鹽黃油，軟化②
100 克紅糖
1 顆蛋，室溫
190 克無麩質烘焙粉
½ 茶匙黃原膠
½ 茶匙鹽

花生醬甘納許

150 克黑巧克力（大約 60% 的可可塊），切碎
150 克天然、不加糖的細滑花生醬

註解

① 使用天然、不加糖的細滑花生醬，你才能控制糖的用量（而且我喜歡它的風味）。不過如果你喜歡的話，你也可以用加工過的花生醬，把烘焙粉增加到 210-215 克來中和棕櫚油，以降低纖維和高油脂含量。

② 把黃油和花生醬混合在一起能突顯出花生醬的香氣，另一方面也讓麵糰具有可塑性，足以防止在擀開和劃製交錯線時裂開。

花生醬餅乾

+ 把烤箱架調整到中間的位置，烤箱預熱到 180℃，在兩個烤盤裡鋪上烘焙紙。
+ 拿一只碗，用木杓或抹刀把花生醬、黃油和糖混拌到呈光滑狀。加入蛋，混合勻勻。
+ 撒入無麩質烘焙粉、黃原膠和鹽。用木杓或抹刀混拌，直到麵糰可以黏在一起，形成球狀。（摸起來不該會黏黏的。）
+ 撕下大約 1 大匙大小的麵糰，揉成球狀，放到鋪著烘焙紙的烤盤裡，然後用手指輕輕壓扁。
+ 用叉子的尖端在餅乾表面劃出交錯的線條。以同樣的方式製做其餘的餅乾，直到做出 24-26 個，間隔均勻地放在烤盤上。
+ 一次烤一盤，每盤大約 12-15 分鐘。要吃軟一點、紮實一點的，烘焙時間就短一點；要吃酥脆的，烘焙時間就稍長一點。
+ 讓餅乾在烤盤裡冷卻 10 分鐘，然後取出來放到金屬架上完全冷卻。

花生醬甘納許

+ 把黑巧克力和花生醬放到一只耐熱碗裡，以平底鍋隔水加熱融化，直到呈光滑狀。
+ 從火源上移開，在室溫下降溫，偶爾攪拌，然後冷藏 20-30 分鐘，直到甘納許達到適合用擠花袋擠出來的硬度。
+ 在餅乾的扁平面擠上大約 1 大匙的甘納許，然後放上另一片餅乾，扁平面朝下。以同樣的方式處理其餘的餅乾，最後做出 12-13 個三明治餅乾。

保存

以密封容器置於涼爽、乾燥的地方，可保存 1 週。

巧克力裂紋餅乾

份數　20
準備時間　30 分鐘
冷卻時間　1 小時
烘焙時間　2 X 10 分鐘

150 克細砂糖
50 克蔬菜油、葵花油或其他中
　性油①
2 顆蛋，室溫
½ 茶匙香草莢醬
120 克無麩質烘焙粉
60 克鹼性可可粉
½ 茶匙黃原膠
1 茶匙泡打粉
¼ 茶匙鹽
60 克糖粉

註解

① 雖然我在做餅乾時通常會使
　用黃油，但是用液態油做的巧
　克力裂紋餅乾更好吃 —— 更
　清爽、溼潤（而且這種狀態保
　持得更久）。

誰能不愛上巧克力裂紋餅乾？它們有巧克力香、Q 彈，又覆著糖粉——而且做起來有趣極了。在烘焙時，很難抵擋沒幾分鐘就往烤箱裡瞄的誘惑，看看它們從小小的糖粉雪球膨脹成帶有裂紋的黑白尤物。

+ 把糖和油放到一只碗裡攪打——混合物會有溼沙質感。
+ 加入蛋和香草莢醬，攪打到呈光滑狀。
+ 撒入無麩質烘焙粉、可可粉、黃原膠、泡打粉和鹽。用湯匙或抹刀拌成光滑的麵糊——它從湯匙或抹刀上流下來的樣子跟布朗尼麵糊很像。
+ 用保鮮膜封住碗，冷藏至少 1 小時讓麵糊變比較結實的麵糰。
+ 把烤箱架調整到中間的位置，烤箱預熱到 180℃，在兩個烤盤裡鋪上烘焙紙。
+ 檢查麵糰——如果又軟又黏，就再冷藏 30 分鐘。
+ 等到麵糰變得比較結實、容易處理時，舀 1 大匙（滿匙）揉成球狀，滾上一層厚厚的糖粉，然後放到鋪著烘焙紙的烤盤裡。以同樣的方式一次做好 20 片餅乾，放到烤盤上，間距 2.5 公分。
+ 一次烤一盤，每盤大約 10 分鐘或直到表面出現裂痕，但輕壓時感覺仍是軟的。
+ 讓餅乾在烤盤裡冷卻 10 分鐘，然後取出來放到金屬架上完全冷卻。

保存

以密封容器置於室溫下可保存 1 週。

來點變化

若想增加巧克力的風味，就在麵糊裡添加巧克力脆片或融化的巧克力。或者，試試以下的變化版本（可以選擇要不要添加額外的巧克力）。

墨西哥熱巧克力裂紋餅乾——添加一撮卡宴辣椒粉和肉桂粉。
香橙＋巧克力裂紋餅乾——添加柳橙皮。

薑餅

廚房裡要是沒有聞起來香甜可口的薑餅，聖誕節怎麼叫做聖誕節呢？最重要的是，薑餅除了美味、紮實、邊緣酥脆之外，也要維持應有的形狀（你才能在上頭做裝飾）。這些無麩質薑餅都做到了，而且麵糰不需要冷藏（除非你的廚房特別溫暖）。

份數 42
準備時間 1 小時
烘焙時間 2 X 6 分鐘

薑餅

75 克無鹽黃油，軟化
75 克紅糖
100 克糖蜜
1 顆蛋黃，室溫①
260 克無麩質烘焙粉
¼ 茶匙黃原膠
¼ 茶匙小蘇打粉②
1 茶匙肉桂粉
1 茶匙薑粉
¼ 茶匙多香果
¼ 茶匙丁香粉
¼ 茶匙鹽

蛋白糖霜

10 克蛋白粉
7 大匙溫水
200 克糖粉，篩過
2 茶匙檸檬汁
食用色素（選擇性的）

註解

① 使用蛋黃而不使用整顆蛋，會使餅乾的口感稍微紮實些，也會降低餅乾在烤箱裡膨脹、擴散的程度。

② 這麼小量的小蘇打粉，足以讓餅乾形成弧形的邊緣，但不至於膨脹到變形的程度。

③ 愈薄的餅乾愈容易維持形狀。厚度在 3 公釐以上的餅乾，會膨脹、擴散得比較多，看起來更柔軟、圓胖。

薑餅

+ 把烤箱架調整到中間的位置，烤箱預熱到 180℃，在兩個烤盤裡鋪上烘焙紙。
+ 用裝上攪棒的升降式攪拌機或裝上兩個攪棒的手持式攪拌機，攪打黃油和糖，直到泛白、蓬鬆。加入糖蜜和蛋黃，混合均勻。
+ 撒入其餘的薑餅原料，混拌至麵糰開始黏結成一團。
+ 把麵糰倒在撒了一些烘焙粉的工作枱上，稍微揉一下，直到整個麵糰呈光滑狀，相當結實而不黏手。擀開成 2-3 公釐厚的麵皮。③如果太軟不好切割，就冷藏 15 分鐘。（用曲柄抹刀從麵糰下方滑過，鬆開黏住桌面的部分。）
+ 用你喜歡的切模切下餅乾，把剩下的麵糰揉在一起，重新擀開和切下餅乾（一個直徑 6 公分的切模大約可以做出 42 片餅乾）。
+ 把切下來的餅乾放到鋪著烘焙紙的烤盤裡，間距大約 1 公分。
+ 一次烤一盤，口感比較紮實的烤 6-8 分鐘，比較酥脆的最多烤 10 分鐘（例如，用於裝飾聖誕樹）。
+ 讓餅乾在烤盤裡冷卻 5-10 分鐘，稍微變結實後取出來，放到金屬架上完全冷卻。

蛋白糖霜

+ 把蛋白粉和 2 大匙溫水放到一只碗裡攪打，直到粉完全溶解，而且出現些許白沫。
+ 加入糖粉、檸檬汁和剩下的溫水，然後用裝上打蛋器的升降式攪拌機或裝上兩個攪棒的手持式攪拌機攪打混合物，直到可以形成軟軟的尖角。
+ 調整糖霜的稠度：依你的喜好，再加多點水（一次 1 茶匙）或糖粉（一次 1 大匙）來讓糖霜稀一點或稠一點。如果你需要彩色的糖霜，就在這個階段添加食用色素。
+ 把蛋白糖霜放到裝有小圓孔擠花嘴的擠花袋裡，便可以著手裝飾已經冷卻的薑餅。
+ 把裝飾好的薑餅放在室溫下 2-3 小時，讓糖霜定型。

保存

以密封容器置於室溫下可保存 1-2 週。（任何未使用的蛋白糖霜，可以用密封容器在室溫下保存 1 週。）

迷迭香脆餅

份數　22-24
準備時間　30 分鐘
烘焙時間　2 X 10 分鐘

別再吃從店裡買來的餅乾了——這裡有鹹酥、充滿奶油香和迷迭香芬芳的致命美味。這種餅乾雖然薄脆，但也夠結實，可以拿來沾醬吃，同時，它的酥脆和奶油香，放到嘴裡會產生豐富的口感。還有，還有，做這種餅乾非常容易，把大部分的工作丟給食物處理機就行了。

125 克無麩質烘焙粉
½ 茶匙黃原膠
1½ 茶匙泡打粉
½ 大匙細砂糖
2 枝迷迭香，摘下葉子，切碎
45 克無鹽黃油，切成方塊後冷藏
1 大匙葵花油或其他中性油（或用橄欖油增添風味）
30 克冷水
1½ 大匙融化的無鹽黃油
雪花海鹽，用於點綴

註解

① 如果你沒有適合的食物處理機，就用手指將黃油揉到乾原料裡。加入油和水之後，用叉子把原料混在一起。

② 把黃油刷在脆餅上，使餅乾的口感更細緻、風味更濃郁。

+ 把烤箱架調整到中間的位置，烤箱預熱到 200℃，在兩個烤盤裡鋪上烘焙紙。
+ 把無麩質烘焙粉、黃原膠、泡打粉、糖、鹽和切碎的迷迭香放到食物處理機的碗裡，充分混合。①
+ 加入冰黃油，攪拌到呈現粗砂狀的質地，然後加入液態油，攪拌均勻。
+ 加入冷水，一次 1 大匙，每加一次就攪拌一下，直到麵糰開始黏成一團。把拌好的麵糰倒到工作枱上，輕輕揉到呈光滑狀。
+ 在工作枱的桌面撒上大約 1-2 公釐厚的烘焙粉，把麵糰擀開，用直徑 6 公分的圓形切模切下餅乾。把剩下的麵糰揉在一起，重新擀開再切下餅乾，直到做出 22-24 片脆餅。放到鋪上烘焙紙的烤盤裡，用叉子或牙籤在餅乾上到處戳洞。
+ 一次烤一盤，每盤 10-12 分鐘，或直到餅乾微微膨起且呈淡焦黃色。從烤箱裡取出來後立刻刷上融化的黃油，然後撒上雪花海鹽。②讓餅乾在烤盤裡冷卻 5 分鐘，然後取出來放到金屬架上完全冷卻

保存
以密封容器置於室溫下可保存 1 週。

來點變化
辣味迷迭香脆餅——添加一撮卡宴辣椒和煙燻紅椒粉，做成辣味版本。
地中海迷迭香脆餅——添加一些香蒜粉和綜合香草，例如迷迭香、奧勒岡和百里香。

花生醬夾心巧克力煎鍋餅

份數　8
準備時間　45 分鐘
烹調時間　6 分鐘
烘焙時間　30 分鐘

180 克無鹽黃油，另外加上塗在
　　鍋具上的量
110 克細砂糖
180 克紅糖
1 顆蛋，室溫
2 顆蛋黃，室溫①
½ 茶匙香草莢醬
315 克無麩質烘焙粉
¾ 茶匙黃原膠
1½ 茶匙泡打粉
½ 茶匙鹽
150 克黑巧克力（60-70% 的可
　　可塊），切碎
125 克天然、不加糖的細滑花生
　　醬
雪花海鹽，用於點綴
香草冰淇淋，食用時搭配（選擇
　　性的）

註解

① 蛋黃讓煎鍋餅特別濃郁、Q 彈
　　或軟黏。

② 如果你沒有鑄鐵鍋，可以用
　　25 公分的圓形蛋糕模來取代。

這種煎鍋餅有太多讓人喜愛的特點：焦化黃油飄散著濃濃的堅果味；
大量的巧克力在餅溫熱時呈融化狀態，賞心悅目；外酥內軟，一團
團的花生醬使每一口都更滿足；最後是一塊塊舀起、再搭配幾大匙
冰淇淋享用的快感。

+ 先做焦化黃油。把黃油放到平底深鍋裡（最好是淺色的，你才
  能看出黃油顏色的變化），以中火加熱 5-6 分鐘，直到融化，
  期間不時攪拌。它會開始產生泡泡和泡沫，然後變成琥珀色。
  你應該會看到平底鍋底有深褐色的斑點——那些都是焦化的乳
  固形物。總計約 6-8 分鐘的時間。之後把鍋子從火源上移開，
  放到一旁降溫。

+ 把烤箱架調整到中間的位置，烤箱預熱到 180℃，在一只 25 公
  分的鑄鐵煎鍋裡塗上大量的黃油。②

+ 用裝上攪棒的升降式攪拌機或裝上兩個攪棒的手持式攪拌機，
  將焦化黃油和兩種糖打成乳脂，直到變得泛白、蓬鬆。

+ 加入蛋、蛋黃和香草莢醬，充分混合均勻。

+ 在另一只碗裡撒入無麩質烘焙粉、黃原膠、泡打粉和鹽。把乾
  原料分成兩批加到溼原料裡，每加一批就混拌一次，直到均勻
  為止。拌入 125 克的碎巧克力。

+ 把一半的麵糰壓入塗好黃油的煎鍋裡，放上一匙匙的花生醬，
  然後把其餘的麵糰弄碎，撒在上頭。撒上剩下的碎巧克力。

+ 烘烤 30-40 分鐘（軟黏的 30 分鐘，Q 彈的 40 分鐘），直到頂
  層的麵糰擴散開來，呈焦黃色，但中央烤得不是很熟。如果表
  面太快開始變焦，就用鋁箔紙蓋住（光亮面朝上），直到烤好
  為止。

+ 冷卻 10-15 分鐘，然後撒上雪花海鹽，趁熱食用。如果你喜歡
  的話，可以搭配一杓冰淇淋。

來點變化

巧克力榛果夾心煎鍋餅——只要用巧克力榛果抹醬取代花生醬就行
了。

薑餅煎鍋餅——省略花生醬，在麵糰裡添加肉桂粉和薑粉各 2 茶
匙，½ 茶匙多香果和 3-4 大匙糖蜜。

鹹焦糖夾心巧克力脆片餅乾條

這篇食譜背後的點子很簡單，但十分可靠：就是你平常吃的巧克力脆片餅乾，把它放大，塞入可以從中間滲出來的鹹焦糖。（聽起來很不可思議，對吧？）當然，不是直接那麼做——若要正確地結合風味和口感，做巧克力脆片餅乾的烘焙粉用量，要比標準食譜裡的多（以免做出一團油膩膩的東西），而且焦糖夾心是鮮奶油、糖和金色糖漿間的微妙平衡，要用剛好正確的溫度去煮。如果這些都正確了（依照食譜的指示，你就能做得正確），最後你會得到外酥內軟、誘人的焦糖漿從中間流出的餅乾條，誘惑你再吃第二塊（然後第三塊、然後更多更多塊）。

份數 12-16
準備時間 1 小時
烹調時間 15 分鐘
烘焙時間 40 分鐘

巧克力脆片餅乾麵糰

150 克無鹽黃油，融化後冷卻
75 克細砂糖
150 克紅糖
1 顆蛋，室溫
2 顆蛋黃，室溫①
½ 茶匙香草莢醬
315 克無麩質烘焙粉
¾ 茶匙黃原膠
1½ 茶匙泡打粉
½ 茶匙鹽
150 克黑巧克力脆片

焦糖夾心

180 克重乳脂鮮奶油
30 克無鹽黃油
80 克金色糖漿
100 克細砂糖
¼-½ 茶匙鹽，依個人喜好

巧克力脆片餅乾麵糰

+ 在一個 20 公分的正方形烤模裡鋪上烘焙紙，紙要大到從邊緣懸出來（你才方便拿起烤好的餅乾條）。
+ 用裝上攪棒的升降式攪拌機或裝上兩個攪棒的手持式攪拌機攪打黃油和糖，直到變得泛白、蓬鬆。
+ 加入蛋、蛋黃和香草醬，充分混合。
+ 撒入無麩質烘焙粉、黃原膠、泡打粉和鹽。把乾原料分成兩批加到溼原料裡，每加一批就混拌一次。拌入巧克力脆片。
+ 把一半的餅乾麵糰（大約 470 克）壓進鋪著烘焙紙的烤模底部，邊緣加高 5 公釐（防止焦糖在烘焙期間溢出太多）。
+ 把烤模裡的麵糰和剩下的麵糰一起放到冰箱裡冷藏，待用。

焦糖夾心＋組合餅乾條

+ 把烤箱架調整到中間的位置，烤箱預熱到 180℃。
+ 把重乳脂鮮奶油和黃油放到一只平底深鍋裡煮滾。從火源上移開，放到一旁待用，留意混合物需是溫的。
+ 把金色糖漿和糖放到另一只平底深鍋裡，以中高火加熱，時時攪拌，直到溫度達到 145℃。從火源上移開，加入鮮奶油混合物，攪拌均勻，然後再加熱到 112-116℃，一直攪拌。②再從火源上移開，拌入鹽和剩下的黃油。
+ 偶爾攪拌焦糖，讓它降溫到 80℃——它在這樣的溫度下，不容易使底層的餅乾麵糰糊掉，但又可以澆注和擴散。把這個焦糖倒到底層的麵糰上，讓它擴散開來，但不要溢出麵糰邊緣。
+ 把另一半麵糰撕碎，均勻地撒在焦糖上，完全覆蓋住焦糖。
+ 烤 40-45 分鐘，直到頂層膨脹，呈焦黃色。如果頂部太快開始變焦，就用鋁箔紙蓋住（光亮面朝上），直到烤好為止。
+ 讓烤好的餅乾降溫，從烤模裡取出後切成條狀食用。

保存

以密封容器置於室溫下可保存 3-4 天。如果你希望焦糖夾心超軟又會滲出，就在食用前把切好的餅乾條微波 5-10 秒鐘。

來點變化

巧克力＋榛果夾心巧克力脆片餅乾條——用巧克力榛果抹醬取代焦糖夾心，並且在麵糰裡加入切碎的烤榛果。

註解

① 蛋黃讓餅乾條特別濃郁、Q 彈或軟黏。

② 溫度介於 112-116℃之間的焦糖，在所謂的「軟糖球」階段。這是做出焦糖夾心最理想的溫度範圍，儘管在烘焙時受到高溫烘烤，但是在餅乾條完全冷卻下來後，焦糖會變得超級柔軟。在軟糖球階段的測試方法，是把一小塊糖球扔到一杯涼水裡，然後舀出來——應該要能維持形狀，但擠壓時非常柔軟。（如果你有使用糖溫度計就不需要這麼做。）

藍莓派奶酥條

份數　12-16
準備時間　45 分鐘
冷卻時間　20 分鐘
烹調時間　10 分鐘
烘焙時間　40 分鐘

奶酥麵糰

200 克無鹽黃油，軟化
150 克紅糖
1 顆蛋，室溫
½ 茶匙香草莢醬
360 克無麩質烘焙粉
1 茶匙黃原膠
1 茶匙烘焙粉
¼ 茶匙鹽
25 克杏仁粉

藍莓內餡

500 克新鮮或冷凍的藍莓
125 克細砂糖
3 大匙檸檬汁

註解

① 把另一半的麵糰冰起來，可以
讓黃油定型，比較容易弄碎、
撒在內餡上頭，也有助於在烘
焙時保持形狀，做出質地漂亮
的表層。

② 預先烹製藍莓內餡，把汁液濃
縮，能夠集中風味、減少水
分，防止奶酥條在烘焙時變得
又溼又軟。

你也許覺得，先煮好藍莓內餡和濃縮汁液有一點誇張——但是最後的成果是值得額外努力一千倍的。藍莓內餡具有爆炸性的果香風味，而且麵糰周圍不會又溼又軟。這個奶酥條的奶酥層又香又酥，但形狀仍然維持得很好，剛好可以切成可愛的小塊狀。

奶酥麵糰

+ 在一個 20 公分的正方形烤模裡鋪上烘焙紙，紙要大到從邊緣懸出來（你才方便拿起烤好的奶酥條）。
+ 用裝上攪棒的升降式攪拌機或裝上兩個攪棒的手持式攪拌機攪打黃油和糖，直到變得泛白、蓬鬆。加入蛋和香草莢醬，混合均勻。
+ 撒入無麩質烘焙粉、黃原膠、泡打粉和鹽，一直攪拌，直到形成光滑、柔軟（但不會黏搭搭）的麵糰。
+ 把一半的麵糰（大約 380 克）壓進鋪著烘焙紙的烤模底部，做出一個光滑、平整的底層。放到一旁待用。
+ 把杏仁粉混拌到另一半的麵糰裡，冷藏至少 20-30 分鐘。①

藍莓內餡＋組合餅乾條

+ 把烤箱架調整到中間的位置，烤箱預熱到 180℃。
+ 把藍莓、糖和檸檬汁放到一只平底深鍋裡，以中高火加熱，直到藍莓軟化，釋出汁液。用篩網濾出藍莓，在底下放一只碗或罐子收集汁液。把藍莓放到另一只碗裡待用。
+ 把汁液倒回鍋子裡，用中高火熬煮濃縮，直到變得又稠又黏，但是還不到果醬的程度（大約 5 分鐘）。從火源上移開，讓它完全冷卻，然後把全部的藍莓都倒進去。②
+ 把藍莓內餡倒到奶酥底層上，然後把冰麵糰弄碎，撒在上頭，完全覆蓋住內餡。
+ 大約烤 40-45 分鐘，或直到頂層的麵糰稍微膨脹且呈焦黃色。如果頂部太快開始變焦，就用鋁箔紙蓋住（光亮面朝上），直到烤好為止。
+ 讓烤好的奶酥降溫，從烤模裡取出後切成條狀食用。

保存

以密封容器置於室溫下可保存 3-4 天。

來點變化

試試用別的莓果（例如黑莓或覆盆子）來做這個餅乾條，或用櫻桃、杏子也可以。如果你沒那麼多時間，可以用果醬做內餡。

巧克力棉花糖餅乾條

份數　16
準備時間　1 小時 15 分鐘
烘焙時間　30 分鐘
冷卻時間　3 小時

我來告訴你這些巧克力棉花糖餅乾條有多迷人。它有香酥的餅乾基底（嚐起來像消化餅乾——不過我們應該記住，這裡是棉花糖餅乾條的圈圈），最上面是一層奢侈的巧克力甘納許，最後是讓這些餅乾條變得很特別的：自製的棉花糖，堆成一座座蓬鬆香甜又烤成完美焦黃色的可愛小山丘。別擔心——做棉花糖真的很簡單，我保證，結果很值得。

餅乾基底

60 克無麵質烘焙粉
60 克糙米粉
60 克無麩質燕麥，粗輾
50 克紅糖
¼ 茶匙黃原膠
¼ 茶匙鹽
145 克無鹽黃油，切成方塊後冷藏

巧克力甘納許

255 克黑巧克力（大約 60% 的可可塊），切碎
350 克重乳脂鮮奶油

棉花糖頂層

8 克明膠（吉利丁）粉
140 克水
200 克細砂糖
½ 茶匙香草莢醬

餅乾基底

+ 把烤箱架調整到中間的位置，烤箱預熱到 180℃。在一個 20 公分的正方形烤模裡鋪上烘焙紙，紙要大到從邊緣懸出來（你才方便拿起烤好的餅乾條）。

+ 把無麩質烘焙粉、糙米粉、粗輾燕麥、糖、黃原膠和鹽放到食物處理機的碗裡，按幾下快轉，把東西混合在一起。①

+ 加入黃油，按快轉，直到充分混合，而且混合物裡有像麵包屑的小塊和較大的團塊。如果你把混合物捏在一起，它應該要能維持住形狀。

+ 倒到鋪著烘焙紙的烤模裡，用你的手指或玻璃、量杯底部把混合物壓成壓縮、平整的底層。

+ 大約烤 30 分鐘，或直到均勻地呈現焦黃色。從烤箱裡取出來，放到一旁冷卻。

巧克力甘納許

+ 把切碎的黑巧克力放到一只耐熱碗裡。

+ 把重乳脂鮮奶油放到平底鍋裡加熱到剛好沸騰的程度，然後倒到巧克力上頭。靜置 4-5 分鐘，然後一直攪拌到變成滑順有光澤的甘納許。

+ 把甘納許倒到冷卻的餅乾基底上，輕輕搖晃烤模，使甘納許分布均勻。冷藏 2-3 小時，最好是一個晚上，讓甘納許變硬、定型。

棉花糖頂層②

+ 把明膠粉和 80 克水放到一個小碗裡，攪拌，然後靜置 10 分鐘，之後把這個濃稠的混合物倒到升降式攪拌機的碗裡（如果用手持式攪拌機，就倒到一個大碗裡）。
+ 把糖和剩下的水放到一只平底深鍋裡，以中高火加熱熬煮，偶爾攪拌，直到糖漿達到 110-115℃。
+ 把熱糖漿倒到明膠裡，迅速攪拌混合。
+ 用裝上打蛋器的升降式攪拌機或裝上兩個攪棒的手持式攪拌機，以高速攪打混合物 5-8 分鐘，直到稍微冷卻，體積膨脹成三倍大，可以形成軟軟的尖角，表示棉花糖能夠維持形狀。棉花糖一做好之後就要趕緊使用，因為它會很快定型。
+ 把棉花糖放到裝有大孔星形擠花嘴的擠花袋裡，然後擠到定型的甘納許上頭。
+ 把餅乾條放回冰箱冷藏至少 1 小時，讓棉花糖定型。
+ 食用時用熱刀子切成一塊塊的，切下一刀之前先把刀面擦乾淨。讓餅乾條在室溫下回溫 5-10 分鐘，然後用廚房用噴槍把棉花糖稍微烤成褐色。

保存

還沒用噴槍火烤前的餅乾條可保存 3-4 天，食用前再用噴槍火烤。

註解

① 這種無麩質烘焙粉的組合跟消化餅乾（見 164 頁）一樣 —— 所以風味和口感會跟你可能用來做巧克力棉花糖餅乾條的普通消化餅乾一樣。

② 雖然頂層也可以做成瑞士蛋白霜（參見 144 頁的烤棉花糖布朗尼），但是在甘納許上頭擠上自製的棉花糖，你才能得到做巧克力棉花糖餅乾條貨真價實的經驗。

檸檬條

份數　16
準備時間　30 分鐘
烹調時間　5 分鐘
烘焙時間　42 分鐘
冷卻時間　3 小時

牛油餅乾基底

175 克無麩質烘焙粉
50 克細砂糖
¼ 茶匙黃原膠
¼ 茶匙鹽
145 克無鹽黃油，切成方塊後冷藏

檸檬餡料

4 顆蛋
5 顆蛋黃①
300 克細砂糖
½ 茶匙鹽
160 克檸檬汁
70 克水
65 克無鹽黃油
2 顆無蠟檸檬（選擇性的）

註解

① 因為玉米澱粉或無麩質烘焙粉會使餡料變得混濁，並且破壞絲滑的口感，所以最好用大量的蛋黃來讓餡料濃稠和定型。

② 這個在烤箱裡的短暫時間，有助於使餡料定型、表面平坦，做出很平整的檸檬條，容易切開。

這裡的檸檬餡料需要先在爐子上煮好，以便減短使用烤箱的時間，而且保證做出從頭到尾的絲滑感——不會有邊緣烤過頭或中間沒烤熟的狀況。同時，牛油餅乾裡無麩質烘焙粉：黃油的比例，保證能做出好切的基底，而且夠酥脆，入口即化。如果你跟我一樣，不喜歡太酸的檸檬條，你可以依照自己的喜好來調整檸檬汁：水的比例（只要液體的總重量維持在 230 克）。

牛油餅乾基底

+ 把烤箱架調整到中間的位置，烤箱預熱到 180℃。在一個 20 公分的正方形烤模裡鋪上烘焙紙，紙要大到從邊緣懸出來（你才方便拿起烤好的檸檬條）。
+ 把無麩質烘焙粉、糖、黃原膠和鹽放到食物處理機的碗裡，按幾下快轉，把東西混合在一起。
+ 加入黃油，按快轉，直到充分混合，而且混合物裡有似麵包屑的小塊和較大的團塊。如果你把混合物捏在一起，它應該要能維持住形狀。
+ 倒到鋪著烘焙紙的烤模裡，用你的手指或玻璃、量杯底部把混合物壓成壓縮、平整的底層。
+ 大約烤 30 分鐘，或直到均勻地呈現焦黃色。從烤箱裡取出，趁基底冷卻時做檸檬餡料。

檸檬餡料

+ 把烤箱溫度調降到 160℃。
+ 把蛋、蛋黃、糖和鹽放到一只非反應鍋裡攪打，直到呈光滑狀。加入檸檬汁和水，再攪打至均勻為止。
+ 以中高火熬煮混合物 5-10 分鐘，直到明顯濃縮成像布丁般鬆軟的質地（大約 76-78℃）。
+ 從火源上移開，加入黃油和檸檬皮（如果有用的話），充分混合，直到黃油融化，混合物看起來光滑均勻。
+ 把檸檬內餡倒到溫熱的牛油餅乾基底上，表面要光滑平整，烤 12-15 分鐘，或直到邊緣有 2-3 公分寬的地方已經定型，但搖晃烤模時中央仍有晃動感。②
+ 把檸檬條留在烤模裡，於室溫下冷卻 1 小時，然後冷藏至少 3 小時，最好能冷藏一個晚上。等到冷卻定型後從烤模裡取出，撒上糖粉，切成 16 個正方形。

保存

以密封容器冷藏，可保存 3-4 天。

派＋塔

＋

酥皮點心

你應該知道……本章裡有些食譜會改變你的生活。唔，至少是你的飲食生活。也許只有我是這樣，但我發誓，當我第一口吃到焦糖洋蔥和櫻桃番茄餡餅（見 237 頁）時，我似乎眼眶都溼了。如果甜點再來份草莓鮮奶油塔（見 242 頁），我一定會無可救藥的淪陷。

我可以寫好多文章推崇以下每一篇食譜（我承認我是有點兒偏心），但是無麩質千層酥皮真的深得我心。有很長一段時間，我做的無麩質千層酥皮只是多一點點層次的千層派皮。別誤會，它不差——它的層次很棒，但是我想成為真正的高手，或是盡量做到。

加入磨碎的冷凍黃油。做出光滑的麵糰、低黃油量、透過一次次的摺疊融入磨碎的冷凍黃油，在今日已經不是酥皮界的新構想。事實上，這已經流行了好一陣子。不過基於某種理由，從前我從未把這種方法應用在無麩質千層酥皮上。

但是當我運用了這個方法之後（而且也經過一陣無濟於事的調整原料比例和摺疊次數），就好像有一個新的酥皮世界呈現在我眼前。這個新食譜所做出的成果——膨起、酥鬆、細緻、層次分明的酥皮，讓你咬下去的每一口都發出清脆的「咔嗞」聲——千層酥皮樣樣都很好，做起來又快又簡單……而且無麩質。（當我說快的時候：疊層過程只要 20 分鐘，厲害吧。）

這項發現讓我創造了一些真的很棒的新食譜，也簡化了其他的基本酥皮食譜。舉例來說，原味和巧克力牛油酥皮是（放到冰箱冷藏的步驟前）大約用 15 分鐘就可以準備好的簡易食譜。這一切都說明了：酥皮並不可怕，即使它是無麩質的。

本章裡派、塔＋酥皮點心的種類

本章裡所有的食譜用的都是這四種基本酥皮食譜的其中之一：全黃油千層派皮（202 頁）、蓬鬆千層酥皮（205 頁）、原味甜奶油酥皮（206 頁）和巧克力甜奶油酥皮（209 頁）。所有其他的食譜都是從這些基本酥皮開始，而且，因為一遍又一遍重複同樣的原料和操作指示 (a) 太可怕、(b) 太佔版面（我有太多有趣的事想說！），所以我將這些基本食譜分別寫成單獨的一篇，在需要用到的時候會指出來。它們的比例已經適當地調整好，你就不用根據食譜做一半或全部的量——不需要複雜的算術，只要在需要時分成兩分就行了。

分別去看這四個基本食譜還有另一個理由。提到酥皮，你常常心裡有個很想做的特定食譜，而唯一要轉換成無麩質的部分就是酥皮。你不用為了做這個派或那個塔而設法取得做獨門酥皮的資訊，我已經都幫你準備好了。（但願如此，這些優點遠勝過在做某個食譜時必須回頭多看幾頁的個別缺點——這是我在本書其他地方試著避免的事情。）

除了基本食譜以外，其他食譜也將範圍擴大到包含甜的、鹹的點心，選擇它們不僅是因為奇妙的味蕾饗宴而已，也因為幾乎每一個都援用了有趣的準備技術和方法，或是我真的覺得你應該要知道的科學趣聞。

你在看本章的時候可能很快就搞混了（有四種酥皮，有的有甜也有鹹），食譜是根據酥皮的種類來安排的，先從千層派皮開始，最後到巧克力奶油酥皮結束。在每一個類別裡，我們從甜的開始，到鹹的（如果有的話）結束。

小麥 VS 無麩質酥皮

奶油酥皮、千層派皮和蓬鬆千層酥皮除了可口之外，它們還有一項重要的功能，就是盛住你所選擇的餡料，以免漏得到處都是——也就是說，它們的角色在很大的程度上是結構性的。知道了這一點之後，而且考慮到麩質能為小麥烘焙產品提供結構和彈性，以及酥皮含有相當大量的麵粉（見表格 3，36 頁），就不意外無麩質對本章的產品比對布朗尼的衝擊更大。

幸好，問題很容易解決。我們所要做的就是在乾原料裡加一些適當的黃原膠。舉例來說，粉粉的、有點兒易碎的奶油酥皮所需的黃原膠，比千層派皮和蓬鬆千層酥皮需要的更少。

奶油酥皮在小麥和無麩質兩個版本中的差異相當大，千層派皮和蓬鬆千層酥皮還有更進一步的東西要考量——你添加的水。

一如我之前說過的（見 17 頁），無麩質烘焙粉比小麥麵粉的吸水力更強，意思就是，比起同樣的小麥烘焙產品，你需要在無麩質千層派皮和無麩質蓬鬆千層酥皮裡加更多的水。

但是如果你用了這兩個簡單的辦法——添加黃原膠和提高水分——你便能漂亮的處理酥皮（不會撕破或裂開）並且烤出完美的金黃色。

酥皮的結構

為了了解各種不同酥皮的準備方法，我們也需要清楚知道它們的結構，以及這些結構如何決定完成品的特質。

蓬鬆千層酥皮（見 205 頁）用來取代一般的千層酥皮，而且易於操作，自己組合可以比真正的「能手」更快、更簡單。疊層過程創造出相當分明的麵糰和黃油層——我說「相當分明」是因為它們並不像一般千層酥皮那樣平整，但是已經做得很好了。

蓬鬆千層酥皮的主要特色是它能夠在烤箱裡膨起，做出敞開式的薄片層狀結構，疊層法是其關鍵。當酥皮遇到烤箱的高溫時，黃油層裡所含的水分（大約佔黃油重量的 15-16%）迅速蒸發和膨脹，酥皮就膨起來了。同時，融化的黃油部分被麵糰層吸收，形成柔軟、層狀的酥皮。

全黃油千層派皮（見 202 頁）是蓬鬆千層酥皮沒明顯層狀和「膨起」、但比較結實的版本，最適合蘋果派等粗手工點心。派皮必須夠結實才托得住餡料，而且在切開的時候不會變得又溼又軟或

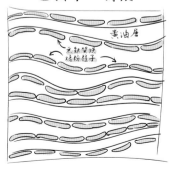

蓬鬆千層酥皮

黃油層

無麩質烘焙粉的粒子

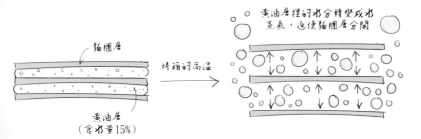

黃油層裡的水分轉變成水蒸氣，迫使麵糰層分開

麵糰層

烤箱的高溫

黃油層
（含水量15%）

蓬鬆千層酥皮的疊層法（黃油和麵糰層層交錯），影響了酥皮在烤箱裡的變化——對千層派皮也有較小程度的影響——因而形成膨起、分明的薄片層次。

散開來。此外，當酥皮盛著餡料放在烤箱裡或盲烤時，大幅膨起是沒必要的（也不可能）。

　　製做這種酥皮時，要把黃油拌到烘焙粉裡，但最後仍然有大塊的黃油。經過一連串的摺疊，就可以得到很基本的層次。這種疊層法的目的有三：

+　沒使用疊層法的酥皮會黏在一起，口感較硬，吃起來沒那麼順口——相反的，使用疊層法的酥皮層次分明又酥鬆。

+　額外的黃油—麵糰層讓酥皮剛好足以膨起，當做派的格子蓋時很漂亮。

+　每經過一次摺疊，酥皮就明顯地變得更光滑，更容易處理，也更不容易碎裂。

　　烘焙者常常用這種方法自製蓬鬆千層酥皮——就不用說有多酥鬆了（是超級酥鬆）。不過在我看來，它跟千層酥皮的層層薄片和膨起無法相比，所以我寧願用它來做派，那就很完美。

甜奶油酥皮（見 206 和 209 頁）是完全相反的東西。它沒有層層的薄片，在烤箱裡也絕不會膨起（除非有弄錯什麼了）。這種酥皮很香滑，有點鬆酥，但又夠結實，足以托住任何餡料，而且還有入口即化的酥脆口感。

　　當然，準備的方法也完全不同。它用的不是冰黃油，而是軟化的黃油——雖然跟做派皮一樣，依舊需要把它混拌到乾原料裡。不過，這裡不需要保留大塊的黃油，混合物最後的質地就像粗沙或麵包屑。但加上一顆雞蛋就能使混合物黏合成很好處理的麵糰。

千層派皮

黃油片

蒸麩雙烘焙粉粒子

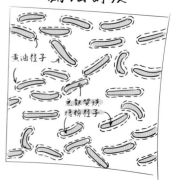

奶油酥皮

黃油粒子

蒸麩雙烘焙粉粒子

怎麼（什麼時候和為什麼）盲烤酥皮

在做派和塔的時候，盲烤是核心過程，所以不僅要知道怎麼烤，了解其時機和原因也是很重要的。

你應該盲烤酥皮的時候：

+ **當你不烤餡料時**，而是使用了預先煮好的餡料（例如 218 頁的檸檬蛋白霜派），或是用了不需要烹調的餡料（例如 246 頁熱巧克力塔裡的巧克力慕絲內餡）。在這種情況下，你需要盲烤酥皮，直到它完全熟透。
+ **你要添加的餡料很溼**：就像南瓜派一樣，或是你加到裡頭的餡料所需的烘焙時間比較短，才不會烤過頭。在這種情況下，你只需要部分盲烤酥皮，因為在填入餡料之後，它還要放回烤箱裡再烤一下。

你應不該盲烤酥皮的時候：

+ **你使用的是蓬鬆千層酥皮**——除非你做的是法式千層酥（見 352 頁）——因為壓緊酥皮很容易破壞做蓬層千層酥皮的目的。
+ **盲烤和烘焙加餡料的組合會乾掉、太焦或甚至使酥皮燒焦。** 最好的例子就是覆盆子奶油杏仁塔（見 241 頁），盲烤會造成難看的深褐色和乾燥的塔皮。這就是為什麼餡料要直接放入生酥皮、統統一起烤的原因。
+ **你做的是雙皮派**，不管頂層是格子狀或整片的蓋狀。當然，也有盲烤雙皮派的方法，但是可能稍微過分講究了。而且在任何情況下，如果你依照我的建議去避免又溼又軟的底層，盲烤雙皮派的底層就是不必要的。

既然你已經知道你應該（或不應該）盲烤的時機和原因，就讓我們來看看實際動手做的技術。先從把酥皮貼在你所選擇的烤模或派盤上開始，然後修剪邊緣，如果有必要的話還要在邊緣打摺。最好在處理前先稍微冷藏一下，可以讓酥皮定型、變硬，確保你在準備盲烤的時候不會弄壞它。

用叉子在冰好的酥皮上面到處戳洞——雖然在盲烤期間會用東西壓住它，但戳洞能防止酥皮膨起，因為酥皮裡會有留滯、無法排出的空氣或水分。接著，你要在酥皮裡鋪一張烘焙紙。

要用新裁下來的烘焙紙才能符合酥皮的大小，這有點像是惡夢。不過更糟的是，那個惡夢可能用烘焙紙彎曲處的尖角劃破你的酥皮。這就是為什麼你應該把烘焙紙揉皺的原因，讓它變得柔軟、具可塑性。

烤豆——或陳米

你在酥皮裡鋪好烘焙紙之後，你需要放一些東西壓住它，防止它膨起後又縮小，而沒貼住烤模，或是從烤模邊緣滑下來。你可以走花俏路線，使用陶瓷烤豆，不過我通常就用陳米。一粒米比一顆烤豆還小，意味著在把酥皮調整成烤模的形狀時，米的效果更好。把米倒到酥皮裡，一直滿到邊緣為止，然後輕壓，讓米跑進所有的邊邊角角裡。之後，那些米不能拿煮來吃，但是別扔掉——留下來，以後盲烤時可以重複使用。

在烤箱裡

就像你烤有餡料的派一樣，最好把烤架放在烤箱中間的位置、用預熱好的托盤或烤盤來盲烤派皮（熱熱的托盤或烤盤才能做出酥脆的派底，而且完全烤熟時邊緣不至於變得太焦）。

頭 18-20 分鐘先以 200℃烤派皮，直到你看到邊緣變成淡淡的金黃色。然後從烤箱裡拿出來，取出米或烤豆和烘焙紙。如果派皮要裝不用烤的餡料，就要單獨將派皮完全烤熟。如果是這樣的話，在取出烘紙和米或豆子後，把派皮放回烤箱裡，再烤 10-15 分鐘，直到看起來、摸起來和聽起來有脆脆的感覺。它應該有勻稱的焦黃色。如果你可以輕鬆地把它從派盤裡取出來，沒有任何沾黏、彎折或碎裂，它就是完美的盲烤派皮。

不過，第二次烘烤所帶來的不只是色澤美麗的酥脆派皮：額外的烘烤時間讓酥皮的外層表面乾透，幾乎密封住了，所以它不會吸收餡料的水分。還有一個額外的步驟（選擇性的）是，在放入烤箱前將派皮整個刷上蛋液，蛋液的作用就像封蠟一樣，可止防止任何水氣進入派皮。

從左下方開始，跟著箭頭往上然後往下檢閱摘要：如何正確地盲烤層層薄片的派皮，做出焦黃、酥脆、香滑的派（而且不會做出沒烤熟、又溼又軟的派底）。

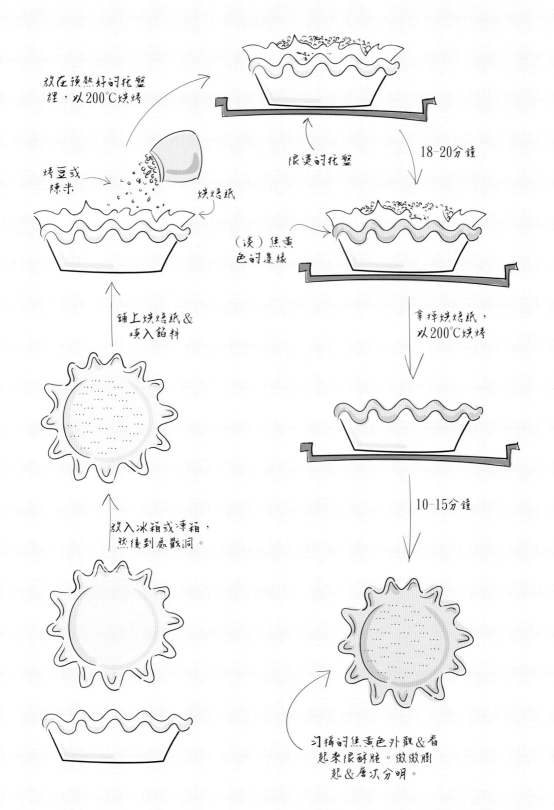

放在預熱好的托盤
裡，以200℃烘烤

很燙的托盤

18-20分鐘

烤豆或
陳米

烘焙紙

（淺）焦黃
色的邊緣

拿掉烘焙紙，
以200℃烘烤

鋪上烘焙紙&
填入餡料

10-15分鐘

放入冰箱或凍箱，
然後到處戳洞。

勻稱的焦黃色外觀&看
起來很酥脆。微微膨
起&層次分明。

做全黃油千層派皮＋蓬鬆千層酥皮的烤箱溫度

奶油酥皮和塔通常以180℃的溫度烘焙，而千層派皮和蓬鬆千層酥皮則適合以較高溫的200℃烘焙。因為酥皮酥鬆、易碎的結構仰賴於層次，所以選擇正確的烤箱溫度是一種平衡上的問題。

從一方面來看，溫度要夠高才能使黃油裡的水分在酥皮一放進烤箱後就迅速蒸發，創造出千層派皮或蓬鬆千層酥皮特有的膨起、層次和「虛胖」。另一方面，你要對抗無麩質酥皮容易變乾的特性，麵糰一旦乾掉就會定型，不再膨起。200℃的烤箱溫度剛好正中紅心──180℃太低，無法做出明顯的膨起和層次，220℃太高，容易乾掉，無法達到酥鬆易碎的怡人口感。

如何防止底層變得又溼又軟

如果有什麼可以毀掉一個派，那就是軟趴趴、溼漉漉的底層。這就是為什麼我要整理出一堆瑣碎的項目，教你防止悲劇發生的原因。以下是跟直接把餡料倒入未烤過的派皮裡有關的小訣竅（跟盲烤無關）。

1. **減少任何水果餡料的汁液。**不管是黑莓派（214頁）、蘋果派（210頁），也不管你用的是新鮮或冷凍的水果──餡料難免會釋放出許多汁液，而且你最不希望它發生在把派放進烤箱裡去烤的時候。濃縮和預煮餡料：把汁液濾出來，然後煮15分鐘左右，直到變成濃稠的糖漿，再加上水果和一些玉米澱粉使它變得更稠，才能穩固餡料。它的另一個好處是，所有的風味也濃縮在裡頭。

2. **把派放到烤箱下層。**聽著，派的頂層──尤其是刷過蛋液而且用200℃去烤──一定會一直烤到完美的香酥鬆脆。如果把派放到烤箱中下層的位置，對底層的成功也有幫助。烤好的派既有完美的頂層，也有深焦黃色的酥鬆底層。

3. **把派盤放到預熱好的托盤或烤盤上。**這個動作使派一放進烤箱裡就開始底層的烘烤，不用等到派盤的每邊都夠熱了才開始。這麼做的另一個好處是，托盤或烤盤也能接住可能因為沸騰起泡而溢出派盤的汁液。

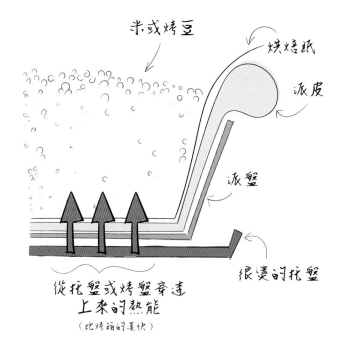

米或烤豆

烘焙紙

派皮

派盤

很燙的托盤

從托盤或烤盤穿透
上來的熱能

（比烤箱的還快）

防止底層「又溼又軟」的方法是，把派盤放到烤箱裡已預熱好的托盤或烤盤上。托盤的熱會穿透底層的派皮，讓派皮比只靠著烤箱的熱度更快變熟和酥脆。

4. **使用金屬派盤。**我知道 —— 這有爭議。許多烘焙師偏好玻璃或陶瓷派盤，因為烤的比較均勻。當然，玻璃的額外優點是你可以看到派皮，比較好掌控狀況。不過，玻璃和陶瓷都是熱的不良導體，破壞了第 2 點和第 3 點的作用。玻璃和陶瓷盤會減緩派底層的烘焙、變焦黃和酥脆的過程。較相之下，金屬派盤馬上就熱起來，立即啟動底層的烘烤，大幅降低派皮溼軟的可能性，即使是盛著水分很多的餡料（例如蘋果或莓果派）。話雖如此，如果你有喜歡的玻璃或陶瓷派盤，烤出的成品都很優質，底部沒有明顯的溼軟，當然可以盡情使用。

全黃油千層派皮

份數　1
準備時間　45 分鐘
冷卻時間　1 小時

---

375 克無麩質烘焙粉

2 大匙細砂糖（甜派皮）或 1 茶
　匙細砂糖（鹹的）

1½ 茶匙黃原膠

½ 茶匙鹽

250 克無鹽黃油，切成 1 公分的
　方塊，冷藏

150 克冷水①

註解

① 雖然大部分的小麥烘焙派皮
　食譜都遵照麵粉：黃油：水
　的 3-2-1 規則，但是由於無麩
　質烘焙粉的強大吸水力，所以
　無麩質版本需要的規則是 3-2-
　稍微大於 1。最適合本書裡的
　無麩質烘焙粉（見 21 頁）的
　比例是 3:2:1.2。其他烘焙粉所
　適用的比例可能不一樣。

② 因為留下的黃油塊相當大，麵
　糰剛開始（很不成功地）只
　靠水而結合起來，所以看起
　來又乾又易碎。不過，在你
　揉麵糰的時候，小部分的黃
　油會因你雙手的溫度而融化，
　有助於麵糰黏結在一起。

做出層次、香滑的完美派皮的祕訣在於使用黃油塊和摺疊麵糰，才能創造出層次的雛型。而這個步驟也使麵糰更易於處理，烤好的派皮層層酥鬆。在製做派皮的時候，你或許會想多加點水。要忍住：添加更多的水會使派皮咬不動。你只要一直揉，看著混合物變成漂亮的麵糰（見註解②）。這個食譜足夠做一個 23 公分的派的底層加上一個完整的上蓋。

+ 拿一只大碗，把無麩質烘焙粉、糖、黃原膠和鹽混合在一起。
+ 加入冰黃油，然後搖晃，直到每一塊都沾滿上述混合物。
+ 用手指擠壓每一塊黃油，做成黃油小薄片。在加入水之前，要確定每一塊黃油都被擠壓過。
+ 加入冷水，拿一支叉子或抹刀攪拌，直到混合物開始形成麵糰。加水之後的麵糰看起來仍然很乾——但不要再加水了。
+ 輕輕擠壓和揉製麵糰，把麵糰壓到碗邊，直到它結成一個表面粗糙的球，幾乎沒有乾硬的團塊（可能要花 5 分鐘）。②如果絕對有必要，而且 5 分鐘之後麵糰還沒有結在一起，就在最乾的地方灑一點點水。
+ 把麵糰壓成圓盤狀，用保鮮膜包起來，冷藏 30 分鐘左右，或直到用手指壓下去，感覺結實但不硬的程度。
+ 在工作枱表面撒上一層薄薄的烘焙粉，將麵糰擀開成 14 X 45 公分的長方形。把短邊轉到靠近你的地方，刷掉多餘的烘焙粉，然後像摺 A4 信紙那樣摺疊麵糰——把尾端往上摺三分之一，頂端往下摺三分之一，蓋在尾端上面。
+ 把麵糰旋轉 90 度（旋轉後的兩個開口，一個離你最近，另一個離你最遠）。擀成類似大小的長方形，重複摺疊的步驟。完成 4-6 回的摺疊步驟，得到的效果最好（次數愈多，層次愈多）。只要遇到麵糰變得太軟的時候，就放到冰箱裡冷藏 15-30 分鐘，然後再接著做。
+ 用保鮮膜將麵糰包起來冷藏至少 30 分鐘，或等到需要時再取用。（如果在使用前冷藏超過 1 小時，先在室溫下回溫 15-30 分鐘，讓它變柔軟。）

保存

冷藏 1 週，冷凍 2-3 週。使用前先讓麵糰在室溫下退冰至少 1 小時——如果用手指壓它，應該會留下一個凹口（但是摸起來的感覺相當結實，不會太軟）。

蓬鬆千層酥皮

份數　1
準備時間　30 分鐘
冷卻時間　30 分鐘

225 克無麩質烘焙粉
½ 大匙細砂糖
¾ 茶匙黃原膠
¼ 茶匙鹽
40 克無鹽黃油，軟化
100 克冷水
125 克無鹽黃油，冷凍，然後粗磨

我知道，自己做蓬鬆千層酥皮令人望之怯步，但是我真的建議你試一試。它十分可口，而且做起來簡單迅速的不得了。傳統千層酥皮的做法是把黃油塊包入麵糰裡，但蓬鬆千層酥皮用的是粗磨的冷凍黃油，只要用簡單的信紙摺法就能夠做到。這種做法讓黃油層更具延展性，而且在擀開的時候比較不容易破裂，但仍然能創造出均勻的層次，烤好後便形成很蓬鬆的層狀。摺疊六回能夠做出 486 層，比一般千層酥皮的 729 層只少一點點，但是成果仍然非常令人激賞。

+ 把無麩質烘焙粉、糖、黃原膠和鹽放到一只碗裡混合在一起。加入軟化的黃油，把它拌到乾原料裡。
+ 加入冷水，把原料揉成光滑、結實的麵糰。
+ 在撒上一層薄薄烘焙粉的枱面將麵糰擀成 14 X 45 公分的長方形。刷掉多餘的烘焙粉，把一半的凍冷黃油放到正方形中間三分之一的地方，對齊麵糰的兩邊，鋪均勻。
+ 開始摺疊，就像摺 A4 信紙一樣：把尾端往上摺三分之一，然後輕輕往下拍。
+ 刷掉多餘的烘焙粉，把另一半粗磨黃油放到摺上來的麵糰上，鋪平。把頂端三分之一的麵糰往下摺，蓋住黃油，輕輕往下拍。
+ 把麵糰旋轉 90 度（旋轉後的兩個開口，一個離你最近，另一個離你最遠）。用擀麵棍沿著麵糰在不同的地方輕壓數次，使黃油的分布更均勻。
+ 把麵糰擀成上述的長方形。刷掉多餘的烘焙粉，然後把尾端往上摺三分之一，頂端往下摺三分之一，蓋在尾端上面——信紙摺疊法。重複幾回，再擀開和摺疊 4 回（總共 6 回）。需要時，在枱面和擀麵棍上撒上薄薄的烘焙粉。如果酥皮的溫度變得太溫（而且黃油太軟），就用保鮮膜包起來冷藏 15-30 分鐘，然後再接著做。
+ 摺疊步驟完成後，用保鮮膜緊緊包住麵糰，冷藏至少 30-45 分鐘，或需要時再取用。（如果在使用前冷藏超過 1 小時，先在室溫下回溫 15-30 分鐘，讓它變柔軟。）

保存
冷藏 1 週，冷凍 2-3 週。使用前先讓麵糰在室溫下退冰至少 1 小時——如果用手指壓它，應該會留下一個凹口（但是摸起來的感覺相當結實，不會太軟）。

原味甜奶油酥皮

份數 1
準備時間 15 分鐘
冷卻時間 1 小時

225 克無麩質烘焙粉
¼ 茶匙黃原膠
¼ 茶匙鹽
70 克無鹽黃油，切成方塊後軟化
70 克糖粉
1 顆蛋，室溫

這個無麩質奶油酥皮的製做過程經過我的優化之後，能夠做出脆脆的酥皮，結實的程度足以撐住它的形狀和任何餡料，同時也酥鬆得入口即化。在把軟化的黃油拌入烘焙粉的過程中，會產生很微小的油包粉。再加上拌好黃油後才能加入糖，便製造出完美的甜奶油酥皮——做起來毫不費力。

+ 把無麩質烘焙粉、糖、黃原膠和鹽放到一只大碗裡，用叉子或木杓稍微攪拌一下，直到所有的原料都分布均勻。
+ 加入黃油，用手指把黃油揉到乾原料裡，直到地質變得像粗麵包屑或粗沙一樣。
+ 撒入糖粉，攪拌一下，直到混合均勻。
+ 加入蛋，攪拌到麵糰可以結成球狀。
+ 把麵糰倒到工作枱上，稍微揉一下，直到呈光滑狀。
+ 把麵糰壓成圓盤狀，用保鮮膜包起來，冷藏 1 小時或直到需要時再取用。如果冷藏超過 1 小時，在使用前先讓酥皮在室溫下軟化 10 分鐘。

保存

冷藏 3-4 天，冷凍 1-2 週。如果是用冷凍的，使用前先讓麵糰在室溫下退冰 30-45 分鐘——如果用手指壓它，應該會留下一個凹口（但是摸起來的感覺相當結實，不會太軟）。

巧克力甜奶油酥皮

份數　1
準備時間　15 分鐘
冷卻時間　15 分鐘

100 克黑巧克力（60-65% 的可
　可塊），切碎①
70 克無鹽黃油
220 克無麩質烘焙粉
10 克鹼性可可粉
½ 茶匙黃原膠
¼ 茶匙鹽
70 克糖粉
1 顆蛋，室溫

註解

① 在這個食譜裡我不建議使用
70% 以上的巧克力，因為做出
來的酥皮可能太乾，以致於容
易碎裂而不好處理。

② 把冰的巧克力黃油混合物一
直回溫到室溫非常重要——
用熱的或溫的混合物做出來
的酥皮容易碎裂，難以擀開和
放到派盤裡。

③ 因為酥皮含有巧克力（不只
是可可粉），所以在冰箱裡
當巧克力定型和結晶時，它
幾乎變成固態。即使在室溫
下過了 1 小時左右，若不揉製
的話它會易碎而不好擀開。
揉製會使麵糰重拾延展性（大
部分是因為你手掌的溫度使
巧克力軟化）。

這個變化版本的奶油酥皮在其領域裡佔有一席之地，因為它不只是
添加了可可粉而已。我拌入了大量的融化巧克力——把大量的巧克
力加到任何東西裡面，絕對能把東西變好吃一千倍，這是有科學根
據的。在此，巧克力提供深層、濃郁的美妙風味，而且提升了酥皮
的脆度。因為巧克力比黃油在冰箱裡更快結晶和固化，所以比起原
味酥皮，巧克力酥皮需要的冷藏時間更短，使用前退冰的時間更長。

+ 把巧克力和黃油放到一只耐熱碗裡，以平底深鍋隔水加熱。然
後從火源上移開，冷卻至室溫。②
+ 把無麩質烘焙粉、糖、黃原膠和鹽放到一只大碗裡，用叉子或
木杓稍微攪拌一下，直到所有的原料都分布均勻。
+ 加入融化的巧克力黃油混合物，混合均勻。
+ 撒入糖粉，攪拌一下，直到混合均勻。如果巧克力混合物變得
太結實，不容易攪拌，就用手指把糖粉拌進入。最後的質地應
該像粗麵包屑或粗沙。
+ 加入蛋，攪拌到麵糰可以結成球狀。
+ 把麵糰倒到工作枱上，稍微揉一下，直到呈光滑狀。
+ 把麵糰壓成圓盤狀，用保鮮膜包起來，冷藏 15-20 分鐘或直到
需要時再取用。如果冷藏超過 1 小時，在使用前先讓酥皮在室
溫下軟化 1-2 小時。在擀麵糰前先徹底揉製酥皮，直到酥皮重
拾延展性。③

保存

在冷藏室裡最多 2 天。（我不建議冷凍這種麵糰。）使用前先讓酥
皮在室溫下退冰幾小時——如果用手指壓它，應該會留下一個凹
口。在擀開前先徹底揉製。

焦糖蘋果派

份數　8-10
準備時間　1 小時 45 分鐘
（包括浸漬蘋果，不包括做派皮）
烹調時間　5 分鐘
冷卻時間　30 分鐘
烘焙時間　1 小時

1 份甜的全黃油千層派皮（見 202 頁）

7-8（大約 1.4 公斤）甜中帶酸、結實的可生食蘋果（例如粉紅佳人 Pink Lady、史密斯奶奶 Granny Smith 或布雷本 Braeburn）

4 大匙檸檬汁

200 克細砂糖

2 茶匙肉桂粉

1 茶匙薑粉

¼ 茶匙肉豆蔻（種籽）粉

25 克玉米澱粉

1 顆蛋，打散

1-2 大匙粗砂糖

香草冰淇淋，食用時搭配（選擇性的）

完美鬆酥薄脆的酥皮（包括頂層和絕不溼軟的底層），多汁的蘋果餡料釋放著縷縷的肉桂香……歡迎來到無麩質蘋果派的天堂！這個食譜的魔法來自於濃縮蘋果釋放出來的汁液（也濃縮了風味）和在餡料裡添加美妙的焦糖香氣。同時，這種做法去除了餡料裡的許多水分，大幅減少了底層溼軟的可能性。浸漬蘋果片也會使它們稍微軟化，讓你在派裡頭塞入更多的水果，並且減少烘焙時的縮幅。烘焙時間是經過優化的，能夠烤出外酥（派皮）內軟（蘋果）的焦黃色蘋果派，內餡毫不稀糊，只是一直誘惑你咬它一口。

+ 依照 202 頁的指示預製派皮麵糰。

+ 將蘋果削皮、去核、切成 4 瓣，再切成大約 5 公釐厚的片狀，放到檸檬汁裡搖晃（防止氧化和變成褐色）。加入細砂糖和香料，混合均勻。

+ 讓蘋果在室溫下浸漬 1-2 小時，直到稍微軟化和釋出汁液。在你開始組合派之前 30 分鐘，把蘋果倒入濾器或篩網中，下面用一只碗接著汁液。

+ 你會需要一個 23 公分的派模（4 公分深）。從冰箱或凍箱裡取出千層派皮麵糰，依照 202 頁的指示放在室溫下回溫（防止碎裂）。

+ 把收集到的蘋果汁倒到一只大平底深鍋裡，以中高火熬煮、濃縮，時時攪拌，直到呈糖漿狀（大約 5-10 分鐘）。做好後放到一旁降溫。

+ 把麵糰分成兩份，一大一小，比例大約是 4:6。

+ 在撒上薄薄一層烘焙粉的烘焙紙上，將小份的麵糰擀成 23 X 25 公分的長方形，大約 3 公釐厚。切成 10 條，每條寬 2.5 公分，長 23 公分，放到一旁待用。

+ 在撒上薄薄一層烘焙粉的烘焙紙或保鮮膜上，將大份的麵糰擀成大約 3 公釐厚的麵皮，然後切下一個直徑 30 公分的圓形。把圓形酥皮放到派模裡，要緊貼著底部和邊緣。留 2.5 公分的寬度懸在邊緣，修剪掉多出來的部分。

+ 把玉米澱粉加到蘋果片裡，搖晃，使粉沾裹均勻。

+ 把蘋果片倒入派皮裡，要層層緊貼，以減少烘焙時的縮幅和塌陷。在餡料上淋上稍微降溫的濃縮汁（如果變得太稠就重新加熱一下）。

+ 用酥皮條在餡料上方做出格狀的蓋子，做適當的修剪，要蓋住派皮的邊緣。
+ 把懸出來的酥皮往內摺，蓋住格狀蓋的邊緣。沿著邊緣摺出波紋：用非慣用手的大姆指和食指（形成一個 V 字形）擠壓酥皮，然後用慣用手的食指將酥皮輕輕壓入 V 字形裡。
+ 把派冷藏 30 分鐘左右。①
+ 在一個大托盤或烤盤裡鋪上一張大鋁箔紙，然後放到烤箱的中下層。烤箱預熱到 200℃。②
+ 等派冷卻後就刷上蛋液，然後撒上大量的粗砂糖。把派放入烤箱中的熱托盤或烤盤裡，大約烤 1 小時到 1 小時 15 分鐘，直到汁液起泡並且穿過格子蓋，而且餡料的溫度達到 90℃左右。如果派太快開始變焦，就用鋁箔紙蓋住（光亮面朝上），直到烤好為止（最後 5-7 分鐘拿掉鋁箔紙，做出來的頂層會特別酥脆）。
+ 食用前冷卻至少 4 小時，如果你想要的話，可以搭配一杓香草冰淇淋。③

保存

最好當天食用，但是你可以用廚房紙巾輕輕蓋住，最多保存 2 天。不要使用密封容器，因為這會使派皮大幅變軟。

註解

① 冷藏可以使派皮裡的黃油定型，有助於在烘焙時維持派皮的形狀，防止黃油滲漏，而且能做出完美酥鬆的派。

② 除了防止底層溼軟（見 200-201 頁），熱托盤或烤盤也能接住烘焙時沸騰起泡而溢出派盤的汁液。

③ 雖然溫熱的派很美味，不過餡料需要經過幾小時才會完全定型。餡料定型前是稀稀軟軟的，用刀切下去的時候會流得到處都是。

黑莓派

份數　8-10
準備時間　45 分鐘（不含派皮）
烹調時間　15 分鐘
冷卻時間　30 分鐘
烘焙時間　50 分鐘

1 份甜的全黃油千層派皮（見 202 頁）
900 克新鮮或冷凍的黑莓①
300-350 克細砂糖，視黑莓的甜度而調整
4 大匙檸檬汁
25 克玉米澱粉
1 顆蛋，打散
1-2 大匙粗砂糖
香草冰淇淋，食用時搭配（選擇性的）

做出派皮鬆脆又多汁、芳香的完美黑莓派，祕訣就在於預煮餡料——不管你用的是新鮮或冷凍的黑莓。預煮需要把黑莓煮到變軟、釋放出汁液，然後濾出汁液，濃縮成糖漿狀（熱的時候）或果醬狀（涼的時候）。這道程序把派皮變溼軟的可能性降到最低，將黑莓特殊的香氣濃縮起來，並且減少玉米澱粉的需求量（大量的玉米澱粉可能會稀釋風味，而且使餡料產生難聞的粉味或黏黏的質地）。你可以用這個方法煮別的漿果，或是櫻桃或杏子等核果也可以。

+ 依照 202 頁的指示預製派皮麵糰。
+ 你會需要一個 23 公分的派模（4 公分深）。從冰箱或凍箱裡取出千層派皮麵糰，依照 202 頁的指示放在室溫下回溫（防止碎裂）。
+ 把黑莓、細砂糖和檸檬汁放到一只平底深鍋裡，以中高火熱煮，直到黑莓軟化和釋出汁液。用篩子過濾黑莓，下面放一只碗接住汁液。把黑莓倒到一只碗裡，放到一旁。
+ 以中高火熱煮汁液，時時攪拌，直到變稠呈糖漿狀（大約 15 分鐘）。然後從火源上移開，放到一旁降溫。
+ 把玉米澱粉倒入整顆的黑莓裡，使粉均勻沾裹。然後倒入降溫的濃縮汁液裡，放到一旁待用。
+ 把麵糰分成兩份，一大一小，比例大約是 4:6。
+ 在撒上薄薄一層烘焙粉的烘焙紙上，將小份的麵糰擀成 23 X 25 公分的長方形，大約 3 公釐厚。切成 10 條，每條寬 2.5 公分，長 23 公分，放置一旁待用。
+ 在撒上薄薄一層烘焙粉的烘焙紙或保鮮膜上，將大份的麵糰擀成大約 3 公釐厚的麵皮，然後切下一個直徑 30 公分的圓形。把圓形酥皮放到派模裡，要緊貼著底部和邊緣。留 2.5 公分的寬度懸在邊緣，修剪掉多出來的部分。

+ 倒入黑莓餡料，鋪均勻。
+ 用酥皮條在餡料上方做出格狀的蓋子，做適當的修剪，要蓋住派皮的邊緣。
+ 把懸出來的酥皮往內摺，蓋住格狀蓋的邊緣。沿著邊緣摺出波紋：用非慣用手的大姆指和食指（形成一個∨字形）擠壓酥皮，然後用慣用手的食指將酥皮輕輕壓入∨字形裡。
+ 把派冷藏 30 分鐘左右。②
+ 在一個大托盤或烤盤裡鋪上一張大鋁箔紙，然後放到烤箱的中下層。烤箱預熱到 200℃。③
+ 等派冷卻後就刷上蛋液，然後撒上大量的粗砂糖。把派放入烤箱中的熱托盤或烤盤裡，大約烤 50-60 分鐘，直到汁液起泡並且穿過格子蓋，而且餡料的溫度達到 90℃ 左右。如果派太快開始變焦，就用鋁箔紙蓋住（光亮面朝上），直到烤好為止（最後 5-7 分鐘拿掉鋁箔紙，做出來的頂層會特別酥脆）。
+ 食用前冷卻至少 3-4 小時，如果你想要的話，可以搭配一勺香草冰淇淋。④

保存

最好當天食用，但是你可以用廚房紙巾輕輕蓋住，最多保存 2 天。不要使用密封容器，因為這會使派皮大幅變軟。

註解

① 看起來似乎很多，但是因為餡料是事先煮好的，所以你盡量塞多一點、緊一點，盡量減少烘烤時的縮幅，才能做出又高又漂亮的派。

② 冷藏可以使派皮裡的黃油定型，有助於在烘焙時維持派皮的形狀，防止黃油滲漏，而且能做出完美酥鬆的派。

③ 除了防止底層溼軟（見 200-201 頁），熱托盤或烤盤也能接住烘焙時沸騰起泡而溢出派盤的汁液。

④ 餡料需要經過長時間的冷卻才會定型。太快把派切開，軟稀的餡料會流得到處都是。

檸檬蛋白霜派

份數　8-10
準備時間　45 分鐘（不含派皮）
冷卻時間　4 小時 15 分鐘
烘焙時間　28 分鐘
烹調時間　6 分鐘

½ 份甜的全黃油千層派皮（見 202 頁）

檸檬餡料

190 克水
75 克檸檬汁
150-200 克細砂糖
25 克玉米澱粉
¼ 茶匙鹽
4 顆蛋黃
40 克無鹽黃油

瑞士蛋白霜

4 顆蛋白
150 克細砂糖
¼ 茶匙塔塔粉

這不是做檸檬蛋白霜派的傳統做法——傳統做法似乎只會讓你愈做愈錯，最後得到的不是稀糊的餡料就是水水的蛋白霜（結果你和派都被弄得狼狽不堪）。在這個版本裡，唯一要烤的東西是派皮。餡料完全用爐子烹調，才能保證它的穩定性，而且切口平整漂亮。頂層是瑞士蛋白霜，很容易打發，食用前用廚房噴槍烤一下就很完美了。成品具有經典檸檬蛋白霜派的十足風味和外觀……享受美味的派根本不用冒險。

派皮

+ 依照 202 頁的指示預製派皮麵糰。
+ 你會需要一個 23 公分的派模（3 公分深）。從冰箱或凍箱裡取出千層派皮麵糰，依照 202 頁的指示放在室溫下回溫（防止碎裂）。
+ 在撒上薄薄一層烘焙粉的烘焙紙或保鮮膜上，把麵糰擀成大約 3 公釐厚的麵皮，然後切下一個直徑 30 公分的圓形。把圓形酥皮放到派模裡，要緊貼著底部和邊緣。留 2.5 公分的寬度懸在邊緣，修剪掉多出來的部分。
+ 把懸出來的派皮收到派模裡，圍在派皮外緣。沿著邊緣摺出波紋：用非慣用手的大姆指和食指（形成一個 V 字形）擠壓酥皮，然後用慣用手的食指將酥皮輕輕壓入 V 字形裡。
+ 把派皮冷藏 15-30 分鐘。①
+ 把一個大托盤或烤盤放到烤箱的中下層，烤箱預熱到 200℃。
+ 等派皮冰好後就用叉子在底部到處戳洞，鋪上一張揉皺的烘焙紙，倒入烤豆或米。
+ 把派放入熱托盤或烤盤裡，大約烤 18-20 分鐘，直到邊緣變成淡淡的金黃色。
+ 把派皮從烤箱裡拿出來，取出米或烤豆和烘焙紙。把派皮再放回烤箱烤 10-15 分鐘，直到變得酥脆和呈焦黃色。
+ 把烤好的派皮留在模子裡，放到金屬架上，讓它完全冷卻。

檸檬餡料

+ 把水、檸檬汁、糖、玉米澱粉和鹽放到一只平底深鍋裡攪打，加入蛋黃，輕輕打散，直到充分混合。
+ 以中高火熬煮 4-5 分鐘，一直攪拌，直到混合物變稠且開始冒泡。然後再煮 2 分鐘，使勁地徹底攪拌。②
+ 從火源上移開，拌入黃油，混合均勻，直到融化。
+ 把餡料倒到冷卻的派皮裡，置於室溫下冷卻，然後放到冰箱裡冷藏至少 4 小時，最好能冷藏一整晚。

瑞士蛋白霜

+ 盡量在食用前才準備瑞士蛋白霜。把蛋白、糖和塔塔粉放到一只耐熱碗裡混勻，用平底鍋隔水加熱。不停攪拌，直到蛋白混合物達到 65℃，而且糖完全溶解。
+ 把混合物從火源上移開，倒到攪拌機的碗裡。用裝上打蛋器的升降式攪拌機或裝上兩個攪棒的手持式攪拌機，以中高速攪打 5-7 分鐘，直到體積大幅膨脹，形成挺立的尖角。
+ 把瑞士蛋白霜倒到冰的檸檬派上頭。用廚房噴槍稍微烤一下，即可切片食用。

保存

把填好餡料但沒放上瑞士蛋白霜的派用保鮮膜包起來冷藏，可保存 2 天。食用前再做蛋白霜和炙烤。

註解

① 冷藏可以使派皮裡的黃油定型，有助於在烘焙時維持派皮的形狀，防止黃油滲漏，而且能做出完美酥鬆的派。盲烤時在派裡鋪上一張烘焙紙，也有助於防止派皮受損。

② 為了做出玉米澱粉的整體稠度，一定要把餡料煮滾，並且讓它滾 1-2 分鐘左右。那是因為「澱粉凝膠化」（在過程中，澱粉分子之間的連結被破壞、分解，而與水結合，形成凝膠）需要 100℃ 以上的溫度（水的沸點是 100℃）。

翻轉蘋果塔

份數　6-8
準備時間　45 分鐘（不含派皮）
烹調時間　5 分鐘
烘焙時間　1 小時

½ 份甜的全黃油千層派皮（見 202 頁）

150 克細砂糖

50 克無鹽黃油

5-6 顆甜中帶酸、結實的可生食蘋果（例如粉紅佳人、史密斯奶奶或布雷本），削皮，去核，切成四瓣

鮮奶油或香草冰淇淋，食用時搭配（選擇性的）

註解

① 雖然蘋果汁和焦糖在烘焙時不太可能溢出來，但是我建議你把蘋果塔放到大托盤或烤盤裡，才能接住任何流出來的汁液，防止汁液在烤箱底部燒焦（使廚房充滿煙霧）。

② 我不建議把蘋果塔翻轉到盤子上之前等超過 10-15 分鐘，因為焦糖會開始冷卻、定型，使蘋果黏住派模。

我試過翻轉蘋果塔的各種準備方法（大部分跟準備蘋果派很像），而這一種是我最喜歡的。不僅不用手忙腳亂，還能做出令人垂涎三尺的成品。無蓋烘焙蘋果 25 分鐘，才能確保一些水分在進入派皮前先蒸發掉，剩下的汁液會濃縮成黏稠的美味糖漿。結果：派皮不溼軟，蘋果不軟糊——只有酥脆、層次分明的酥皮，柔軟的蘋果和香醇的焦糖。

+ 依照 202 頁的指示預製派皮麵糰。

+ 你會需要一個 23 公分的派模。把烤箱架調整到中間的位置，烤箱預熱到 180℃。從冰箱或凍箱裡取出千層派皮麵糰，依照 202 頁的指示放在室溫下回溫（防止碎裂）。

+ 把糖放到一只平底深鍋裡以中火加熱 5-8 分鐘，直到完全融化，呈深琥珀色。

+ 從火源上移開，加入黃油，攪拌到完全融化。然後把焦糖倒入派模裡。

+ 蘋果瓣面朝下地放在焦糖層上，以同心圓方式排列，從外圈排到裡圈，蓋住焦糖。蘋果瓣要彼此緊貼著，幾乎是擠在一起，因為在烘焙時蘋果瓣會縮小。

+ 把派模放到一個大托盤或烤盤裡，不要蓋上頂蓋，烤 25 分鐘。①蘋果瓣會釋放出一些汁液，並且稍微軟化。

+ 趁著烤蘋果的時候，把麵糰擀成大約 4 公釐厚的麵皮，切下一個比派盤稍大的圓形。把切下的圓形放回冰箱冷藏，待用。

+ 烤了 25 分鐘之後，取出派模，讓餡料在室溫下冷卻 10 分鐘左右——這樣能確保派皮不會因為接觸到熱蘋果和焦糖而變軟糊。

+ 然後在蘋果上方蓋上剛剛切下來的圓形，把邊緣塞進去，在中央弄個小洞或切口，有助於釋出烘焙時所產生的蒸氣。然後把派盤放回烤箱，烤 35-40 分鐘，或直到派皮膨起，頂部呈焦黃色。

+ 從烤箱中取出來，冷卻 10-15 分鐘。拿一個比派盤稍大一點的盤子蓋在上頭，然後翻轉過來，把蘋果塔倒在盤子上。②

+ 趁熱食用，如果你想要的話，可以加上鮮奶油或一杓冰淇淋。

保存

最好當天食用，但是你可以用廚房紙巾輕輕蓋住，最多保存 2 天。不要使用密封容器，因為這會使派皮大幅變軟。

蘋果＋扁桃仁烘餅

烘餅具有派的一切優點——層次分明、香滑、焦黃色的派皮和美味的內餡——但是不用手忙腳亂。這裡用不著派模，也不用做格子頂蓋或波紋，只要擀開麵糰，切下一張圓形，堆上餡料，摺入邊緣，刷上蛋液，然後放入烤箱就好了。這種烘餅的特色是餡料用了大量的蘋果薄片，排在以扁桃仁膏做的芳香可口的扁桃仁糊上，真的是天堂才有的美味。

份數　6-8
準備時間　45 分鐘（不含派皮）
冷卻時間　15 分鐘
烘焙時間　45 分鐘

½ 份甜的全黃油千層派皮（見202 頁）

扁桃仁糊

150 克扁桃仁膏
100 克杏仁粉
70 克無鹽黃油，軟化
3 大匙細砂糖
2 顆蛋黃，室溫

組合

3-4 顆紅色或粉紅色的可生食蘋果（例如粉紅佳人），去核，切成四瓣①
½ 顆檸檬汁
1 顆蛋，打散
20 克杏仁片
2 大匙粗砂糖

註解

① 雖然在這個食譜裡你可以用青蘋果（例如史密斯奶奶），不過，用帶著紅色、粉色，再加上幾抹黃色或橙色的蘋果會更漂亮。

+ 依照 202 頁的指示預製派皮麵糰。
+ 從冰箱或凍箱裡取出千層派皮麵糰，依照 202 頁的指示放在室溫下回溫（防止碎裂）。
+ 把做扁桃仁糊的所有原料放到食物處理機的碗裡或攪拌機裡，按下快轉，直到打成光滑的糊狀。放置一旁待用。
+ 把蘋果瓣（帶皮的）切成 3 公釐厚的薄片，切好後仍維持原本的瓣狀。淋上檸檬汁（防止氧化及變成褐色），放到一旁待用。
+ 在撒上薄薄一層烘焙粉的烘焙紙上，將麵糰擀成 3 公釐厚的麵皮，然後切下一個直徑 30 公分的圓形。把扁桃仁糊均勻地倒在上頭，邊緣留下 5 公分的寬度。
+ 把切成片的蘋果瓣排在扁桃仁糊上，盡量擠在一起。
+ 往內摺起酥皮的邊緣，蓋住蘋果，輕輕往下壓，封住。
+ 修剪掉多餘的烘焙紙，把烘餅連同烘焙紙一起放到一個大烤盤上。冷藏至少 15 分鐘。
+ 把烤箱架調整到中間的位置，烤箱預熱到 200℃。
+ 在冷卻的酥皮上刷上蛋液，撒上杏仁片和粗砂糖，烤 45-50 分鐘，或直到酥皮呈深焦黃色的酥脆狀。用一支大曲柄抹刀很小心地抬起酥皮，檢查它的底部——應該也呈現焦黃色。如果酥皮太快開始變焦，就用鋁箔紙蓋住烘餅（光亮面朝上），直到烤好為止。
+ 讓烘餅在烤盤上冷卻 10-15 分鐘，然後移到金屬架上完全冷卻。

保存

最好當天食用，但是你可以用廚房紙巾輕輕蓋住，最多保存 2 天。不要使用密封容器，因為這會使酥皮大幅變軟。

三重巧克力甜酥餅

份數　10
準備時間　1 小時（不含派皮）
烹調時間　5 分鐘
烘焙時間　2 X 22 分鐘

1 份甜的全黃油千層派皮（見
　202 頁），其中以 40 克鹼性
　可可粉取代 20 克無麩質烘焙
　粉①
1 顆蛋，打散
巧克力米，用於裝飾

巧克力乳脂內餡

75 克全脂牛奶
65 克細砂糖
35 克鹼性可可粉
¼ 茶匙鹽
125 克黑巧克力（60-70% 的可
　可塊），切碎
50 克無鹽黃油

巧克力糖霜

100 克糖粉
25 克鹼性可可粉
3-4 大匙水

註解

① 雖然可可粉是乾原料，但是它
　含有大量的脂肪（與無麩質
　烘焙粉不同，無麩質烘焙粉
　主要含的是澱粉和蛋白質）。
　所以我不建議用 1:1 的比率取
　代烘焙粉。

巧克力酥皮、巧克力乳脂內餡、巧克力糖霜和撒在頂層的巧克力米──超級多的巧克力！令人很難不愛上這些甜酥餅，而且製做的過程超有趣。還有，當你咔滋地咬下第一口鬆脆的酥皮時，美味的巧克力乳脂內餡就在你的味蕾上綻放開來⋯⋯你會第一口就愛上它。

巧克力乳脂內餡

+ 把牛奶、細砂糖、可可粉、鹽和一半的碎巧克力倒入一只平底深鍋裡，以中高火加熱，不時攪拌，直到巧克力融化。
+ 從火源上移開，加入黃油和剩下的巧克力，混拌到黃油和巧克力完全融化，你會看到呈現滑順光澤的混合物。（總計約 5 分鐘。）
+ 放到一旁待用。（冷卻後的內餡會稍微變得更結實些。）

組合甜酥皮

+ 依照 202 頁的指示預製酥皮麵糰。
+ 把烤箱架調整到中間的位置，烤箱預熱到 200℃。在兩個烤盤裡鋪上烘焙紙，從冰箱或凍箱裡取出千層派皮麵糰，依照 202 頁的指示放在室溫下回溫（防止碎裂）。
+ 把麵糰擀成厚度 3 公釐的麵皮，切下一張 38 X 40 公分的長方形。將長方形再切成 20 個 7.5 X 10 公分的小長方形。
+ 把一半的小長方形刷上蛋液，每個中央放上滿滿一大匙的餡料。把餡料稍微鋪開，周圍留下 2 公分寬的空白。
+ 把其餘的小長方形蓋在餡料上，用手指將邊緣封起來，然後用叉子做出波紋。
+ 在酥餅的頂部刷上蛋液，用刀子切出幾道讓蒸氣散逸的切口，然後把酥餅放到烤盤上。
+ 一次烤一盤，每盤大約 22-24 分鐘，直到酥餅膨起，且輕觸酥皮時感覺酥脆。放到金屬架上冷卻。

巧克力糖霜

+ 把糖粉和可可粉倒到一只碗裡混合均勻，加入水，每次 ½ 大匙，直到出現可以微微流動的糖霜，能在湯匙的背面裹上厚厚的一層。
+ 把糖霜倒在冷卻的酥餅上，然後撒上巧克力米。食用前放在室溫下定型 30 分鐘。

保存

以密封容器置於室溫下，可保存 3-4 天。

焦糖洋蔥＋西蘭花鹹派

這個素的鹹派含有許多美味的成分，但是真正讓它與眾不同的是焦糖洋蔥。焦糖洋蔥的甜味，與乳酪餡料優美地融合在一起。輕輕咬一口，你便可以感覺到層層酥脆的派皮，和柔軟的西蘭花。

份數　4-6
準備時間　45 分鐘（不含派皮）
烹調時間　13 分鐘
冷卻時間　15 分鐘
烘焙時間　1 小時

½ 份鹹的全黃油千層派皮（見 202 頁）
3 大匙橄欖油
3 顆紅洋蔥，切薄片
1 顆中型或 2 顆小型的西蘭花頭，切成一口的大小（料理前的重量大約是 250 克）
100 克切達乳酪絲
6 顆蛋，室溫
120 克全脂牛奶，室溫
鹽和胡椒，少許

註解

① 把酥皮壓到派盤的凹槽裡不過是個小細節，但是只花幾分鐘的工作會讓成品呈現更優質的美感。

② 由於蛋的用量很大，所以在烘焙時餡料有時候可能會大幅膨起，不過在冷卻 5-10 分鐘之後，又恢復成漂亮的平面了。

+ 依照 202 頁的指示預製派皮麵糰。
+ 你會需要一個 23 公分的波浪邊活動底派盤（大約 3.5 公分深）。從冰箱或凍箱裡取出千層派皮麵糰，依照 202 頁的指示放在室溫下回溫（防止碎裂）。
+ 把 2 大匙油倒入一只平底深鍋裡以中火加熱，放入洋蔥，以鹽和胡椒調味，煮 10-15 分鐘，直到軟化和產生焦糖色。放到盤子裡冷卻，待用。
+ 把剩下的油倒入原來的熱鍋裡，然後放入西蘭花和大約 2 大匙的水。用鹽和胡椒調味，蓋上鍋蓋，煮 3-5 分鐘，偶爾攪拌一下，直到西蘭花稍微軟化，但沒軟透。放到一旁冷卻，待用。
+ 在撒上薄薄一層烘焙粉的烘焙紙或保鮮膜上，將麵糰擀成大約 3 公釐厚的麵皮，然後切下一個直徑 28 公分的圓形。把這個圓形放到派盤裡，要緊貼著底部和邊緣。拿一支擀麵棍從派盤上滾過去，修掉多出來的部分。①放到冰箱裡冷藏至少 15 分鐘。
+ 拿一個大托盤或烤盤放到烤箱中下層的位置，烤箱預熱到 200℃。
+ 等派皮冰好後，用叉子在底部戳洞，鋪上一張揉皺的烘焙紙，然後倒入烤豆或米。
+ 把派皮放到熱托盤或烤盤上，烤 18-20 分鐘，直到邊緣呈現淡淡的金黃色。
+ 從派皮中取出烤豆或米和烘焙紙，把派皮放回烤箱，再烤 7-10 分鐘，直到呈現焦黃色，摸起來乾乾的。
+ 從烤箱中取出派皮，烤箱溫度調降為 180℃。
+ 把洋蔥和西蘭花混拌在一起，舀到派皮裡，鋪均勻。撒上切達乳酪，把蛋和牛奶加在一起打散，然後均勻地淋在餡料上。
+ 放入烤箱烤 35-38 分鐘，直到餡料稍微膨起，搖晃時不會晃動，表面呈焦黃色。②
+ 把派留在派盤裡冷卻 10-15 分鐘，然後取出來，切成小片，趁熱食用。

保存

最好在烤好後立即食用，或當天食用。或是用密封容器保存到隔天，食用前以微波爐加熱 30 秒。

烤奶油南瓜＋切達乳酪酥餅

份數 12
準備時間 45 分鐘（不含餅皮）
烘焙時間 45 分鐘＋2 X 30 分鐘
烹調時間 10 分鐘
冷卻時間 15 分鐘

1 份鹹的全黃油千層派皮（見 202 頁）
1 顆小型奶油南瓜，削皮，去籽，切成 1 公分的塊狀（大約 500 克）
3 大匙橄欖油
2 顆紅洋蔥，切片
50-75 克切達乳酪絲
2-3 枝百里香，摘下葉子
1 小撮肉豆蔻（種籽）粉
1 顆蛋，打散
綜合種籽（芝麻、葵花籽和南瓜籽），用於裝飾
鹽和胡椒，少許

打開字典查詢「療癒食物」，你應該（如果一切都正常的話）會發現這種奶油南瓜酥餅的圖片。層層鬆脆的酥皮與入口即化的南瓜餡料、焦糖洋蔥、切達乳酪是完美的組合。每一口都香氣四溢，讓人很難不再吃第二片（或許還想吃第三片）。

+ 依照 202 頁的指示預製派皮麵糰。
+ 把烤箱架調整到中間的位置，烤箱預熱到 200℃，在兩個大烤盤裡鋪上烘焙紙。
+ 把奶油南瓜和 1 大匙油、1 小撮鹽和胡椒放到一只大碗裡晃勻。把南瓜塊倒到鋪上烘焙紙的烤盤裡，鋪開，不要重疊。烤 45-60 分鐘，直到軟化和產生焦糖色。放到一旁冷卻，待用。
+ 從冰箱或凍箱裡取出千層派皮麵糰，依照 202 頁的指示放在室溫下回溫（防止碎裂）。
+ 把其餘的橄欖油放到一只平底深鍋裡，以中火加熱。加入洋蔥，以鹽和胡椒調味，煮到產生焦糖色（大約 10-15 分鐘）。從火源上移開，稍微冷卻一下。
+ 把烤好的南瓜塊放到一只碗裡輕輕壓碎，形成南瓜塊和南瓜泥的組合。拌入焦糖化洋蔥以及切達乳酪、百里香和肉豆蔻。用鹽和胡椒調味。
+ 把麵糰擀成 2-3 公釐厚的麵皮，切下一個 30 X 60 公分的長方形，然後再切成 24 個 7.5 X 10 公分的小長方形。
+ 把一半的小長方形刷上蛋液，每個中央放上 1½-2 大匙左右的餡料。把餡料稍微鋪開，周圍留下 2 公分寬的空白。
+ 把其餘的小長方形蓋到餡料上，用手指封住邊緣，然後用叉子做出波紋。把酥餅放到兩個烤盤裡（用剛剛烤南瓜的烤盤，換上新的烘焙紙），冷藏 15-20 分鐘。
+ 趁著冷藏酥餅時，將烤箱架調整到中間的位置，烤箱預熱到 200℃。
+ 在每個酥餅表層刷上蛋液，做出一道讓蒸氣散逸的切口，撒上綜合種籽。一次烤一盤，每盤大約 30-35 分鐘，或直到膨起、變脆和呈金黃色。放到金屬架上稍微冷卻，然後趁熱食用。

保存

最好在烤好後立即食用，或當天食用。或是用密封容器保存到隔天，食用前以微波爐加熱 30 秒。

杏子丹麥酥

份數　8
準備時間　45 分鐘（不含酥皮）
烹調時間　5 分鐘
冷卻時間　10 分鐘
烘焙時間　24 分鐘

1 份蓬鬆千層酥皮（見 205 頁）

奶油餡
250 克全脂牛奶
1 茶匙香草莢醬
3 顆蛋黃
75 克細砂糖
25 克玉米澱粉
25 克無鹽黃油

酥餅
16 個切半的糖漬杏子
1 顆蛋，打散
2 大匙杏子醬，加熱到呈軟稀狀
　（選擇性的），用於裝飾
糖粉，用於裝飾

註解
① 把蛋黃和糖攪打到呈光滑狀，這個方法叫做「打發」。糖會保護蛋裡的蛋白質，防止在烹調時形成團塊。

② 這個方法叫做調溫，能夠防止蛋黃結塊，這個混合物若是突然遇到熱牛奶就會結塊。調溫是在稀釋蛋黃的同時慢慢增加蛋黃的溫度，才能做出絲滑般的奶油餡。

在傳統上，這種杏子酥是用千層布里歐麵糰（又名丹麥酥）做的——不過這個用蓬鬆千層酥皮做的版本一樣好吃。帶有香草味的奶油餡、杏子和香濃鬆酥的酥餅，這種組合特別讓我想起小時候。它們使我的廚房聞起來像麵包店一樣，絕對是令人驚喜的額外收穫。

+ 依照 205 頁的指示預製酥皮麵糰。
+ 把烤箱架調整到中間的位置，烤箱預熱到 200℃，在一個烤盤裡鋪上烘焙紙。從冰箱或凍箱裡取出蓬鬆千層酥皮麵糰，依照 205 頁的指示放在室溫下回溫（防止碎裂）。
+ 把牛奶和香草莢醬放到一只平底深鍋裡，以中高火煮滾。趁煮牛奶的時候攪打黃蛋和糖，直到泛白。①加入玉米澱粉，攪打均勻。
+ 把熱牛奶緩緩倒入打散的黃蛋裡，持續攪打。②把混合物放回鍋裡，以大火加熱，持續攪打，直到變濃稠（大約 1 分鐘）。
+ 從火源上移開，拌入黃油，混合均勻，直到融化，然後讓它完全冷卻。期間偶爾攪拌，以免形成浮膜。
+ 把麵糰擀成 3 公釐厚的麵皮，切下一張 20 X 40 公分的長方形。把長方形分成 8 個 10 公分的正方形。
+ 把 2 大匙冷卻的奶油餡舀到正方形中央，然後放上 2 個切半的杏子（切面朝下）——一個在左上角，另一個在右下角。
+ 把左下角往中間摺，蓋住切半的杏子的一部分。將右上角刷上蛋液，往中間摺，與剛剛的摺角重疊，輕輕往下壓，封好。小心不要摺太緊，否則會把奶油餡擠出來。從外表應該看不到奶油餡，只看得到杏子。以同樣的方法製做另外 7 個酥餅，然後放到烤盤上，冷藏 10-15 分鐘。
+ 等酥餅冰好之後，在酥餅表層和杏子周圍可看到的邊緣刷上蛋液。
+ 烤 24-26 分鐘，直到膨起和呈現均勻的焦黃色，然後從烤箱裡取出，放到金屬架上冷卻。
+ 等酥餅冷卻之後，在表層刷上軟稀的杏子醬。如果你喜歡的話，可以撒上糖粉。

保存
最好當天食用，但是你可以用密封容器保存，最多 2 天。

草莓檸檬小餡餅

份數 6
準備時間 45 分鐘（不含餅皮）
烹調時間 5 分鐘
冷卻時間 10 分鐘
烘焙時間 20 分鐘

1 份蓬鬆千層酥皮（見 205 頁）

檸檬奶油餡

350 克全脂牛奶
½ 茶匙香草莢醬
4 顆蛋黃
100 克細砂糖
35 克玉米澱粉
35 克無鹽黃油
1 顆無蠟檸檬
4 大匙檸檬汁

組合

1 顆蛋，打散
12 顆草莓（6 顆切片，6 顆切半）
1 大匙檸檬汁
3-4 大匙細砂糖
25 克杏仁片，烘烤過

註解

① 相對高溫的 200℃ 烤箱溫度能夠使黃油層裡的水分迅速蒸發、膨脹，導致酥皮急速膨起、酥脆，當你一口咬下去時便發出誘人的咔滋聲。（參考 200 頁，你會知道為什麼溫度增加到 220℃ 不是個好主意。）

我一定要把這些可愛的小果子餡餅收錄在這本食譜裡——不只因為它們太好吃，也因為這篇食譜完美地彰顯了無麩質蓬鬆千層酥皮的香酥鬆脆。為這個小果子餡餅加分的還有散發檸檬芳香的奶油餡和糖漬草莓，這道甜點讓你享受到美味迸裂的驚喜。

檸檬奶油餡

+ 把牛奶和香草莢醬放到一只平底深鍋裡加熱，直到煮滾。一邊攪打蛋黃、糖和玉米澱粉。

+ 將熱牛奶緩緩倒入打散的黃蛋裡，繼續攪打。把這個混合物倒到平底深鍋裡，以大火加熱，持續攪打，直到變濃稠（大約 1-2 分鐘）。

+ 從火源上移開，拌入黃油和檸檬皮，直到黃油融化。放到一旁待涼，偶爾攪拌一下，以免形成浮膜。

+ 等到冷卻至室溫時，拌入檸檬汁，然後放到一旁待用。

酥皮基底

+ 依照 205 頁的指示預製酥皮麵糰。

+ 把烤箱架調整到中間的位置，烤箱預熱到 200℃。①在一個烤盤裡鋪上烘焙紙，從冰箱或凍箱裡取出蓬鬆千層酥皮麵糰，依照 205 頁的指示放在室溫下回溫（防止碎裂）。

+ 把麵糰擀成 3 公釐厚的麵皮，切下一張 30 公分的正方形。把正方形分成 6 個 10 X 15 公分的長方形，然後放到烤盤上。拿一把鋒利的刀在距離長方形外緣 1 公分處刻出一個 8 X 13 公分的內正方形，小心不要完全切穿。用叉子在內正方形裡到處戳洞，以防止烘焙時大幅膨起。冷藏 10-15 分鐘。

+ 待酥皮冰好，在周圍 1 公分寬的地方刷上蛋液。

+ 烤 20-24 分鐘，直到膨起，且邊緣呈現均勻的焦黃色。放到金屬架上冷卻。

+ 如果內正方形在烘焙時膨起太多，就用刀子沿著剛剛刻出的長方形邊緣切割，從中央輕輕壓下去，做出放奶油餡的空間。

組合小餡餅

+ 頂多在食用前 1 小時再組合小餡餅，否則檸檬奶油餡可能會使餡餅變得溼軟。

+ 把所有的草莓放到一只碗裡，然後加入檸檬汁和糖，混合均勻，浸漬 10 分鐘左右。

+ 把冷卻的奶油餡攪打到呈光滑狀，平均分給每一個小餡餅，在內長方形上平鋪均勻。放上草莓，淋上浸漬草莓的檸檬汁，再撒上杏仁片，盡快食用，或於 1 小時內食用完畢。

焦糖洋蔥＋櫻桃番茄小餡餅

份數 4
準備時間 45 分鐘（不含酥皮）
烹調時間 10 分鐘
冷卻時間 15 分鐘
烘焙時間 40 分鐘

1 份蓬鬆千層酥皮（見 205 頁）
4 大匙橄欖油
3 顆紅洋蔥，切薄片
1-2 大匙粗切碎的迷迭香、奧勒
　　岡和蘿勒葉
½ 大匙巴薩米克醋
36 顆櫻桃番茄
75 克切達乳酪絲
1 顆蛋，打散
芝麻，用於裝飾
鹽和胡椒，少許

註解

① 做出完美焦糖洋蔥的訣竅就
　　是時間、耐性、攪拌、觀察敏
　　銳的眼睛——以及豪邁的一
　　撮鹽巴。一開始先加入鹽巴，
　　可以減緩收乾水分時變焦的
　　速度，而且使風味更濃郁、
　　更完美地焦糖化。記住：焦
　　糖洋蔥不只是變焦的洋蔥而
　　已——而且又軟又甜，入口
　　即化。

② 冷藏可以使酥皮裡的黃油定
　　型，確保酥皮在烘焙時大幅膨
　　起，形成美味酥鬆的餅皮。

這些鹹塔好吃的令你屏息。從切達乳酪和焦糖洋蔥中央的多汁櫻桃番茄，到香濃、酥脆的焦黃色蓬鬆千層酥皮，每一口的風味和口感都令人滿足。

+ 依照 205 頁的指示預製酥皮麵糰。
+ 在一個烤盤裡鋪上烘焙紙，從冰箱或凍箱裡取出蓬鬆千層酥皮麵糰，依照 205 頁的指示放在室溫下回溫（防止碎裂）。
+ 在煎鍋裡以中火加熱 2 大匙橄欖油，放入洋蔥，用鹽和胡椒調味，煮 10-15 分鐘，不時攪拌，直到軟化和呈現焦糖色。①
+ 等到洋蔥轉為焦糖色之後，立即從火源上移開，拌入香草，然後稍微冷卻。
+ 把剩下的橄欖油和巴薩米克醋倒入一只大碗裡，用鹽和胡椒調味。加入櫻桃番茄後晃勻，使每顆番茄完全裹上醬汁。
+ 把麵糰擀成 3 公釐厚的麵皮，切下一張 32 公分的正方形。把正方形分成 4 個 16 公分的正方形，然後放到鋪著烘焙紙的烤盤上。
+ 把焦糖洋蔥勻分到每個正方形上，周圍留下 2 公分寬的空白。在每個正方形上放上切達乳酪絲和 9 顆裹著醬汁的櫻桃番茄（碗裡的油醋醬留下來待用）。把酥皮的四角往內摺，稍微蓋住最外緣的番茄。冷藏 15-20 分鐘。②
+ 趁冷藏酥皮的時候，把烤箱架調整到中間的位置，烤箱預熱到 200℃。
+ 在酥皮邊緣刷上蛋液，將芝麻撒在餡餅上。送入烤箱前，在餡料上點灑剛剛留下的油醋醬。
+ 大約烤 40-45 分鐘，或直到酥皮邊緣膨起，呈焦黃色，而且番茄變軟、破裂。
+ 放到金屬架上稍微冷卻，即可食用。

乳酪麻花

份數　25
準備時間　45 分鐘（不含酥皮）
冷卻時間　15 分鐘
烘焙時間　2 X 15 分鐘

1 份蓬鬆千層酥皮（見 205 頁）
1 顆蛋，打散
75-100 克帕馬森乾酪絲
一撮卡宴辣椒（選擇性的）

註解

① 兩股交纏除了好看之外，在烘焙時也不會彎曲，能夠做出筆直的乳酪麻花。

② 冷藏可以使酥皮裡的黃油定型，確保酥皮在烘焙時大幅膨起，形成美味酥鬆的餅皮。

有濃濃乳酪和黃油香的酥脆乳酪麻花，是很棒的小點心或晚宴開胃菜。把兩股酥皮相互纏繞（不是單股自己纏繞自己），就能夠輕鬆做出漂亮的麻花辮。把酥皮編成辮子只要花一點點額外的力氣，但成品看起來更整齊、優美，就像乳酪口味的可口金色麻花。

+ 依照 205 頁的指示預製酥皮麵糰。
+ 把烤箱架調整到中間的位置，烤箱預熱到 200℃，在兩個烤盤裡鋪上烘焙紙。從冰箱或凍箱裡取出蓬鬆千層酥皮麵糰，依照 205 頁的指示放在室溫下回溫（防止碎裂）。
+ 把麵糰擀成 2 公釐厚的麵皮，切下一張 23 X 50 公分的長方形，刷上蛋液，均勻地撒上一半帕馬森乾酪絲。用手掌輕輕往下壓，使乳酪黏在麵皮上。
+ 把麵皮翻轉過來，讓有乳酪的那一面朝下。（如果你覺得這個大小的麵皮不好翻轉，就切成兩張 23 X 25 公分的長方形，然後個別處理。）把另一面也刷上蛋液，撒上其餘的帕馬森乾酪絲。
+ 把麵皮切成 8-10 公釐寬和 23 公分長的條狀——最後應該有 50 條。拿兩條扭轉在一起，盡量讓它們躺平在桌面上。①
+ 以相同的方法處理其餘的長條，總共做出 25 個乳酪麻花。然後放到鋪著烤盤紙的烤盤上，冷藏 15-20 分鐘。
+ 一次烤一盤，每盤 15-20 分鐘，或直到膨起和呈現深焦黃色。②放到金屬架上冷卻，即可食用。

保存

最好當天食用，但是你可以用密封容器保存，最多 2 天。

覆盆子杏仁塔

份數　10-12
準備時間　45 分鐘（不含塔皮）
冷卻時間　15 分鐘
烹調時間　5 分鐘
烘焙時間　45 分鐘

1 份甜奶油酥皮（見 206 頁）

杏仁奶油餡

150 克無鹽黃油，軟化
200 克細砂糖
1 茶匙香草莢醬
2 顆蛋，室溫
1 顆蛋黃，室溫
200 克杏仁粉
100 克無麩質烘焙粉

組合

200 克覆盆子果醬
1 大匙檸檬汁
150-200 克覆盆子
30 克杏仁片

註解

① 用最低速攪打杏仁奶油餡，
　拌入的空氣最少（避免手動
　攪打也是基於同樣的理由）。
　被包在裡頭的氣泡會使餡料
　在烘焙時膨脹，使質地變得
　鬆散。如果你沒有升降式攪
　拌機，就拿一支木杓或抹刀，
　用手攪打。

② 濃縮覆盆子果醬會去除很多
　水分，使果醬不容易在烘焙時
　在杏仁奶油餡裡沸騰、冒泡。

這個承襲貝克威爾塔風貌的覆盆子杏仁塔，用新鮮覆盆子點綴在杏仁奶油餡上。覆盆子有吸睛的鮮明色調，酸酸的滋味中和了杏仁奶油餡的甜度。你不用盲烤塔皮——在長時間的烘焙下，當餡料達到剛好軟黏、溼潤的程度時，塔皮一定已烤得酥脆、香濃了。

杏仁奶油餡

+ 使用裝上攪棒的升降式攪拌機，設定在最低速，把黃油、糖和香草莢醬充分混合在一起。①
+ 趁攪拌機仍在運轉的時候加入蛋，一次一顆，然後是蛋黃，每加入一次就先攪拌均勻，直到混合物呈光滑狀。
+ 加入杏仁粉無麩質烘焙粉，混合均勻。放置一旁待用。

組合

+ 依照 206 頁的指示預製酥皮麵糰。
+ 你會需要一個 23 公分的波浪邊活動底派盤。把酥皮麵糰放在室溫下回溫，然後在撒上一層薄薄烘焙粉的枱面將麵糰擀成大約 3 公釐厚、比派盤直徑大 4 公分的圓形。（如果酥皮有點兒易碎的樣子，就先稍微揉一下。）
+ 把酥皮放到派盤裡，要緊貼著底部和邊緣。拿一支擀麵棍從派盤上滾過去，修掉多出來的部分，然後輕壓酥皮，使它貼緊波浪狀的凹陷邊緣。冷藏至少 15 分鐘。把烤箱架調整到中間的位置，放入一個鋪上烘焙紙的烤盤，將烤箱預熱到 180℃。
+ 用一只平底深鍋加熱覆盆子果醬和檸檬汁，直到呈軟稀狀。用篩子濾掉混合物裡的籽，然後倒回平底鍋裡以中高火煮 5 分鐘左右，稍微濃縮——結果應該又黏又稠。②從火源上移開，冷卻至室溫。
+ 把冷卻、變濃稠的覆盆子果醬均勻地倒在塔皮底部，把杏仁奶油餡舀到果醬上，將表面抹平。把新鮮的覆盆子放到杏仁奶油餡上，輕輕壓進餡料裡。均勻地撒上杏仁片。
+ 把塔放到熱熱的烤盤上烤 45-50 分鐘，或直到呈焦黃色，而且輕輕搖晃派盤時感覺不到晃動，餡料已經定型。如果表面（在餡料烤熟前）太快變焦，就蓋上一張鋁箔紙（光亮面朝上），直到烤好為止。
+ 把塔留在派盤裡冷卻 15-20 分鐘，然後取出，放到金屬架上完全冷卻。

保存

以密封容器置於室溫下可保存 3-4 天。

草莓＋鮮奶油塔

份數　10-12
準備時間　1 小時 30 分鐘（不含塔皮）

冷卻時間　8 小時 15 分鐘
烘焙時間　2 小時 25 分鐘
烹調時間　10 分鐘

1 份甜奶油酥皮（見 206 頁）

香草奶油餡

325 克全脂牛奶
1 茶匙香草莢醬
4 顆蛋黃
100 克細砂糖
35 克玉米澱粉
35 克無鹽黃油
250 克重乳脂鮮奶油或打發鮮奶油，冷藏
75 克糖粉，篩過

組合

500 克草莓，部分整顆的，部分去蒂，切厚片
50 細砂糖
2 大匙檸檬汁
300 克重乳脂鮮奶油或打發鮮奶油，冷藏
100 克糖粉，篩過

烤蛋白糖

（30 份）
2 顆蛋白
75 克細砂糖
¼ 茶匙塔塔粉

兩個詞：夏季，精采表演。這個塔的基礎是草莓加鮮奶油的英式經典結合，再加上伊頓混亂（草莓、蛋白霜和鮮奶油霜）。除了令人口水直流的香氣，這個水果塔還讓你體驗新奇的口感——香草奶油餡和鮮奶油霜搭配酥脆的奶油酥皮，再加上烤蛋白糖的清脆咔滋聲。

塔皮

+ 依照 206 頁的指示預製酥皮麵糰。
+ 你會需要一個 23 公分的波浪邊活動底派盤。把烤箱架調整到中間的位置，放入一個大托盤或烤盤，將烤箱預熱到 180℃。
+ 在撒上一層薄薄烘焙粉的枱面將麵糰擀成大約 3 公釐厚的圓形。（如果酥皮有點兒易碎的樣子，就先揉一下讓它變柔軟。）麵皮應該比派盤直徑大 4 公分（要計入邊緣的高度）。
+ 把酥皮放到派盤裡，要緊貼著底部和邊緣。拿一支擀麵棍從派盤上滾過去，修掉多出來的部分，然後輕壓酥皮，使它貼緊波浪狀的凹陷邊緣。①冷藏至少 15 分鐘。
+ 用叉子在冰好的塔皮底部戳洞，裡面鋪上一張揉皺的烘焙紙，然後倒入烤豆或米。
+ 把塔皮放到熱托盤或烤盤上烤 15 分鐘，然後取出烤豆或米和烘焙紙，把塔皮放回烤箱，再烤 10-15 分鐘，直到呈現均勻的焦黃色，稍微乾縮。
+ 讓塔皮在派盤裡完全冷至室溫，放到一旁待用。

香草奶油餡

+ 把牛奶和香草莢醬放到一只平底深鍋裡，以中高火煮滾。趁煮的時候攪打蛋黃和糖，直到呈泛白、光滑狀，然後加入玉米澱粉，混合均勻。②
+ 把熱牛奶緩緩倒入黃蛋混合物裡，持續攪打。③把混合物放回鍋裡，以大火加熱，持續攪打，直到變濃稠（大約 1-2 分鐘）。
+ 從火源上移開，拌入黃油，攪打至黃油融化，而且奶油餡呈現滑順的光澤。
+ 讓奶油餡完全冷卻，偶爾攪拌一下，以免形成浮膜。④
+ 用裝上打蛋器的升降式攪拌機或裝上兩個攪棒的手持式攪拌機攪打鮮奶油和糖粉，直到可以形成軟軟的尖角。
+ 以快轉攪打冷卻的奶油餡，直到呈現滑順的光澤，然後拌入剛剛打發的鮮奶油霜，混合均勻。放到一旁待用。

第一階段組合

+ 用食物處理機把 300 克的草莓加細砂糖和檸檬汁打成泥，直到滑順沒有顆粒。用篩子濾掉混合物裡的籽，然後倒入平底鍋裡。
+ 以中高火加熱 5 分鐘左右，不時攪拌，濃縮汁液，直到變得稍微黏稠些。你需要的是黏稠、可流動的質地（可以從湯匙上滴下來），但不像果醬那麼稠。讓它完全冷卻。
+ 把草莓濃縮汁點灑到香草奶油餡裡，稍微拌幾下，做出波紋的效果。
+ 把這個奶油餡放到塔皮裡，表面抹平，冷藏至少 8 小時，但最好能冷藏一個晚上。趁冷藏奶油餡的時候準備烤蛋白糖。

烤蛋白糖

+ 把烤箱架調整到中下的位置，烤箱預熱到 100℃，在兩個烤盤裡鋪上烘焙紙。
+ 把蛋白、糖和塔塔粉放到一只耐熱碗裡混合均勻，以平底鍋隔水加熱。一直攪拌，直到蛋白霜混合物達到 65℃，而且糖完全溶化。⑤
+ 把混合物倒到裝上打蛋器的升降式攪拌機或裝上兩支攪棒的手持式攪拌機的碗裡，以中高速攪打 5-7 分鐘，直到可以形成有光澤的挺立尖角。
+ 放到裝有星形擠花嘴的擠花袋裡，在鋪著烘焙紙的烤盤上擠出 3.5-4 公分的星形蛋白霜，間距 1 公分（大約能做出 30 個烤蛋白糖——多的可以放在密封容器裡保存 2 週）。或者，你也可以擠成 7.5 公分的巢狀或 1 公分的星形蛋白糖。
+ 烤 2-2½ 小時，或直到你可以把烤蛋白糖拿起來，不會黏在烘焙紙上，也不會碎裂。當你輕敲烤蛋白糖的時候，聽起來應該是空心的。
+ 把烤蛋白糖放在烤箱裡冷卻，關上門。之後從烤箱中取出來，放到密封容器裡待用。

第二階段組合

+ 把奶油塔從派盤裡取出來，想吃之前再裝飾（烤蛋白糖一旦接觸到奶油和草莓裡的溼氣便很快軟化）。攪打鮮奶油和糖粉，直到可以形成軟軟的尖角。
+ 把打好的鮮奶霜油倒到冷卻的奶油塔上，用剩下的草莓和烤蛋白糖做裝飾。立即食用。

註解

① 把酥皮壓到派盤的凹槽裡不過是個小細節，但是只花幾分鐘的工作會讓成品呈現更優質的美感。

② 把蛋黃和糖攪打到呈光滑狀，這個方法叫做「打發」。糖會保護蛋裡的蛋白質，防止在烹調時形成團塊。

③ 這個方法叫做調溫，能夠防止蛋黃結塊，這個混合物若是突然遇到熱牛奶就會結塊。調溫是在稀釋蛋黃的同時慢慢增加蛋黃的溫度，才能做出絲滑般的奶油餡。

④ 你可以用比較傳統的方法，在奶油餡的表面蓋上一張保鮮膜。不過，我發現攪打就足以防止浮膜形成，你不需要浪費黏在保鮮膜上的奶油餡。

⑤ 用瑞士蛋白霜做烤蛋白糖，就不用擔心蛋白未加熱或煮熟的問題。這種蛋白霜很穩定，能夠做出漂亮的形狀，乾透之後就是咬起來清脆、入口即化的烤蛋白糖。

熱巧克力塔

份數　10-12
準備時間　1 小時（不含塔皮）
冷卻時間　4 小時 15 分鐘
烘焙時間　20 分鐘

1 份巧克力甜奶油酥皮（見 209 頁）

巧克力餡料

300 克黑巧克力（大約 60% 的可可塊），切碎
400 克重乳脂鮮奶油，冷藏

瑞士蛋白霜

3 顆蛋白
150 克細砂糖
¼ 茶匙塔塔粉

這是從熱巧克力與塔的奇遇中蹦出的視覺、味覺雙享的美味甜點。盲烤的塔皮填上融合慕絲與甘納許口感的巧克力餡，頂層的烤瑞士蛋白霜讓一切都很圓滿——因為，畢竟熱巧克力（塔）怎麼能少了棉花糖呢？

塔皮

+ 依照 209 頁的指示預製酥皮麵糰。
+ 你會需要一個 23 公分的波浪邊活動底派盤。把烤箱架調整到中間的位置，放入一個大托盤或烤盤，將烤箱預熱到 180℃。
+ 從冰箱裡取出巧克力甜奶油酥皮的麵糰，依照 209 頁的指示放在室溫下回溫。稍微揉一下麵糰，使它的質地均勻，且更具延展性。
+ 在撒上一層薄薄烘焙粉的枱面將麵糰擀成大約 3 公釐厚的圓形，麵皮應該比派盤直徑大 4 公分，要計入邊緣的高度。
+ 把酥皮放到派盤裡，要緊貼著底部和邊緣。拿一支擀麵棍從派盤上滾過去，修掉多出來的部分，然後輕壓酥皮，使它貼緊波浪狀的凹陷邊緣。①冷藏至少 15 分鐘。
+ 用叉子在冰好的塔皮底部戳洞，裡面鋪上一張揉皺的烘焙紙，然後倒入烤豆或米。
+ 把派皮放到熱托盤或烤盤上烤 15 分鐘，然後取出烘焙紙和烤豆或米，把派皮放回烤箱，再烤 10-15 分鐘，直到派皮摸起來硬脆，稍微乾縮。
+ 讓派皮在派盤裡完全冷至室溫，放到一旁待用。

巧克力餡

+ 把切碎的黑巧克力放到一只耐熱碗裡。
+ 在一只平底深鍋裡倒入 240 克的重乳脂鮮奶油，煮到快要沸騰的狀態。把鮮奶油倒到巧克力上頭，②等待 3-4 分鐘再開始攪拌，直到形成滑順、有光澤的甘納許。然後放到一旁降溫。
+ 用另一只碗攪打 160 克的重乳脂鮮奶油，直到剛好可以形成挺立的尖角。③
+ 把打好的鮮奶油倒到冷卻的甘納許上，混合均勻。
+ 把巧克力餡倒入冷卻的塔皮裡，將表面抹平，用曲柄抹刀或湯匙的背面做出漩渦狀。
+ 冷藏至少 4 小時，或直到餡料完全定型、結實。

瑞士蛋白霜

+ 盡量在食用前才準備瑞士蛋白霜。
+ 把蛋白、糖和塔塔粉放到一只耐熱碗裡混勻，用平底鍋隔水加熱。不停攪拌，直到蛋白混合物達到 65℃，而且糖完全溶解。
+ 從火源上移開，用裝上打蛋器的升降式攪拌機或裝上兩個攪棒的手持式攪拌機以中高速攪打 5-7 分鐘，直到體積大幅增加，可以形成挺立的尖角。在把蛋白霜鋪到巧克力慕絲餡上之前，要確定蛋白霜已降至室溫。
+ 從派盤中取出冰好的巧克力塔，把瑞士蛋白霜倒到上頭，用廚房噴槍烤一下。然後拿一把鋒利的刀浸在熱水裡，再用來切塔，即可食用。

保存

以密封容器冷藏，可保存 3-4 天。

註解

① 把酥皮壓到派盤的凹槽裡不過是個小細節，但是只花幾分鐘的工作會讓成品呈現更優質的美感。

② 你可以變改甘納許裡的重乳脂鮮奶油用量，並且將重乳脂鮮奶油攪打到形成挺立的尖角（總重量不變），這樣可以微調巧克力餡的質地。增加甘納許中的重乳脂鮮奶油，會使餡料更稠密，接近松露的感覺，而增加打發鮮奶油的用量會做出較蓬鬆、輕盈、類似慕絲的效果。

③ 餡料用的是 60% 的可可塊的巧克力，我覺得它夠甜。不過，如果你想增加甜味，就在重乳脂鮮奶油裡加入 50-100 克的糖粉攪打，再拌入甘納許裡頭。

麵包

麵包，是無麩質烘焙的聖杯。

如果我要你立刻告訴我，你認為有沒有可能做出嚐起來、感覺起來和聞起來都像普通麵包的無麩質麵包，你會怎麼回答？（不可以翻到後面偷看。）

也許，你會給一個抱持懷疑的答案（而且信心十足）：「沒錯。」但我要告訴你，你錯了。在這一章裡，你會看到就像處理一般麵包麵糰的無麩質麵包食譜，經過兩輪的發酵，然後做出酥脆、焦糖色的外皮，以及柔軟、有彈性的孔洞組織。就像普通麵包一樣。

不過，別誤會。如果你比較一普通麵包和無麩質麵包食譜，你會發現許多（很重要的）差異——一個主要的差異是，普通麵包仰賴的長時間揉製，「培養」麩質，使麵糰產生特有的彈性和延展性，才有了之後一切的結果。所以很顯然，對無麩質麵包來說那是不可能的。

但是這裡有一個很重要的轉折點：只要略施袖裡乾坤，你就可以複製所有你喜愛的美味麵包，即使是無麩質的。從香脆的工匠麵包和柔軟的三明治麵包，一直到讓人欲罷不能的肉桂捲和炸甜甜圈——有了本章裡的食譜和科學的幫助，一切都有可能，什麼都能做到。最好的部分是什麼？它一點兒也不難。

本章裡的麵包種類

　　就像本書的其他部分一樣，在講到麵包的時候，我真的希望你對無麩質烘焙世界能做到什麼有些概念。本章涵蓋了：

+ 　大塊麵包，用模具烘焙，或「無模具形式」
+ 　小餐包和麵包捲
+ 　其他麵糰製品，像是薄餅和披薩麵糰
+ 　胖麵糰（布裡歐類型）

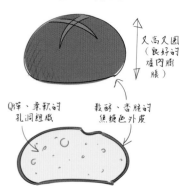

理想的麵包

又高又圓
（良好的
爐內膨
脹）

彈、柔軟的
孔洞組織

酥脆、香脆的
焦褐色外皮

　　我對你的承諾是：一旦你掌握到基本食譜的訣竅，你能做的無麩質麵包就沒有限制。一旦你對這種科學有所了解，知道使用各種原料和方法的原因，你就能夠把任何普通麵包轉變成無麩質版本。聽起來只是在做夢嗎？

小麥麵包裡的麩質角色

　　在我們進入令人興奮的無麩質烘焙世界之前，先來看看麩質在小麥麵包裡所扮演的角色，才能了解我們想要模仿什麼（以及為什麼）。在小麥麵包裡：

+ 　麩質透過蛋白質鏈所形成的錯綜複雜的交織網絡，提供了麵包的結構，才能做出具彈性的口感。
+ 　這個網絡有助於留住酵母活動所製造的氣體，增加了麵包的體積——也叫做發酵和醒麵。
+ 　當你為麵糰塑形時，麩質透過同樣的網絡提供一種表面張力，有助於控制麵包的形狀。
+ 　最後，由於麩質的化學成分（它含有兩種成分：麥穀蛋白和醇溶蛋白，兩者都可以變成水合物，與水結合），它有助於保留水分和防止麵包太快乾掉。

　　講到這裡，麩質在麵包烘焙中相當重要的原因應該已經很明顯。然而，這個事實絕對不是不可跨越的障礙——只要一點兒技巧和變化，即使沒有麩質，你也能夠做出完美的烘焙麵包。

在繼續進行之前：烘焙比例

　　在這一章裡，你會看到食譜裡包含了以烘焙比例顯示的麵糰

成分資訊（像是澱粉含量和水分）。你會看到這種速記法把比例簡寫為 b%，以便和一般的百分比（％）做區分。

烘焙比例是很有用的方法，能夠表達出各種原料在一個麵包食譜中所佔的比例。即使是你把食譜的規模擴大或縮小，這種比例也不會變動。在使用烘焙比例的時候，每種成分的用量都以麵粉重量為基準（麵粉重量永遠是 100 b%）。也就是：

原料 b%＝（原料重量／麵粉重量）X 100%

在比較不同食譜或將普通麵包食譜轉換成無麩質版本時，烘焙比例好用的不得了。你馬上就可以看到，無麩質麵包的化學原理（和成功）都跟原料比例有關，而烘焙比例只是把適當的比例記錄下來。

黏合劑：洋車前子＋黃原膠

本書裡大部分的食譜都只用黃原膠來取代麩質的黏合作用，不過麵包食譜同時含有黃原膠與洋車前子。表面上，這兩種黏合劑在無麩質烘焙裡有相似的作用，但實際上，無論是在影響麵糰的處理或賦予烘焙麵包的特性上，它們都是極為不同的。

洋車前子

對於麵包來說，洋車前子無疑是這兩種黏合劑中比較重要的那個。使麵糰能夠揉製和塑形、並且創造出如小麥麵包質地（其彈性和鬆軟的「海綿質」）的，正是洋車前子，要是沒有它，你能做出的就侷限於比較類似蛋糕糊的可倒、可舀的麵包「糊」，而不是麵糰了。添加了洋車前子之後，那團黏糊又不受控制的東西瞬間變成方便處理的麵糰，就像作夢一樣。

洋車前子會吸收水分（或其他液體）、形成膠質，把原本應該是流動、軟稀的麵包「糊」轉變成可以任意揉製和塑形的麵糰。

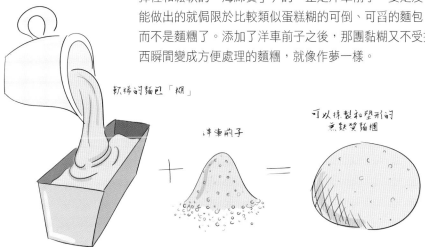

軟稀的麵包「糊」

洋車前子

可以揉製和塑形的無麩質麵糰

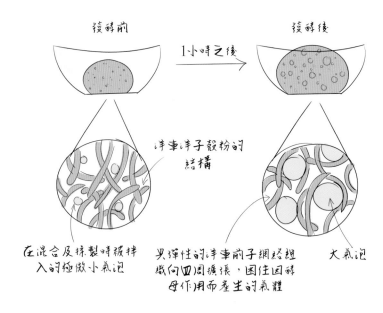

發酵前

1小時之後

發酵後

洋車前子殼粉的結構

在混合及揉製時被拌入的極微小氣泡

具彈性的洋車前子網絡組織向四周擴張，困住因酵母作用而產生的氣體

大氣泡

洋車前子類似麩質能創造出具彈性的網絡組織，有助於留住因酵母作用而產生的氣泡，使麵糰膨脹成兩倍大——就跟小麥麵包一樣。

洋車前子在與水（或其他液體）混合的時候，會形成一種稍具黏性和彈性的膠質，可以做為麩質的替代品——在烘焙前後和烘焙期間。在兩輪的發酵期間酵母會製造氣體，而洋車前子透過模仿麩質的作用，為麵糰創造出留住那些氣體所需的彈性和結構，並且使麵糰隨之膨脹，賦予麵包我們所熟悉和喜愛的 Q 彈質地。

你可以買到的洋車前子有兩種形式：帶殼的洋車前子（也叫做「整顆」洋車前子），或是它的粉末。我所有的食譜用都的都是帶殼的洋車前子（這是我的偏好）。如果你只有洋車前子殼粉可以用，你需要的量會比食譜裡的稍微少一點。那是因為粉末的吸水力比帶殼的好，所形成的膠質比較黏。經驗法則是，每 1 克的帶殼洋車前子，相當於 0.8 克的洋車前子殼粉。

黃原膠

如果使麵包 Q 彈的是洋車前子，那麼讓白麵包或布里歐甜麵糰蓬鬆柔軟的就是黃原膠。黃原膠也能幫普通麵包創造特有的「層次」感。通常我們不認為麵包會有「層次」，但是想想那種貼在一起烘焙的小麥小餐包或肉桂捲，當你把它們撕開的時候，就可以在接合處看到層次。在無麩質烘焙裡，無法只靠洋車前子做出那種效果，你需要同時使用這兩種黏合劑。

通常我們不認為麵包會有「層次」——但是小麥小餐包（以及肉桂捲和分撕麵包）會在接合處（它們在烤箱裡受熱膨脹後會貼在一起）產生層次。

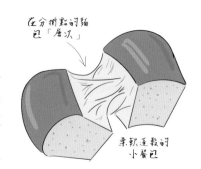

在分撕點的麵包「層次」

柔軟蓬鬆的小餐包

試驗黏度

最後，當你開始自己試驗時，不要忍不住添加過量的黏合劑。雖然黏合劑不足時會做出鬆散、無法處理的麵糰，但是太多也會造成許多問題：太黏的麵糰容易裂開，又難以塑形和膨脹。一般說來，4-6% 的黏合劑已經很足夠達到無麩質麵包的完美程度。

無麩質蛋白粉 VS 無麩質澱粉

我在前面提過無麩質澱粉和無麩質蛋白粉的區別。雖然做蛋糕、布朗尼和餅乾只是一時的興趣，但是其中的無麩質科學卻是非常前衛的。

無麩質蛋白粉

大致說來，無麩質蛋白粉是綜合烘焙粉中帶有風味的核心成分，而且影響到麵包的彈性和結構（儘管影響力比一般小麥麵粉少太多），其較高的吸水力意味著，蛋白粉含量高的無麩質麵包乾掉的速度比較慢。把這種麵包放到密封容器裡（甚至只要用茶巾包起來）就能保存 4-5 天，不會乾掉或變硬。

無麩質澱粉

另一方面，無麩質澱粉賦予麵包比較柔軟的質地，具有更多孔洞組織。在講到蓬鬆的漢堡包或濃郁柔軟的肉桂捲時，澱粉性穀粉是你的最佳選擇。

不過，我不建議在麵包食譜裡只使用一種穀粉。只用蛋白粉做的麵包可能太稠密，而只用澱粉做的麵包可能一點兒味道也沒有，而且會太快乾掉，關鍵在於蛋白粉與澱粉的相對用量。為了免除猜測的麻煩（至少在一開始你要漸漸習慣基本原理的時候），我在每篇食譜結尾以烘焙比例提供了麵包的澱粉含量。

細磨穀粉的重要性

最後，你所使用的穀粉要磨細（有時候是「超細緻」）也是很重要的。穀粉的質地應該像粉末一樣——像一般的白麵粉，而不是花粉。粗穀粉的含水量很差（也就是說，能吸收的水分較

少），而且最後可能做出令人失望的成品。

無麩質穀粉的替代品

我知道你也許有某種敏感性、不耐受性或過敏，所以可能無法使用玉米澱粉、番薯粉或白米粉等等。大致說來，大部分的無麩質澱粉可以互換，這對於麵包的味道或質地幾乎無沒有影響或影響並不明顯（白米粉例外，它是澱粉族裡的異類──見 18 頁）。

至於無麩質蛋白粉，替代品就比較複雜了。倒不是因為不同的蛋白粉有不同的蛋白質和彈性，而是因為它們的質量和風味。一般說來，無麩質蛋白粉可再分為兩種類別，同一組之間是可以相互取代的：

+ **糙米和小米粉**（在質量上屬於「較輕」的那一端，風味較淡）。
+ **蕎麥、玉米、燕麥、藜麥、高粱和白苔麩粉**（在質量上屬於「較重」的那一端，風味較濃）。

雖然我鼓勵你用不同的穀粉做試驗，來找出你最喜歡的種類（除非你會過敏），但我仍建議你在開始時先使用食譜裡指定的烘焙粉。我就這些穀粉的特性特別將它們挑選出來，因為這樣能做出最佳的質地、風味和外觀。

酵母

我用的是活性乾酵母，不過如果你喜歡的話，你可以使用速發乾酵母。你只需要用 0.75 克的速發乾酵母取代每 1 克的活性乾酵母──主要是因為這兩種酵母的處理過程。（若是使用新鮮酵母，你會需要活性乾酵母的兩倍重量。）

我喜歡活性乾酵母的原因在於我的使用方法，它需要在溫的液體（通常是水或牛奶）裡「活化」──我大概會加 1 大匙的糖來真正觸發酵母的活動。酵母混合物在 10 分鐘之內就會起泡，很明顯已經被活化了。如果什麼都沒發生，沒有出現泡泡，你就知道酵母已經死了，需要再買一批新的。

而速發酵母是不需要活化的。你可以把它和乾原料一起加到麵糰裡，然後加入用來活化一般酵母所需的水，再加上洋車前子。雖然這種方法比較省時，但是你跳過了知道酵母是否仍具活

性的步驟（如果酵母已不具活性，麵包就發不起來）。撇開實際面不說，我發現，在你開始動手做之前看著酵母起泡溶解好有魔力，好像那個混合物在告訴你，一切準備就緒，就等著好事發生吧。

水分

你在本段應該知道的東西是，一般說來，無麩質麵包的水分比小麥麵包高的多。如果你檢視一堆小麥麵包食譜，你會看到水分的比例大約在 60-80 b%。（注意，水分往往以「正常」比例來表示，但是為了保持一致性，我們在此以烘焙比例顯示。）然而，本章裡的未強化無麩質麵包食譜（也就是，不含雞蛋和／或黃油），含水量通常高於 100 b%——有時候高達 118 b%！

那是因為無麩質烘焙粉比小麥麵粉的吸水力高很多，也就是說，如果你用做普通麵包的水量來做無麩質麵包，你的成品會乾到碎光光。再者，洋車前子（在較小的程度上，還有黃原膠）也會吸收大量水分，更增加了對水的需求量。

所以，當食譜說你需要很多水來做無麩質麵包時，請不要慌張或懷疑。照著做就是了，食譜是對的。含水量太少的麵包會太僵硬，無法適當膨起，當體積增加時容易裂開，導致做出的麵包質地稠密、沒發好、又乾又硬。

當你要做含有雞蛋的強化麵包時，你的麵糰所需要的水分就少多了。（注意，我沒有把蛋列在水分的烘焙比例中。）那是因為，洋車前子和蛋裡所含的水分的相互作用可以忽略不計——洋車前子會迅速吸收水分，形成便於處理的麵糰，蛋的作用是使麵糰更黏、更柔軟。除此之外，水分若是和未強化無麩質麵糰的一樣高，你最後會得到「麵糰湯」，根本不可能用這種軟糊做出可以吃的東西。因此強化麵糰的水分通常不會超過 70-85 b%。

處理＋揉製麵糰

你可以用手或裝有攪拌勾的升降式攪拌機，來揉製本書裡所有的麵包和麵糰。雖然用升降式攪拌機肯定更方便，但是我建議，當你開始自己烘焙無麩質麵包的時候，可以試著用手混合和揉製麵糰。用你的手指擠捏麵糰，去感覺它的質地和軟硬度。而且這會使你分外放鬆，幫助你培養製做無麩質麵包時才有的直覺。當然，烘焙的科學和烘焙比例的計算仍然是核心步驟，不過實際去觸摸麵糰可以讓你（及時）做些微調，像是（順著你對麵

糰的感覺）多加一點點水或一把烘焙粉。

　　揉製無麩質麵糰的方法並沒有對與錯，只要你最後得到的是所有原料都均勻融入其中的光滑麵糰。在你把乾、溼原料混合在一起之後，用手揉製麵糰最簡單的方式，就是把手指放到碗裡到處擠捏，並且刮下碗側和碗底的粉塊。因為你不用像做小麥麵包一樣培養麩質的作用以及因此產生的麵糰彈性，所以不需要做一般在揉麵糰時的延展動作。

　　麵糰變光滑之後，我喜歡在第一次發酵前將它揉成球狀。若要得到最好的效果，就在手上和工作枱面上抹上一層薄油（使用風味中性的油，像是蔬菜油或葵花油）。不管怎樣一定要忍住，在這個階段不要在手上或工作枱面撒上烘焙粉 —— 麵糰沾上了額外的烘焙粉後會改變其特性，不再是完美和含水量適當的麵糰。

第一次發酵：大量發酵

　　更正確地說，第一次發酵應該叫做大量發酵，風味就是在這個期間孕釀出來的。在這個階段，澱粉酵素會把麵粉裡的澱粉分解成單糖。然後酵母會消耗這些單糖，釋出氣體（二氧化碳），這些氣體滯留在麵糰裡，使麵糰膨脹。同時，糖被轉化成酒精，賦予麵包可口的風味。

　　我通常讓麵糰在 26-32℃之間發酵，是適合酵母高度活動的溫度。在夏季幾個炎熱的月份裡，把麵糰放在廚房的枱面上，在室溫下發酵就可以了。當天氣比較冷的時候，你可以把麵糰放到散熱器的上面，或放到溫暖的烤箱裡。如果你的烤箱有好幾個隔

在沒有發酵盒的情況下，我讓麵糰發酵的地方就是溫暖的烤箱，或正在使用中的烤箱室的隔壁空間。

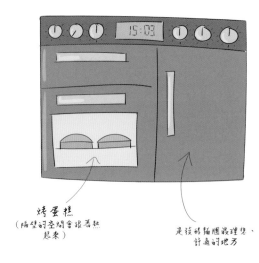

烤蛋糕
（隔壁的空間會跟著熱起來）

是後的麵糰最理想、舒適的地方

如果你沒有把握能看出麵糰
什麼時候會膨脹成兩倍的體
積，就使用可從直立壁看穿
透的容器。把橡皮筋或一段
繩子束在容器上，標出麵糰
開始的高度──當麵糰的高
度變成兩倍時，它的體積也
跟著變成兩倍。

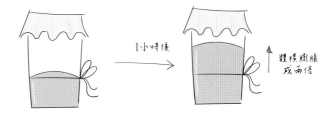

更容易看得出來的形式：

間，而你用其中一個烤蛋糕或餅乾，那麼，它隔壁那一間的溫度
對於發酵的麵糰來說會是最理想、舒適的。或者，你可以把烤箱
加熱到剛好的溫度再關掉，然後放入麵糰，不要太常打開烤箱。
如果你選擇的發酵處的溫度比理想的還要低一點，不用擔心：麵
糰只是需要久一點的時間去膨脹成兩倍大的體積，但是最後它一
樣好吃。

　　如果目測體積不是你的強項（我不是根據個人經驗說的），
就使用可從直立壁看穿透的容器（像是塑膠盒）來裝要發酵的麵
糰。只要用橡皮筋或一段繩子或膠帶來標出原本的體積，然後等
著麵糰膨脹到兩倍的高度。

幫麵糰塑形

　　等到麵糰的體積達到兩倍之後，它在第二次發酵前需要塑
形。在撒了一層薄薄的烘焙粉的枱面上來做，效果最好──但是
不要忍不住添加更多的烘焙粉，即使你覺得麵糰稍微有點軟黏。
雖然添加烘焙粉可以讓麵糰更好處理，但也可能造成稠密、乾硬
的質地。

　　我建議在撒了一層薄薄烘焙粉的烘焙紙上幫強化麵糰塑形，
像是肉桂捲或巧克力巴布卡（需要擀開，填入餡料，再捲起來）。
這樣一來，如果你需要冷藏麵糰，你可以很輕易地把它滑到烤盤
裡，然後放入冰箱。再者，在把麵糰捲成長條形的時候，可以把
烘焙紙當做道具：提起烘焙紙的一邊，麵糰順著重力就可以捲得
既漂亮又紮實。

即使塑形得很完美（例如將一大塊麵糰做成球狀或擀成狹長形），你仍然會發現，無麩質麵糰的表面張力不如小麥麵糰，而這種表面張力正是使一般漢堡包或吐司麵包表面平滑的原因。那不純粹是缺乏麩質網絡——即使是完美適量的黏合劑也無法百分之百複製的結構——的關係。儘管如此，能夠正確塑形便能將差距減到最小，更不會流失任何風味。

第二次發酵：醒麵

除了進一步發酵和因此增進麵包的風味，第二次發酵（醒麵）還賦予麵包最後的蓬鬆質地。這可以發生在烤盤或烤模裡（你想用來烤麵包的容器）、發酵籃（如果你想用預熱好的煎鍋或鑄鐵鍋做麵包）或「無模具形式」（沒有特定形狀的粗糙麵包，或小型餐包和麵包捲）。

當然，這裡不能不提到過度發酵的問題。除了酵母把糖類轉化成酒精和在過程中釋出二氧化碳的酵素活動之外，在麵糰裡的酵素還會不停地分解澱粉。讓麵糰發酵太久，可能反而會破壞它的結構——過度發酵的麵糰很容易在烘焙期間塌陷。

從某方面而言，過度發酵是很可怕的問題，尤其是在無麩質麵包的領域裡，光是缺乏麩質就已經讓麵糰夠脆弱的了。從另一個方面而言，因為擔心麵包塌陷而在麵包發酵不足時太早烤麵包，會做出不夠鬆軟的麵包。

判斷麵糰什麼時候發酵的剛剛好，對無麩質麵包來說需要比小麥麵包更有技巧。常用的「戳戳測試」（戳戳你的麵糰，看看它會不會彈回來）並不適用於無麩質麵糰，因為這個技巧絕對需要麩質的存在。況且，這樣做可能真的把麵包壓扁，毀掉你一切的努力。

無麩質麵糰是否已經可以烘焙，最好的指標是它的體積：麵糰的體積至少增加 50%，最多增加兩倍。除此之外就是經驗的問題。你成功的烤過幾次某種麵包之後，你就會知道在可以送入烤箱前，它在某個烤模或發酵籃裡發酵的狀況。為了幫助你，我所有的食譜都有列出大概的發酵時間。

烤麵包

烘焙發酵過的麵糰，不只是把它放入烤箱、關上門，然後希望烤得很好而已。你也許會說那很可惜——但事實上，如此一來我們更有機會控制和改善最後的結果。

烘焙出美味的無麩質麵包有六個步驟：

1. 預熱烤箱
2. 為麵糰塗釉（如果需要的話）
3. 在麵糰上做刻痕
4. 爐內膨脹和引入蒸氣（如果需要的話）
5. 梅納反應與焦糖化
6. 孔洞組織乾燥

這幾個步驟也許看起來難以應付，尤其是我已經幫你的腦袋減輕不少資訊了。但是，如果你把所有的努力都放在正確的原料、揉麵糰和等待兩輪的發酵上，然後當你看到完美的無麩質麵包呈現在眼前時，只能顯出一副不可置信的樣子，那就太可惜了。所以，續繼讀下去吧，這是值得的。

1. 預熱烤箱

視無麩質麵包的類型而定，食譜需要的烤箱溫度在 180-250℃之間。因為你會希望當你的麵包達到發酵得剛剛好的程度時，一切都準備就緒，所以在麵糰預計發酵好之前至少 30-45 分鐘先預熱烤箱。這樣才能確保烤箱溫度穩定，也確保有足夠的時間去準備任何需要預熱的煎鍋、鑄鐵鍋或水盤。

2. 為麵糰塗釉（選擇性的）

這大多是美學方面的考量，但是，我們的眼睛也喜歡享受美食，所以值得在此一提。無麩質麵包的表面會在烤箱裡乾掉，即使有足夠的水氣時也是，可能使麵包產生發白的難看表皮，儘管它依然香脆可口，但與美味的深焦黃色成品相差太多了。並非所有的麵包都需要這樣做，所以我在有需要的食譜裡做了註解。（這和在烤好的成品上塗黃油或糖漿是不一樣的。塗黃油或糖漿有助於保持麵包皮的柔軟，而且使整體的風味更香醇。）

雖然能夠用來塗釉的材料很多（整顆蛋、蛋黃、蛋白、水、

牛奶、鮮奶油、黃油、烹飪油——和它們的組合），但是我通常只用這幾種：

+ **整顆蛋打散**，能做出深焦黃色的外皮和漂亮的光澤，
+ **烹飪油或融化的黃油**，能做出深焦黃色的外皮和霧面效果

3. 在麵糰上做刻痕

在麵糰上做記號有兩個理由：讓麵包更好看（尤其是它的樣式很精緻的話），而且能夠控制麵糰在烤箱裡膨脹的方式，最後做出更好的口感。注意，這只適用於脆皮麵包（例如工匠麵包），並不適用於肉桂捲或巴布卡等強化麵糰。

當麵糰在烤箱裡遇到高溫時，酵母受到最終的強大刺激，製造出更多的氣體。此外，麵糰裡的一些水分也會變成蒸氣，由於烤箱裡的高溫而迅速膨脹。這些因素結合起來所創造的的過程叫做「爐內膨脹」（後面有更多說明）。如果沒有刻痕，「爐內膨脹」可能在麵包表面造成隨機裂痕，做出難看的麵包，或者（尤其在無麩質麵包上）儘管在高溫下也膨脹不起來，只做出不夠蓬鬆的麵包。

4. 爐內膨脹和引入蒸氣

當麵糰在烤箱裡遇到高溫時，會發生兩件事情。第一，高溫會殺死酵母菌（存活溫度最高大約在 55-60℃左右），酵母菌最後一次製造大量的二氧化碳。第二，新產生的二氧化碳和原本就滯留在麵糰裡的氣體（還有發酵作用所製造且蒸發的水和酒精）都迅速地膨脹。於是使麵包隨著它們而膨脹——這就是爐內膨脹，是發生於烘焙期間頭 10 分鐘左右的過程。

爐內膨脹指的是在烤箱的頭 10 分鐘裡，麵包體積迅速增加為兩倍。額外的蒸氣來源，例如冰塊，可以保持外皮柔軟，讓麵包膨脹。

冰塊（額外的蒸氣來源）

很熱的鑄鐵煎鍋／荷蘭鍋

爐內膨脹

含有蒸氣的250℃熱烤箱

我們談過在麵糰上做刻痕的重要性（才能控制麵包的膨脹方式）——但是還有第二個要考慮的因素：外皮變乾和變硬的速度。也許如你所預料，脆硬的外皮是麵糰進入烤箱那一刻由於爐內膨脹所造成的效果。這層考量大多是為了酥脆的烘焙品，像是工匠麵包或法式長棍麵包。相較之下，以強化麵糰做出的麵包，外皮比較柔軟，變脆的速度比較慢。

那就是蒸氣進來的地方。蒸氣保持外皮的柔軟和可塑性，好讓麵包膨脹，有助於形成有許多孔洞的組織。你可以用一些不同的方法把蒸氣引入烤箱（而且效果最好的組合往往是）：

+   來自於麵包本身，利用荷蘭鍋或鑄鐵萬用鍋（密封的容器可以防止蒸氣散逸），
+   添加冰塊 —— 放到烤箱底部的熱托盤裡，如果用的是荷蘭鍋、鑄鐵萬用鍋或鑄鐵煎鍋，可以直接放在麵包旁邊。
+   在烤箱底部的熱托盤裡注入滾水，
+   在烤箱裡和／或麵包上灑點水。

5. 梅納反應與焦糖化

在爐內膨脹發生的頭 10-20 分鐘後，所有的蒸氣來源都消失了，外皮開始變脆，呈現漂亮的深焦黃色。這一切實際上很類似於當你把牛排煎得焦香、烤棉花糖、或烤咖啡豆時的反應。

這種讓食物褐變，又伴隨各種可口風味的過程，叫做梅納反應，是高溫下的胺基酸和糖的交互作用所致。胺基酸是麩質裡的蛋白質分解後的結果，單糖也差不多是以這樣的方式從澱粉而來。糖還會遭遇焦糖化過程，使外皮得到一種醇厚的風味。

6. 孔洞組織＋乾燥

即使外皮變成焦黃色之後，烤麵包的過程還沒結束。首先，麵包需要達到 90-95℃的內部溫度，然後一直烤下去，完成內部的孔洞組織。簡單的說就是，孔洞組織是麵包內部從黏稠物轉變成多孔的海綿體結構——我們一般所謂烘焙完美的麵包。其次，烘焙期間需要有足夠的水蒸氣，否則麵包最後的質地可能是黏稠的，甚至在冷卻後稍微塌陷。

烘焙期間流失的重量（水分）

在無麩質烘焙中最重要的問題之一：你怎麼知道麵包什麼時候烤好？一般看法會告訴你至少做到下列事情之一：

+ **測量它的溫度**——內部溫度應該在 90-95℃，
+ **聽聲音**——當你敲麵包底部的時候，聽起來應該是空心的，
+ **看一下**——烤得很完美的麵包，外皮應該呈現焦黃色。

然而，這些方裡沒有一個顧及到無麩質麵包在烘焙期間需要減掉一些水的重量，才能做出好吃的 Q 彈口感。由於無麩質烘焙粉有較高的含水能力，因此無麩質麵包比白麵包需要更長的烘焙時間，才能使水分充分蒸發。

一條麵包可能達到正確的內部溫度，它可能聽起來是空心的，可能有最亮澤的深金黃色外皮——但是，它也可能需要再烤 10-15 分鐘，才能達到完美的程度。那就是為什麼當你烤的是無麩質麵包時，我要加上第四個關鍵性的判定方法：

+ **測量它的重量**——和計算流失的重量（和所有原料的總重量相比，也就是麵包烘焙前的重量）。

這聽起來也許讓人厭煩，但是它可能就是一條完美的麵包和（藏在金黃色香脆外皮下）又溼又黏的成品之間的區別。無論如何，只要你做過幾次特定的麵包，你就會知道最後的重量應該是怎樣，所以你不需要每次都做測量。

大致說來，無麩質麵包在烘焙期間應該（而且如果烤得正確的話，也會）流失 12-24% 的重量。為了讓你輕鬆點，我把麵包烤好後的大概重量和預計流失重量的百分比列在食譜的結尾。

當然，也有少數例外——那就是不能憑測量重量產生可靠或合理結果的麵包和麵糰。任何的重量測量和重量流失計算，對於肉桂捲的餡料和頂飾配料、巧克力巴布卡和披薩來說都不準確。相似的，重量流失判定法對於煮貝果和炸甜甜圈來說，也是不可能的。不過別擔心——還有其他方法可以知道這些東西烤好了。食譜會告訴你一切。

為了判定無麩質麵包烤好了沒，你可以測量它的溫度，聽聲音，觀察顏色，以及（最重要的）測量它的重量，來判定烘焙期間流失的總水分。

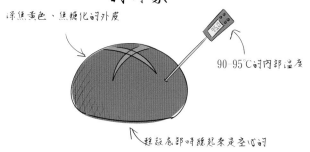

麵包烤得完美的跡象

淡焦黃色、焦糖化的外皮

90-95℃的內部溫度

輕敲底部時聽起來是空心的

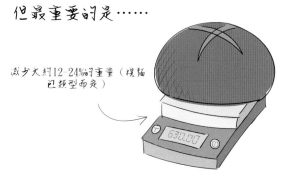

但最重要的是……

減少大約12-24%的重量（視麵包類型而定）

讓麵包冷卻

我要先聲明：照著我說的去做，但別管我怎麼做。在讓麵包完全冷卻後再切的事情上，我也許是全世界最差勁的人。但是讓麵包完全冷卻後再塞入東西，真的十分重要。但我真的要有足夠的耐心才能做到。

如果你要切熱騰騰的麵包，刀子很可能會卡在一團黏糊裡，然後你會覺得自己是無麩質麵包烘焙中的失敗者。（別擔心，你真的不是！）會發生這種事是因為熱麵包裡仍然含有未蒸散出去的水氣——隨著它的冷卻，水氣會慢慢蒸散，麵包就會乾透。這種水分的額外流失其實相當明顯，可能多達 10-15 克（相當於本章大部分麵包所流失重量的 2-4%）。冷卻也結束了孔洞組織所開啟的過程——任何之前未定型的澱粉，現在都「再結晶」成熟悉的 Q 彈、鬆軟質地。

一般麵包的冷卻要花上一、兩個小時的時間。即使麵包摸起來是涼的，很可能它的中央還相當熱。別敗在最後一關，要有耐心。

保存無麩質麵包

我們説過無麩質麵包有高吸水力，不過它烤好後也很容易在幾天裡乾掉。而且澱粉含量愈高，情況就愈明顯。

一般説來，要把無麩質麵包存放在密封容器裡，例如麵包盒或塑膠食物容器。大多數情況下，麵包可以用這種方法保存 3-4 天，當然，也要視麵包的種類和大小等條件而定。

把麵包放到微波爐裡快速加熱 5-10 秒，或放到平底鍋裡用一點黃油或烹飪油烘烤，便能輕鬆地找回麵包原有的蓬鬆度。

湯種法

一般認為湯種源自於日本，後來由《65℃湯種麵包》的作者陳郁芬推廣普及。這種方法使用水或牛奶炒麵糊讓麵包變得超級柔軟、蓬鬆，也能延長保存期限。它主要用於牛奶和布里歐類型的麵糰裡，像是 278 頁的三明治麵包，和 288 頁的漢堡包。

製做炒麵糊超級簡單 —— 只要拿一些無麩質烘焙粉（已經添加黃原膠的）和選定的液體（通常是水、牛奶或這兩者的混合）一起攪打即可。然後用中高火煮，期間持續攪打，直到變成像布丁似的漿料（麵糊溫度達到 65℃時才會發生）。讓麵糊降溫，然後和其餘的溼原料一起加到麵糰裡。

用水煮麵粉，麵粉裡的澱粉會形成膠質，然後膠質能鎖住水分，確保從處理到烘焙過程中的溼潤 —— 使麵糰不容易黏稠，讓麵包更柔軟、溼潤。

從左下方開始，跟著箭頭往上然後往下檢閱摘要：如何烤出你這輩子最好的無麩質麵包——從原料開始，一直到完美的麵包切片。

出爐，劃刻痕，放到熱鑄鐵煎鍋／
荷蘭鍋裡

第二次發酵
（最終發酵）　　26–32℃

爐內膨脹

250℃

單麵糰塑形，然後放
到發酵籃裡　　26–32℃

梅納反應，孔洞
組織定型和乾燥

第一次發酵
（大量發酵）　　26–32℃

230℃

把原料混合起來，
並且揉成光滑的
麵糰

要有耐心，後頭還有
很多事要做

冷卻和定型後的
孔洞組織

工匠脆皮白麵包

份數 1塊
準備時間 45 分鐘
發酵時間 2 小時
烘焙時間 1 小時

8 克活性乾酵母
20 克細砂糖
370 克溫水
15 克洋車前子①
125 克木薯粉
120 克糙米粉
60 克小米粉，再加上撒在工作
　　枱上的量
25 克高粱粉
10 克鹽
5 克黃原膠
2 茶匙蘋果醋②

想像一條完美的麵包——深焦黃色的外皮，滿滿的香脆及焦糖味，切下去就發出悅耳的「咔啦」聲。麵包片呈現內部柔軟、Q 彈的孔洞組織，還伴隨著酵母麵包的美妙香氣。你可以就這樣吃，或是用一點黃油煎到呈現完美的金黃色，也許做成烤起司三明治……告訴我，你已經流口水了嗎？很好，你所想像的正是這個工匠脆皮白麵包。

+ 把酵母、糖和 170 克溫水放到一只小碗裡混勻，靜置 10-15 分鐘，或直到混合物開始冒泡。
+ 把洋車前子和其餘的 200 克溫水放到另一只碗裡混勻，大約經過 15-30 秒鐘之後會形成膠質。
+ 把洋車前子膠和蘋果醋加到酵母混合物裡，用手或裝上攪拌勾的升降式攪拌機來揉製麵糰，直到混合物呈光滑狀，而且開始不會黏在碗上（大約 5-10 分鐘）。
+ 把麵糰放到抹上薄薄一層油的工作枱面上，手上也沾點油，把麵糰輕輕地壓成圓盤狀。然後把邊緣向內摺，重疊起來，做的時候一邊旋轉圓盤。當你轉了 360 度之後，把麵糰翻面，使接縫朝下，你看到的就是光滑的麵球。
+ 把麵糰放到抹上薄薄一層油的碗裡，接縫面朝下，拿一條茶巾蓋住，放在溫暖的地方發酵，大約 1 小時，直到體積膨脹成兩倍。
+ 在工作枱面撒上一點小米粉。等麵糰發好後，把它倒在撒了粉的枱面上，用你的掌根揉成圓盤狀，拾起它的邊緣往內摺，做的時候一邊旋轉圓盤。如果表面在第一輪旋轉之後未呈光滑狀，就繼續揉製，直到你滿意為止。
+ 在未撒粉的枱面上將麵糰翻轉過來，使接縫面朝下，慢慢的原地旋轉，使接縫處封起來。
+ 在一個 18 公分的發酵籃裡撒上小米粉，放入麵糰，接縫面朝上。③蓋上茶巾，放在溫暖的地方醒麵，大約 1 小時，直到體積膨脹成兩倍。
+ 趁醒麵的時候，在中層的烤箱架上放一只鑄鐵煎鍋，底層放一個托盤；或是在中下層放上一只荷蘭鍋或鑄鐵萬用鍋（不需要托盤）。關上門，烤箱預熱到 250℃
+ 等到麵糰膨脹成兩倍大的時候，把它從發酵籃裡倒到一張烘焙紙上，用麵包割刀或一把鋒利的刀子在頂部劃上刻痕（最簡單的樣式是十字紋，大約 0.75-1 公分深）。

+ 從烤箱裡取出已預熱好的鍋子，把麵糰連同烘焙紙一起放到鍋裡。如果用的是煎鍋或萬用鍋，就拿一個披薩鏟或烤盤墊在麵糰的烘焙紙下方，將麵糰連同烘焙紙一起滑入熱鍋子裡。如果用的是荷蘭鍋，就把烘焙紙的兩邊當成把手，直接提起來放到鍋子裡。

+ 若是用鑄鐵煎鍋：把鑄鐵煎鍋放回烤箱，在下方的托盤裡倒一些滾水，在麵包旁邊放 3 顆冰塊（放在烘焙紙和鍋壁之間），然後立刻關上烤箱門。④烤 20 分鐘，期間會產生蒸氣一不要打開烤箱門，那會讓蒸氣跑掉。

+ 若是用荷蘭鍋或鑄鐵萬用鍋：在麵包旁邊放 3 顆冰塊（在烘焙紙和容器壁之間），然後立刻蓋上鍋蓋，放回烤箱裡，關上門，烤 20 分鐘。

+ 經過 20 分鐘之後，把烤箱溫度調降到 230℃，取出裝水的托盤（如果用的是鑄鐵煎鍋），或是打開荷蘭鍋或鑄鐵萬用鍋的鍋蓋，在沒有蒸氣的狀況下再烤 40 分鐘。烤好的麵包應該呈現暗暗的深棕色，重量大約在 640 克左右或以下（重量大約減少 16%）。如果麵包太快變焦，就拿一張鋁箔紙蓋住（光亮面朝上），直到烤好為止。

+ 從烤箱中取出麵包，放到金屬架上完全冷卻一最後的重量應該在 630 克左右（重量大約減少 17%）。

保存

以密封容器放在涼爽、乾燥的地方，可以保存 3-4 天。不過在第 3、4 天時，最好先烤過再吃。

脆皮白麵包的烘焙比例（b%）、比率和流失的重量

數量名稱	數值
水分	112 b%
澱粉	38 b%
黏合劑	6 b%
洋車前子：黃原膠	3:1
烤好及冷卻後預計流失的重量百分比	~17%

註解

① 由於這個麵包同時用了洋車前子和黃原膠，因此它的質地更柔軟、蓬鬆，不像工匠脆皮黑麵包（274 頁）那麼有嚼勁，脆皮黑麵包只用了洋車前子。

② 蘋果醋能為酵母創造弱酸性的環境，使酵母更活躍，有助於形成麵包的孔洞組織。就某種意義上而言，醋酸在這裡的作用相當於酸種。

③ 如果你沒有發酵籃，你可以使用鋪著一張乾淨茶巾的碗（直徑 18 公分）。

④ 兩種蒸氣來源開始產生蒸氣的時間並不相同。麵包旁邊的冰塊就近提供立即的蒸氣，讓下方托盤裡的水有足夠的時間開始蒸發。兩者結合後的效果最好。

工匠脆皮黑麵包

份數 1塊
準備時間 45分鐘
發酵時間 2小時
烘焙時間 1小時

8 克活性乾酵母
20 克細砂糖
390 克溫水
20 克洋車前子①
100 克木薯粉
90 克小米粉，再加上撒在工作
　　枱上的量
90 克白苔麩粉
50 克蕎麥粉
10 克鹽
2 茶匙蘋果醋②

相較於它的白色版本（268頁），由於這個麵包使用了白苔麩粉和蕎麥粉，添加了堅果般的醇厚香氣，所以在風味上更為濃郁。高水分和添加的蘋果醋，做出深色、香脆的外皮和紮實的孔洞組織。這個麵包可以保持幾天的溼潤——不過，不知道是不是有人真的可以忍住那麼久不吃。

+ 把酵母、糖和150克溫水放到一只小碗裡混勻，靜置10-15分鐘，或直到混合物開始冒泡。
+ 把洋車前子和其餘的240克溫水放到另一只碗裡混勻，大約經過15-30秒鐘之後會形成膠質。
+ 再用另一只碗，將木薯粉、小米粉、白苔麩質、蕎麥粉和鹽混合在一起。
+ 加入酵母混合物、洋車前子膠和蘋果醋。用手或裝上攪拌勾的升降式攪拌機來揉製麵糰，直到混合物呈光滑狀，而且開始不會黏在碗上（大約5-10分鐘）。
+ 把麵糰放到抹上薄薄一層油的工作枱面上，手上也沾點油，把麵糰做成球狀。做法是，把麵糰輕輕壓成圓盤狀，然後把邊緣向內摺，重疊起來，做的時候一邊旋轉圓盤。當你轉了360度之後，把麵糰翻面，使接縫朝下，你看到的就是光滑的麵球。
+ 把麵糰放到抹上薄薄一層油的碗裡，接縫面朝下，拿一條茶巾蓋住，放在溫暖的地方發酵，大約1小時，直到體積膨脹成兩倍。
+ 在工作枱面撒上一點小米粉。等麵糰發好後，把它倒在撒了粉的枱面上，用你的掌根揉成圓盤狀，拾起它的邊緣往內摺，做的時候一邊旋轉圓盤。如果表面在第一輪旋轉之後未呈光滑狀，就繼續揉製，直到你滿意為止。
+ 在未撒粉的枱面上將麵糰翻轉過來，使接縫面朝下，慢慢的原地旋轉，使接縫處封起來。
+ 在一個18公分的發酵籃裡撒上小米粉，放入麵糰，接縫面朝上。③蓋上茶巾，放在溫暖的地方醒麵，大約1小時，直到體積膨脹成兩倍。
+ 趁醒麵的時候，在中層的烤箱架上放一只鑄鐵煎鍋，底層放一個托盤；或是在中下層放上一只荷蘭鍋或鑄鐵萬用鍋（不需要托盤）。關上門，烤箱預熱到250℃
+ 等到麵糰膨脹成兩倍大的時候，把它從發酵籃裡倒到一張烘焙紙上，用麵包割刀或一把鋒利的刀子在頂部劃上刻痕（最簡單的樣式是十字紋，大約0.75-1公分深）。

+ 從烤箱裡取出已預熱好的鍋子，把麵糰連同烘焙紙一起放到鍋裡。如果用的是煎鍋或萬用鍋，就拿一個披薩鏟或烤盤墊在麵糰的烘焙紙下方，將麵糰連同烘焙紙一起滑入熱鍋子裡。如果用的是荷蘭鍋，就把烘焙紙的兩邊當成把手，直接提起來放到鍋子裡。
+ 若是用鑄鐵煎鍋：把鑄鐵煎鍋放回烤箱，在下方的托盤裡倒一些滾水，在麵包旁邊放 3 顆冰塊（放在烘焙紙和鍋壁之間），然後立刻關上烤箱門。④烤 20 分鐘，期間會產生蒸氣——不要打開烤箱門，那會讓蒸氣跑掉。
+ 若是用荷蘭鍋或鑄鐵萬用鍋：在麵包旁邊放 3 顆冰塊（在烘焙紙和鑄鐵容器壁之間），然後立刻蓋上鍋蓋，放回烤箱裡，關上門，烤 20 分鐘。
+ 經過 20 分鐘之後，把烤箱溫度調降到 230℃，取出裝水的托盤（如果用的是鑄鐵煎鍋），或是打開荷蘭鍋或鑄鐵萬用鍋的鍋蓋，在沒有蒸氣的狀況下再烤 40 分鐘。烤好的麵包應該呈現暗暗的深棕色，重量大約在 640 克左右或以下（重量大約減少 19%）。如果麵包太快變焦，就拿一張鋁箔紙蓋住（光亮面朝上），直到烤好為止。
+ 從烤箱中取出麵包，放到金屬架上完全冷卻——最後的重量應該在 630 克左右（重量大約減少 20%）。

保存

以密封容器放在涼爽、乾燥的地方，可以保存 3-4 天。不過在第 3、4 天時，最好先烤過再吃。

註解
① 由於這個麵包只用了洋車前子，沒有黃原膠，因此它的質地比工匠脆皮白麵包（268 頁）更有嚼勁（脆皮白麵包同時用了兩種黏合劑）。

② 蘋果醋能為酵母創造弱酸性的環境，使酵母更活躍，有助於形成麵包的孔洞組織。就某種意義上而言，醋酸在這裡的作用相當於酸種。

③ 如果你沒有發酵籃，你可以使用鋪著一張乾淨茶巾的碗（直徑 18 公分）。

④ 兩種蒸氣來源開始產生蒸氣的時間並不相同。麵包旁邊的冰塊就近提供立即的蒸氣，讓下方托盤裡的水有足夠的時間開始蒸發。兩者結合後的效果最好。

脆皮黑麵包的烘焙比例（b%）和流失的重量

數量名稱	數值
水分	118b%
澱粉	30 b%
黏合劑	6 b%
烤好及冷卻後預計流失的重量百分比	~20%

三明治麵包

份數　1 條
準備時間　45 分鐘
冷卻時間　5 分鐘
發酵時間　1 小時 30 分鐘
烘焙時間　1 小時

無麩質烘焙粉

220 克木薯粉

185 克小米粉，再加上撒在工作
　　枱上的量

35 克高粱粉

7 克黃原膠①

湯種

45 克無麩質烘焙粉（見上方）

105 克水

三明治麵包

10 克活性乾酵母

25 克細砂糖

360 克溫水

20 克洋車前子

1 份湯種（見上方）

剩下的無麩質烘焙粉（見上方）

8 克鹽

40 克無鹽黃油，軟化，再加上
　　刷在麵包上的量（融化）

以湯種製做麵糰（見 266 頁），讓這個適合做三明治和烘烤的香濃麵包，自始自終都蓬鬆柔軟。它焦黃色的外皮來自於大量刷上的黃油——在烘焙前後都蒙受其益。這種麵包的用途很廣，而且因為放在吐司模裡烘焙，所以很方便切片。從烤起司三明治到法國吐司，都可以用到它。

無麩質烘焙粉

+ 把所有原料放到一只大碗裡混合均勻，做成無麩質烘焙粉。

湯種

+ 把 45 克的無麩質烘焙粉和水放到一只小平底深鍋裡混合均勻。如果看到一些小團塊，別擔心，它們在煮的期間會消失。
+ 以中高火加熱混合物，一直攪拌，直到它形成濃稠的漿料或糊狀（大約 5 分鐘）。
+ 從火源上移開，放到小碗裡，用保鮮膜封住，放到一旁冷卻，待用。

三明治麵包

+ 把酵母、糖和 140 克溫水放到一只小碗裡混勻，靜置 10-15 分鐘，或直到混合物開始冒泡。
+ 把洋車前子和其餘的 220 克溫水放到另一只碗裡混勻，大約經過 15-30 秒鐘之後會形成膠質。
+ 把酵母混合物、洋車前子膠、湯種、其餘的無麩質烘焙粉和鹽放到一只大碗裡混勻。用裝上攪拌勾的升降式攪拌機或用手來揉製麵糰，直到麵糰呈光滑狀（大約 10-15 分鐘）。麵糰很黏，而且會黏在碗底和碗側。
+ 加入軟化的黃油，再揉 5 分鐘，直到所有的黃油全部融入麵糰。
+ 把麵糰放到抹上薄薄一層油的容器裡，放在溫暖的地方發酵，大約 1 小時，或直到體積膨脹成兩倍。趁這個時候準備下一步驟裡要用的 900 克吐司模（23 x 13 x 7.5 公分）。

+ 把麵糰倒在抹上薄薄一層油的工作枱面上，將它擀成一張 20 x 30 公分的長方形。拾起短邊，沿著長邊往上捲，你會做出一個 20 公分的長條。把這個長條放到吐司模裡，醒麵 30-45 分鐘左右，或直到體積膨脹為兩倍。
+ 趁著醒麵的時候，把烤箱預熱到 200℃。
+ 把融化的黃油刷在三明治麵包上，大約烤 1 小時，或直到呈焦黃色。如果它太快開始變焦，就用鋁箔紙蓋住（光亮面朝上），直到烤好為止。麵包的重量應該在 890 克左右（重量大約減少 12%）。
+ 麵包從烤箱裡取出後，再多刷上一些融化的黃油。②放到金屬架上完全冷卻──冷卻後的重量大約是 880 克（重量大約減少 13%）。

保存

以密封容器放在涼爽、乾燥的地方，可以保存 3-4 天。不過在第 3、4 天時，最好先烤過再吃。

註解

① 黃原膠令三明治麵包柔軟、蓬鬆，這是只使用洋車前子時幾乎不可能做到的。

② 刷上黃油使外皮更柔軟，而且賦予麵包更香醇的風味。

三明治麵包的烘焙比例（b%）、比率和流失的重量

數量名稱	數值
水分	106b%
澱粉	50 b%
黏合劑	6 b%
洋車前子：黃原膠	~3:1
烤好及冷卻後預計流失的重量百分比	~13%

法式長棍麵包

份數 2 條（每條 32 公分長）
準備時間 45 分鐘
發酵時間 1 小時 20 分鐘
烘焙時間 40 分鐘

8 克活性酵母
20 克細砂糖
390 克溫水
20 克洋車前子
130 克木薯粉
100 克小米粉，再加上撒在工作
　　枱上的量
50 克白苔麩粉
50 克蕎麥粉
10 克鹽
2 茶匙蘋果醋①
2 大匙融化的黃油，刷在表面②

是什麼讓法式長棍麵包那麼完美？令人讚嘆的深焦黃色香脆外皮，柔軟、紮實的孔洞組織，讓你忍不住撕下一塊的誘人香氣，頂部沾著大片大片的黃油，然後一口吃下去。唔，這些長棍麵包符合以上所有條件（我能為最後一項作證），而且做起來毫不費力——由於麵糰的高含水量、蘋果醋和為了使外皮呈漂亮金黃色而刷上去的黃油。在麵包上噴些水，讓烤箱裡的頭 10 分鐘產生蒸氣，使外皮具備發生爐內膨脹的足夠延展性。

+ 把酵母、糖和 150 克溫水放到一只小碗裡混勻，靜置 10-15 分鐘，或直到混合物開始冒泡。
+ 把洋車前子和 240 克的水放到另一只碗裡混勻，大約經過 15-30 秒鐘之後會形成膠質。
+ 再用另一只碗，將木薯粉、小米粉、白苔麩質、蕎麥粉和鹽混合在一起。
+ 加入酵母混合物、洋車前子膠和蘋果醋。用裝上攪拌勾的升降式攪拌機或用手來揉製麵糰，直到麵糰呈光滑狀，而且開始不會黏住碗（大約 5-10 分鐘）。
+ 把麵糰放到抹上薄薄一層油的工作枱面上，手上也沾點油，把麵糰輕輕地壓成圓盤狀。然後把邊緣向內摺，重疊起來，做的時候一邊旋轉圓盤。當你轉了 360 度之後，把麵糰翻面，使接縫朝下，你看到的就是光滑的麵球。
+ 把麵糰放到抹上薄薄一層油的碗裡，接縫面朝下，拿一條茶巾蓋住，放在溫暖的地方發酵，大約 1 小時，直到體積膨脹成兩倍。
+ 在工作枱面撒上一點小米粉，把醒好的麵糰倒上去，把它揉扁，然後勻分成兩塊。
+ 把兩塊麵糰分別輕輕壓扁，捲成圓木狀，把接縫處捏緊。將圓木狀的長條輕輕滾成 30 公分長，然後放到長棍麵包烤盤上，接縫面朝下，輕輕蓋上茶巾，放到溫暖的地方醒麵 20-30 分鐘，或直到體積稍微膨脹，但未達兩倍。③

+ 趁著醒麵的時候，在中層的烤箱架上放一個大烤盤或托盤，要確定烤盤或托盤裡放得下長棍麵包烤盤。把烤箱預熱到 230℃。
+ 在發酵好的長棍麵包外皮刷上融化的黃油，然後用麵包割刀或一把鋒利的刀子在表面劃上 3-5 道斜直線。烤 10 分鐘，期間用水噴三次，烤箱門打開時，門縫愈小愈好。④
+ 10 分鐘之後把溫度調降到 200℃，再烤 30-35 分鐘。如果麵包太快變焦，就用鋁箔紙蓋住（光亮面朝上），直到好為止。成品最後應該呈現深焦黃色，重量在 620 克左右或以下（重量大約減少 21%）。
+ 讓長棍麵包在烤盤上冷卻 10-15 分鐘，然後放到金屬架上完全冷卻 —— 最後的重量應該在 610 克左右（重量大約減少 23%）。

保存

最好當天食用，但是如果有需要的話，可以放在密封容器裡保存至隔天。

法式長棍麵包的烘焙比例（b%）和流失的重量

數量名稱	數值
水分	118 b%
澱粉	39 b%
黏合劑	6 b%
烤好及冷卻後預計流失的重量百分比	~23%

註解

① 蘋果醋能為酵母創造弱酸性的環境，使酵母更活躍，有助於形成麵包的孔洞組織。醋酸在這裡的作用相當於酸種。

② 如果不刷上黃油的話，長棍麵包有時候會形成泛白、無光澤的乾硬外皮。刷上黃油使外皮呈漂亮的金黃色，如果你喜歡的話，也可以用葵花油或橄欖油。

③ 如果你沒有長棍麵包烤盤，可以把還沒發酵的長棍麵包放到個別的烘焙紙上，再放到同一張茶巾上，在每條麵包的任一側將茶巾摺起來（像專業的長棍麵包發酵布）。發酵好的長棍麵包，形狀不會像用專用烤盤的那麼圓，但是結果也非常理想。等到麵糰醒好之後就刷上黃油，噴上水，然後連同烘焙紙一起放到熱烤盤上。

④ 直接在長棍麵包上噴水，以保持外皮的柔軟和延展性，讓它順利發生爐內膨脹 —— 有助於創造充滿孔洞的組織。

種籽餐包

份數　6
準備時間　45 分鐘
發酵時間　1 小時 30 分鐘
烘焙時間　30 分鐘

10 克活性乾酵母
20 克細砂糖
380 克水
20 克洋車前子
150 克木薯粉
120 克小米粉，再加上撒在工作
　　枱上的量
60 克糙米粉
8 克鹽
80 克綜合種籽，例如南瓜籽、
　　葵瓜籽亞麻籽和罌粟籽

這些簡單的餐包很適合拿來做三明治，或當做午、晚餐的良伴。但坦白說，我最喜歡就這樣吃，仍然有點兒溫溫的（或烤過），上頭再抹點黃油。

+ 把酵母、糖和 140 克溫水放到一只小碗裡混勻，靜置 10-15 分鐘，或直到混合物開始冒泡。
+ 把洋車前子和其餘 240 克的水放到另一只碗裡混勻，大約經過 15-30 秒鐘之後會形成膠質。
+ 再用另一只碗，將木薯粉、小米粉、糙粉粉和鹽混合在一起。加入酵母混合物和洋車前子膠。
+ 用裝上攪拌勾的升降式攪拌機或用手來揉製麵糰，直到麵糰呈光滑狀，而且開始不會黏住碗（大約 5-10 分鐘）。保留 2 大匙種籽，其餘的加到麵糰裡。混拌 2-3 分鐘，直到混合均勻。
+ 把麵糰放到溫暖的地方發酵，大約 1 小時，或直到體積膨脹成兩倍。把發好的麵糰倒在撒了一層薄粉的工作枱上，將它輕輕拍成一張 15 X 20 公分的長方形，2.5-3.5 公分厚。均分成 6 個小圓球，放到鋪上烘焙紙的烤盤裡，間距至少 2.5 公分。放在溫暖的地方醒麵 30-45 分鐘，或直到體積膨脹成兩倍。
+ 趁醒麵的時候，把烤箱架調整到中間的位置，烤箱預熱到 230℃。
+ 向膨起的餐包輕輕噴灑水，撒上剛剛保留下來的種籽。烤 30 分鐘左右，或直到呈現焦黃色，而且輕敲底部時聽起來像空心的。剛從烤箱裡取出來的 6 個餐包的總重量應該是 680 克左右（重量減少 20%）。
+ 把餐包放到金屬架上冷卻──完全冷卻後的總重量大約是 670 克（重量大約減少 21%）。

保存
放在密封容器裡可保存 3-4 天，但在第 3、4 天時最好先烤過再吃。

種籽餐包的烘焙比例（b%）和流失的重量

數量名稱	數值
水分	115 b%
澱粉	45 b%
黏合劑	6 b%
烤好及冷卻後預計流失的重量百分比	~21%

漢堡包

份數　6
準備時間　45 分鐘
冷卻時間　5 分鐘
發酵時間　1 小時 45 分鐘
烘焙時間　25 分鐘

無麩質烘焙粉

165 克木薯粉
140 克小米粉，再加上撒在工作
　　枱上的量
25 克高粱粉
5 克黃原膠①

湯種

35 克無麩質烘焙粉（見上方）
80 克水

漢堡包麵糰

10 克活性乾酵母
20 克細砂糖
200 克溫水
15 克洋車前子
1 顆蛋，室溫
1 份湯種（見上方）
剩下的無麩質烘焙粉（見上方）
6 克鹽
30 克無鹽黃油，軟化

組合

1 顆蛋，室溫，打散
1 大匙芝麻
1 大匙融化的黃油

優質的漢堡包，其魅力在於光澤的外皮、輕盈蓬鬆卻濃郁香滑的孔洞組織，以及它烤得金黃、焦糖化的完美色澤。這些漢堡包符合上述所有條件，做起來卻毫不費力。湯種（266 頁）讓麵糰扮演這篇食譜裡的核心角色，保證麵糰容易處理，而且烤出來的漢堡包在幾天之後依然柔軟。

無麩質烘焙粉

+ 把所有原料放到一只大碗裡混合均勻，做成無麩質烘焙粉。

湯種

+ 把 35 克無麩質烘焙粉和水放到一只小平底深鍋裡混合均勻。如果看到一些小團塊，別擔心，它們在煮的期間會消失。
+ 以中高火加熱混合物，一直攪拌，直到它形成濃稠的漿料或糊狀（大約 5 分鐘）。
+ 從火源上移開，放到小碗裡，用保鮮膜封住，放到一旁冷卻，待用。

漢堡包麵糰

+ 把酵母、糖和 80 克溫水放到一只小碗裡混勻，靜置 10-15 分鐘，或直到混合物開始冒泡。
+ 把洋車前子和其餘 120 克的水放到另一只碗裡混勻，大約經過 15-30 秒鐘之後會形成膠質。
+ 把酵母混合物、洋車前子膠、蛋、湯種、其餘的無麩質烘焙粉和鹽放到一只大碗裡混勻。用裝上攪拌勾的升降式攪拌機或用手來揉製麵糰，直到麵糰呈光滑狀（大約 5-10 分鐘）。麵糰很黏，而且會黏在碗底和碗壁上。
+ 加入軟化的黃油，再揉 5 分鐘，直到所有的黃油全部融入麵糰。
+ 把麵糰放到抹上薄薄一層油的容器裡，放到溫暖的地方發酵，大約 1 小時到 1 小時 30 分鐘，或直到體積膨脹成兩倍。
+ 把麵糰倒在撒了薄薄一層粉的工作枱面上，均分成 6 份。將每份做成球狀，放到鋪上烘焙紙的烤盤裡，間距至少 5 公分。放到溫暖的地方醒麵 45 分鐘左右，或直到體積膨脹為兩倍。
+ 趁醒麵的時候，把烤箱架調整到中間的位置，烤箱預熱到 200℃。

+ 等麵糰醒好後就刷上蛋液，然後撒上芝麻。烤 25-30 分鐘，或直到呈焦黃色。剛從烤箱裡取出的麵包，重量應該在 650 克左右（重量大約減少 13%）。

+ 麵包從烤箱裡取出後立刻刷上融化的黃油。②放到金屬架上完全冷卻後再食用。最後的重量大約是 640 克（重量大約減少 14%）。

保存

以密封容器放在涼爽、乾燥的地方，可以保存 3-4 天。不過在第 3、4 天時，最好先烤過再吃。

漢堡包的烘焙比例（b%）、比率和流失的重量

數量名稱	數值
水分	85 b%
澱粉	50 b%
黏合劑	6 b%
洋車前子：黃原膠	3:1
烤好及冷卻後預計流失的重量百分比	~14%

註解

① 黃原膠令三明治麵包柔軟、蓬鬆，這是只使用洋車前子時幾乎不可能做到的。

② 刷上黃油使外皮十分柔軟，令漢堡包特別有光澤。

地中海手撕捲

份數　8
準備時間　45 分鐘
發酵時間　1 小時 45 分鐘
烘焙時間　45 分鐘

10 克活性乾酵母
20 克細砂糖
340 克溫水
15 克洋車前子
125 克木薯粉
120 克糙米粉
60 克小米粉，再加上撒在工作
　　枱上的量
25 克高粱粉
6 克鹽
5 克黃原膠
50 克去核的綠橄欖或黑橄欖，
　　切片
30 克曬乾的油漬番茄，濾掉液
　　體，切碎
粗粒玉米粉，用於點撒
橄欖油，刷在表面

我不確定把橄欖加到麵包裡會怎樣，但是這麼做會使風味好上一百倍。這些蓬鬆、柔軟的地中海手撕捲，添加了橄欖、番茄乾，外皮還刷上橄欖油，正是最好的範例。

+ 把酵母、糖和 150 克溫水放到一只小碗裡混勻，靜置 10-15 分鐘，或直到混合物開始冒泡。

+ 把洋車前子和其餘 190 克的水放到另一只碗裡混勻，大約經過 15-30 秒鐘之後會形成膠質。

+ 把木薯粉、糙米粉、小米粉、高粱粉、鹽和黃原膠放到一只大碗裡混勻，加入酵母混合物和洋車前子膠。用裝上攪拌勾的升降式攪拌機或用手來揉製麵糰，直到麵糰呈光滑狀，而且開始不會黏在碗上（大約 5-10 分鐘）。拌入橄欖和番茄。

+ 把麵糰放到溫暖的地方發酵，大約 1 小時，或到體積膨脹成兩倍。把麵糰倒在撒了薄薄一層粉的工作枱面上，均分成 8 份，將每份做成球狀。在一個 20 公分的圓形烤模裡撒上一點粗粒玉米粉，然後把麵球放到烤模裡，彼此緊貼。放到溫暖的地方醒麵 45-60 分鐘，或直到體積膨脹為兩倍。

+ 趁醒麵的時候，把烤箱架調整到中間的位置，烤箱預熱到 200℃。

+ 在麵球頂部刷上橄欖油，撒上粗粒玉米粉，烤 45-50 分鐘，或直到呈焦黃色。烤好的手撕捲總重量應該在 700 克左右（重量減少 13%）。如果手撕捲太快變焦，就蓋上鋁箔紙（光亮面朝上），直到烤好為止。

+ 從烤箱裡取出來，讓手撕捲在烤模裡冷卻 5-10 分鐘，然後放到金屬架上完全冷卻。冷卻後的總重量應該在 690 克左右（重量減少 14%）。

保存
以密封容器放在涼爽、乾燥的地方，可以保存 3-4 天。

手撕捲的烘焙比例（b%）、比率和流失的重量

數量名稱	數值
水分	103 b%
澱粉	38 b%
黏合劑	6 b%
洋車前子：黃原膠	3:1
烤好及冷卻後預計流失的重量百分比	~14%

煮烤貝果

份數　8
準備時間　1 小時
發酵時間　1 小時 30 分鐘
冷卻時間　2 X 2 分鐘
烘焙時間　25 分鐘

8 克活性乾酵母

20 克細砂糖

160 克全脂牛奶，溫的

12 克洋車前子

160 克水，室溫

140 克木薯粉

80 克糙米粉

80 克小米粉，再加上撒在工作
　　枱上的量

8 克黃原膠

8 克鹽

1 大匙糖蜜①

1 顆蛋，打散

1 大匙罌粟籽

1 茶匙雪花海鹽

自選餡料，食用時搭配

註解

① 傳統上貝果是用含有麩質的
大麥芽糖漿或濃縮液製造的。
糖蜜是很理想的替代品，能促
進風味和貝果外皮焦糖化。

② 因為洋車前子和黃原膠不能
完全複製出一般貝果的堅固
麩質網絡，所以我建議你把貝
果放在撒了粉的工作枱上旋
轉，而不要騰空旋轉。

③ 煮的步驟能使外皮定型，限制
貝果膨脹，賦予貝果有嚼感的
典型內部質地。

只能懷念貝果的日子結束了。這些無麩質的尤物貨真價實——金黃色的酥脆外皮，和紮實（但又帶點鬆軟）的內部質地。而且，它們不只是中間挖洞的烤麵包——它們是先煮再烤的貝果，每一口都像讓你造訪了紐約市最好的貝果店。

+ 把酵母、糖和溫牛奶放到一只小碗裡混勻，靜置 10-15 分鐘，或直到混合物開始冒泡。

+ 把洋車前子和水放到另一只碗裡混勻，大約經過 15-30 秒鐘之後會形成膠質。

+ 把木薯粉、糙米粉、小米粉、黃原膠和鹽放到一只大碗裡混勻，加入酵母混合物和洋車前子膠。

+ 用裝上攪拌勾的升降式攪拌機或用手來揉製麵糰，直到麵糰呈光滑狀，而且開始不會黏在碗上（大約 5-10 分鐘）。把麵糰放在溫暖的地方醒麵（發酵）1 小時左右，或直到體積膨脹為兩倍。

+ 把發好的麵糰均分成 8 份。在撒了一層薄粉的工作枱上，把每一小份做成球狀，用你的食指在中間弄一個洞。讓每一個貝果繞著你的手指旋轉，直到洞的直徑達 2.5 公分左右。②把貝果放到抹了一層薄油的托盤裡，放到溫暖的地方發酵 30 分鐘，或直到體積大約膨脹了一半。

+ 用一只大平底鍋把水煮滾，把烤箱架調整到中間的位置，烤箱預熱到 200℃，然後在一個烤盤裡鋪上烘焙紙。把糖蜜加到滾水裡，放入 4 個貝果麵糰，每一面煮 1 分鐘，然後取出來，放到烤盤上。③以同樣的方法處理其餘 4 個貝果麵糰。

+ 幫貝果刷上蛋液，撒上罌粟籽和海鹽，大約烤 25-30 分鐘，或直到呈焦黃色。

+ 放到金屬架上冷卻。如果你想的話，食用時可以切成片狀和塞入餡料。

保存

最好當天食用；或放在密封容器裡保存至隔天，先烤過再吃。

貝果的烘焙比例（b%）和比率

數量名稱	數值
水分	107 b%
澱粉	47 b%
黏合劑	7 b%
洋車前子：黃原膠	3:2

披薩

份數 2（每個直徑 23 公分）
準備時間 1 小時
發酵時間 1 小時 45 分鐘
烘焙時間 2 X 18 分鐘

披薩麵糰

7 克活性酵母
15 克細砂糖
340 克溫水
18 克洋車前子
140 克木薯粉
120 克小米粉，再加上撒在工作
　　枱上的量
40 克高粱粉
8 克鹽
3 大匙橄欖油
2 茶匙蘋果醋①

番茄醬＋配料

200 克罐頭李子番茄
½ 茶匙鹽
¼ 茶匙胡椒
1-2 茶匙乾奧勒岡
100-150 切達乳酪絲，莫札拉乳
　　酪片，或是其他你喜歡的乳酪
8-12 片羅勒葉，食用時搭配

這個無麩質披薩食譜是我的驕傲和喜悅。它的底部香脆結實，披薩餅皮邊緣的質地充滿了孔洞組織。它是貨真價實、令人垂涎三尺、忍不住食指大動的美味披薩。它的處理方式也跟它的小麥版本很像：你可以像處理小麥麵糰一樣的幫它塑形和伸展——不過因為缺乏麩質，所以你要更當心些。洋車前子提供了足夠的彈性，即使不小心把哪裡弄破了，你仍然可以輕鬆地黏回去（或是把那個缺口保留下來，當成一種古樸的風格）。我最喜歡的披薩是有一點點「歪掉」的，披薩餅皮上有幾處燒焦的斑塊——讓你覺得彷彿置身於義大利一家古怪的小吃店裡，吃著以木頭火烤的披薩。

披薩麵糰

+ 把酵母、糖和 160 克溫水放到一只小碗裡混勻，靜置 10-15 分鐘，或直到混合物開始冒泡。
+ 把洋車前子和其餘 180 克的水放到另一只碗裡混勻，大約經過 15-30 秒鐘之後會形成膠質。
+ 把木薯粉、小米粉、高粱粉和鹽放到一只大碗裡混勻，加入酵母混合物、洋車前子膠、1 大匙橄欖油和蘋果醋。用裝上攪拌勾的升降式攪拌機或用手來揉製麵糰，直到麵糰呈光滑狀，而且開始不會黏在碗上（大約 5-10 分鐘）。
+ 把麵糰放到抹了一層薄油的工作枱上，輕輕地揉，形成一個光滑的球狀。把麵糰放在溫暖的地方發酵 1 小時左右，或直到體積膨脹為兩倍。
+ 把發好的麵糰均分為 2 份，然後做成緊密的球狀。如果麵糰表面不是完全光滑的，不用擔心。把麵球放到撒了薄薄一層小米粉的托盤上，蓋上茶巾，放在溫暖的地方醒麵 30-45 分鐘。

番茄醬

+ 用手或食物處理機，把罐頭李子番茄壓碎或打成粗泥。
+ 拌入鹽、胡椒和奧勒岡，然後放到一旁待用。

披薩塑形＋組合

+ 拿一個大托盤放到烤箱中上層的位置，烤箱預熱到 250℃。②
+ 在工作枱面撒上大量的小米粉，把醒好的麵糰放到這個枱面上，用幾根手指往下壓，在麵球中間弄出一個凹洞。再用指關節把麵糰輕輕推開成一個圓形，做的時候一邊旋轉麵糰。你可以小心地把麵糰懸在空中旋轉，用兩隻手抓住邊緣，讓其餘的部分往下懸垂。如此一來，在你像旋轉方向盤一樣地旋轉麵糰時，重力會把麵糰拉長。手要一直抓在邊緣的地方。
+ 一直旋轉、拉長，直到麵糰延長成直徑大約 23 公分的圓形。它的中央應該大約有 2 公釐厚，邊緣 1-2.5 公分處大約有 1-1.5 公分厚。麵糰也許在邊緣或中央有一些缺口──邊緣的缺口在烘焙時會隨著麵糰膨脹起而合起來，中間的缺口可以用手捏合起來。
+ 把披薩餅皮放在工作枱上醒麵 15-20 分鐘。③
+ 把醒好的披薩餅皮放到撒了一層薄粉的披薩烤盤或烤盤上，刷上剩下的橄欖油，把一半的番茄醬舀到餅皮上，均勻地鋪開，一直推到邊緣。④
+ 把披薩從烤盤上滑到熱托盤或熱烤盤裡，烤 15-18 分鐘，直到邊緣呈深焦黃色。趁烤披薩時準備第二片。
+ 從烤箱中取出披薩，撒上乳酪絲，放回烤箱再烤 3-5 分鐘，直到乳酪熱到冒泡。⑤以同樣的方法製做第二片披薩。
+ 冷卻 5 分鐘，然後撒上新鮮的羅勒葉，即可切片食用。

保存

烤好後盡快趁熱食用。

披薩麵糰的烘焙比例（b%）

數量名稱	數值
水分	113 b%
澱粉	47 b%
黏合劑	6 b%

註解

① 蘋果醋能為酵母創造弱酸性的環境，加速酵母的活性，有助於形成披薩餅皮的孔洞組織。醋酸在這裡的作用相當於酸種。

② 高溫和熱托盤或熱烤盤，是做出薄脆披薩餅皮的關鍵，但是如果你有烘焙石板的話更好。

③ 在組合和烘焙前的短時間（最後一次）醒麵，可以促進外緣的披薩餅皮形成更多的孔洞組織和柔軟的口感。

④ 刷上橄欖油多半是為了美觀──否則無麩質披薩餅皮有時候看起來是泛白、沒光澤的。用一點橄欖油稍微刷一下，保證讓披薩餅皮呈現出完美的焦黃色。

⑤ 烤披薩的頭幾分鐘裡只用番茄醬然後再加上乳酪，保證做出薄脆的餅皮和完全融化、冒泡的乳酪。如果你想要的話，可以在加番茄醬的同時放入配料，例如橄欖或意大利辣肉腸。

迷迭香佛卡夏

完美的佛卡夏具有香脆的金黃色油漬外皮，柔軟的孔洞組織，和可口的紮實口感。在這篇食譜裡，洋車前子賦予它彈性和結構；麵糰裡的橄欖油使質地紮實，香氣四溢；高含水量和蘋果醋使內部質地充滿孔洞。

份數 6-8
準備時間 45 分鐘
發酵時間 1 小時 30 分鐘
烘焙時間 50 分鐘

3 枝迷迭香，每枝約 10 公分長
4 大匙橄欖油
8 克活性乾酵母
20 克細砂糖
340 克溫水
18 克洋車前子
140 克木薯粉
120 克小米粉，再加上撒在工作
　　枱上的量
40 克高粱粉
6 克鹽
2 茶匙蘋果醋①
雪花海鹽，用於點綴

註解

① 蘋果醋能為酵母創造弱酸性的環境，使酵母更活躍，有助於形成佛卡夏的孔洞組織。醋酸在這裡的作用相當於酸種。

② 這種佛卡夏比含麩質的佛卡夏需要多很多的烘焙時間。千萬別忍不住在烤到 50 分鐘前就把它從烤箱裡拿出來（無論看起來呈現多麼美麗的焦黃色），因為它的內部質地仍是未熟的稠密狀。

+ 把迷迭香枝撕成或切成 1 公分的小段，加入 2 大匙的橄欖油，混勻，放到一旁待用。
+ 把酵母、糖和 160 克溫水放到一只小碗裡混勻，靜置 10-15 分鐘，或直到混合物開始冒泡。
+ 把洋車前子和其餘 180 克的水放到另一只碗裡混勻，大約經過 15-30 秒鐘之後會形成膠質。
+ 把木薯粉、小米粉、高粱粉和鹽放到一只大碗裡混勻，加入酵母混合物、洋車前子膠、其餘的橄欖油和蘋果醋。用裝上攪拌勾的升降式攪拌機或用手來揉製麵糰，直到麵糰呈光滑狀，而且開始不會黏在碗上（大約 5-10 分鐘）。把麵糰放在溫暖的地方發酵 1 小時左右，或直到體積膨脹為兩倍。
+ 在一個大烤盤或托盤裡鋪上烘焙紙。
+ 把麵糰放到撒了一層薄粉的工作枱上，擀成一張 20 X28 公分的長方形，大約 1 公分厚。放到托盤或烤盤上，必要時輕輕撐開它。拿一條茶巾蓋住，放在溫暖的地方醒麵 30-45 分鐘，直到膨起來。把烤箱架調整到中間的位置，烤箱預熱到 220℃。
+ 用手指在佛卡夏上頭弄出一些小凹洞，把油漬迷迭香放到小凹洞裡，滴上一些浸過迷迭的橄欖油，點撒上海鹽。烤 50-55 分鐘，直到呈現焦黃色。②如果表面太快變焦，就用鋁箔紙蓋住（光亮面朝上），直到烤好為止。從烤箱裡取出來，留在烤盤上冷卻 5-10 分鐘，再放到金屬架上降溫。

保存

最好趁熱或當天食用，或放在密封容器裡保存至隔天，食用前先用微波爐加熱 10-15 秒。

佛卡夏的烘焙比例（b%）

數量名稱	數值
水分	113 b%
澱粉	47 b%
黏合劑	6 b%

速成簡易薄餅

份數　5
準備時間　15 分鐘
烘焙時間　10 分鐘

---

160 克洋車前子
160 克全脂牛奶
100 克木薯粉
80 克糙米粉
40 克小米粉，再加上撒在工作
　　枱上的量
1 茶匙泡打粉
¼ 茶匙鹽
50 克全脂原味優格
20 克橄欖油，再加上烹調和刷
　　抹的量

註解

① 洋車前子加牛奶所形成的膠
　 質，並不如加水所形成的膠質
　 那麼黏稠 —— 它形成膠質的
　 時間較長，質地也沒那麼牢
　 固。不過，它仍然提供了揉製
　 薄餅所需要的柔韌度和彈性。

這些薄餅不用半小時的時間便可上桌，它們是速成午餐或晚餐的理想附餐。這種薄餅相當柔軟、有韌性，即使包滿了各種餡料也不會破裂，是做捲餅的最佳選擇。

+ 把洋車前子和牛奶放到另一只小碗裡混勻，大約經過 2-3 分鐘之後會形成膠質。①
+ 把木薯粉、糙米粉、小米粉、泡打粉和鹽放到一只大碗裡混勻。
+ 加入洋車前子膠、優格和橄欖油，然後把所有東西揉成一個光滑的麵糰。
+ 將麵糰均分成 5 份，都做成球狀。在撒了一點小米粉的工作枱上，把麵球擀成直徑約為 18-20 公分的圓形，大約 1-2 公釐厚。
+ 以大火加熱一只煎鍋，鍋底刷上薄薄的橄欖油，一次煎一張餅。第一張餅大約煎 1 分鐘，或直到它稍微膨起，底面出現一些焦斑。在表面刷上一點橄欖油，然後翻面，再煎 1 分鐘。
+ 煎好後用茶巾把薄餅包起來，放到有蒸氣的地方，使它保持柔軟和韌性。以同樣的方法製做其餘的薄餅，做好後即可食用。

保存

做好後盡快趁熱食用。

皮塔餅

份數　6
準備時間　30 分鐘
發酵時間　1 小時
烘焙時間　3 X 5 分鐘

---

8 克活性乾酵母
10 克細砂糖
230 克溫水
16 克洋車前子
140 克木薯粉
40 克糙米粉
40 克小米粉，再加上撒在工作
　　枱上的量
6 克鹽
1 大匙橄欖油

註解

① 用烤箱烤皮塔餅，使兩面都受
　到高溫烘焙，才能形成中間的
　口袋──這是用煎鍋在爐子
　上煎皮塔餅不一定能得到的
　結果。

從烤箱的玻璃門中瞥見皮塔餅膨起到一個壯觀的高度，是件頗令人開心的事情。不只是它從薄薄的鬆餅狀所產生的巨大變化，你也能從視覺上知道皮塔餅的內部能形成一個大口袋，可以裝得下任何你想塞進去的美食。

+ 把酵母、糖和 70 克溫水放到一只小碗裡混勻，靜置 10-15 分鐘，或直到混合物開始冒泡。
+ 把洋車前子和其餘 160 克的水放到另一只碗裡混勻，大約經過 15-30 秒鐘之後會形成膠質。
+ 把木薯粉、糙米粉、小米粉和鹽放到一只大碗裡混勻，加入酵母混合物、洋車前子膠和橄欖油。用裝上攪拌勾的升降式攪拌機或用手來揉製麵糰，直到麵糰呈光滑狀，而且開始不會黏在碗上（大約 5-10 分鐘）。最後的麵糰應該相當結實、堅挺。
+ 把麵糰放到抹了一層薄油的工作枱上，輕輕地揉，形成一個光滑的球狀。把麵糰放在溫暖的地方發酵 1 小時左右，或直到體積膨脹為兩倍。
+ 拿一個大烤盤放到烤箱中上層的位置，烤箱預熱到 240℃。①
+ 把麵糰勻分成 6 份，做成球狀，再放到撒了一層薄粉的工作枱上擀成直徑大約 15 公分的圓形，厚度 2-3 公釐。
+ 把擀好的皮塔餅放到熱烤盤上，一次 2 張，烤 5-7 分鐘，或直到膨起且呈淡淡的焦黃色。餅在烤箱裡應該 3 分鐘左右就會開始膨起。
+ 烤好後用茶巾把皮塔餅包起來，放到有蒸氣的地方，使餅保持柔軟和韌性，之後即可食用。

保存
烤好後盡快趁熱食用。

皮塔餅的烘焙比例（b%）

數量名稱	數值
水分	105 b%
澱粉	64 b%
黏合劑	7 b%

肉桂捲

份數　12
準備時間　1 小時
發酵時間　1 小時 45 分鐘
烘焙時間　35 分鐘

布里歐麵糰

15 克活性乾酵母

90 克細砂糖

180 克全脂牛奶，溫的

20 克洋車前子

280 克水

310 克木薯粉

260 克小米粉，再加上撒在工作
　　枱上的量

50 克高粱粉

10 克黃原膠

10 克鹽

2 顆蛋，室溫

75 克無鹽黃油，軟化，再加上 2
　　大匙融化的黃油，刷在表面

肉桂餡料

100 克無鹽黃油，融化後冷卻，
　　①再加上 1 大匙塗抹用

125 克細砂糖

2-3 大匙肉桂粉

奶油乳酪糖霜

75 克全脂奶油乳酪，室溫

45 克無鹽黃油

300 克糖粉

1 茶匙香草莢醬

2-3 大匙全脂牛奶（選擇性的）

像充滿肉桂味的香滑美味雲朵，浸在最奢華、可口的奶油乳酪糖霜裡，是對這些肉桂捲最恰當的形容。「奶油般的雲朵」聽起來也許有點誇張，但是它完美地概括了這些肉桂捲的質地：柔軟到不可思議，而且相當溼潤、飽滿。如果你喜歡的話，可以在烤的前一天先把麵糰做好，當成最棒的週日慵懶早餐或午餐。

布里歐麵糰

+ 把酵母、20 克糖和溫牛奶放到一只小碗裡混勻，靜置 10-15 分鐘，或直到混合物開始冒泡。
+ 把洋車前子和水放到另一只碗裡混勻，大約經過 15-30 秒鐘之後會形成膠質。
+ 把木薯粉、小米粉、高粱粉、其餘 70 克的糖、黃原膠和鹽放到一只大碗裡混勻。
+ 加入酵母混合物、洋車前子膠和蛋。用裝上攪拌勾的升降式攪拌機或用手把所有東西攪拌在一起，直到形成柔軟、黏稠的麵糰（大約 5-10 分鐘）。
+ 加入軟化的黃油，再揉 5 分鐘，直到把所有的黃油都揉進去，此時的麵糰相當柔軟、黏稠。
+ 把麵糰放到抹上油的容器裡，置於溫暖的地方發酵 1 小時到 1 小時 30 分鐘，或直到體積膨脹為兩倍。

肉桂餡料＋組合肉桂捲

+ 在一個 23 X 33 公分的長方形烤模裡抹上一點黃油。
+ 把細砂糖和肉桂粉放到一只小碗裡混勻。
+ 準備一大張烘焙紙，撒上大量的小米粉。
+ 把發好的麵糰放到撒上粉的烘焙紙上，再撒上大量的小米粉，然後擀成一張 35 X 55 公分的長方形。（如果麵糰太軟不好處理，就在擀開前先冷藏 15-30 分鐘）。
+ 在擀開的麵皮上刷上黃油，撒上大量的肉桂糖粉。
+ 把麵皮往上捲成一個 55 公分的圓木形（利用烘焙紙去捲），然後用一段長長的牙線或細線（不要用刀）從它上面往下壓，一直切到工作枱上，將它均分成 12 塊。（如果麵糰太軟不好切，你可以把它分成兩塊圓木形，在切開前先冷藏 15-30 分鐘）。

+ 把肉桂捲放到塗了黃油的烤模裡，彼此剛剛好相互接觸到（這讓它們在發酵和烘焙時有足夠的空間膨脹）。如果有的肉桂捲太高，就向下壓扁，讓它們稍微向四周伸展。②
+ 用保鮮膜封住烤模（防止表面乾掉），放到溫暖的地方醒麵45-60 分鐘，或直到體積大約膨脹為兩倍。
+ 把烤箱架調整到中間的位置，烤箱預熱到 180℃。
+ 等肉桂捲醒好後，輕輕地刷上融化的黃油，烤 35-40 分鐘，或直到表面呈淡淡的焦黃色，而且以牙籤測試的結果沒有沾附未熟的麵糰。如果表面太快變焦，就用鋁箔紙蓋住（光亮面朝上），直到烤好為止。
+ 讓它冷卻 15 分鐘，趁這個時候製做奶油乳酪糖霜。

奶油乳酪糖霜

+ 把奶油乳酪和融化的黃油一起攪打到呈光滑狀。
+ 加入糖粉和香草醬，續繼攪打至光滑。
+ 視你需要的稠度，加入 2-3 大匙牛奶，一直攪打到混合均勻為止。
+ 把糖霜均勻地抹在溫溫的肉桂捲上。

保存

最好趁熱食用，或在烤好幾小時內食用。沒吃完的用密封容器保存最多 1 天，食用前以微波爐加熱 20-30 秒。

肉桂捲的烘焙比例（b%）和比率

數量名稱	數值
水分	74 b%
澱粉	50 b%
黏合劑	5 b%
洋車前子：黃原膠	2:1

註解

① 最好的黃油質地非常柔軟，很容易抹開——比一般在「室溫」下軟化的黃油還軟，而且比融化的黃油還濃稠。

② 要隔夜做肉桂捲時，拿保鮮膜封住烤模，放到冰箱冰一整晚。隔天早上把麵糰放在溫暖的地方發酵 1 小時左右，然後依照食譜的指示去烘焙。

巧克力巴布卡

份數　10-12
準備時間　1 小時
發酵時間　1 小時 45 分鐘
冷卻時間　30 分鐘
烹調時間　5 分鐘
烘焙時間　1 小時 10 分鐘

布里歐麵糰

8 克活性乾酵母

50 克細砂糖

90 克全脂牛奶，溫的

10 克洋車前子

140 克溫水

155 克木薯粉

130 克小米粉，再加上撒在工作
　　枱上的量

25 克高粱粉

5 克黃原膠

5 克鹽

1 顆蛋，室溫

35 克無鹽黃油，軟化

巧克力乳脂餡料

75 克黑巧克力（60-70% 的可可
　　塊），切碎

45 克糖粉

40 克全脂奶奶

15 克鹼性可可粉

10 克無鹽黃油①

¼ 茶匙鹽

蛋液

1 顆蛋，稍微打散

1 大匙牛奶

糖漿釉面

25 克細砂糖

1 大匙水

柔軟香滑的麵糰與美味的巧克力乳脂內餡盤繞在一起——在酵母蛋糕巧克力巴布卡（源於猶太教的甜辮子麵包）的世界裡，它一定是最棒的。為了更方便擀開無麩質布里歐麵糰和編成辮子狀（也為了使成果更漂亮），麵糰在擀開前要先放入冰箱冷藏。這個做法能使黃油定型，才更容易處理麵糰。

布里歐麵糰

+ 把酵母、10 克糖和溫牛奶放到一只小碗裡混勻，靜置 10-15 分鐘，或直到混合物開始冒泡。
+ 把洋車前子和水放到另一只碗裡混勻，大約經過 15-30 秒鐘之後會形成膠質。
+ 把木薯粉、小米粉、高粱粉、其餘 40 克的糖、黃原膠和鹽放到一只大碗裡混勻。
+ 加入酵母混合物、洋車前子膠和蛋。用裝上攪拌勾的升降式攪拌機或用手把所有東西攪拌在一起，直到形成柔軟、黏稠的麵糰（大約 5-10 分鐘）。
+ 加入軟化的黃油，再揉 5 分鐘，直到把所有的黃油都揉進去，此時的麵糰相當柔軟、黏稠。
+ 把麵糰放到抹上油的容器裡，置於溫暖的地方發酵 1 小時到 1 小時 30 分鐘，或直到體積膨脹為兩倍。
+ 等到麵糰發好後，就放到冰箱裡冷藏 30 分鐘左右。

巧克力乳脂餡料

+ 把所有巧克力餡料的原料放入一只平底深鍋裡，以中高火加熱，直到巧克力和黃油融化，混合物呈現光滑亮澤的樣子（大約 5 分鐘）。
+ 從火源上移開，放到一旁待用。如果你要抹開的時候已經變硬了，就稍微加熱一下。

組合巴布卡

+ 在一個 900 克的吐司模（23 X 13 X 7.5 公分）裡鋪上烘焙紙。另外準備一張大烘焙紙，撒上大量的小米粉。
+ 把冰過的麵糰放到撒了粉的烘焙紙上，在麵糰上撒上大量的小米粉，然後擀成 28 X 38 公分的長方形。把長方形的短邊轉到靠近你的地方。
+ 將餡料舀到擀開的麵糰上，用曲柄抹刀抹開，一直抹到邊緣，弄成一個薄而均勻的塗層。

+ 從離你較遠的那個短邊開始，把巴布卡捲向你，最後會得到一個 28 公分的圓木形。（如果這時候覺得麵糰太軟不好切，就先冷藏 15-30 分鐘再繼續做）。
+ 把圓木形的縫隙面朝下，用一段牙線或細線縱向切成兩半。②如果你無法用線壓斷最下面幾層，就拿一把塗了油的刀把它切開。
+ 使麵糰的切面朝上，兩股相互交纏。把編好的巴布卡放到鋪了烘焙紙的吐司模裡。（如果你沒有把握就這樣放進去，就把烘焙紙裁成吐司模的大小，利用它把巴布卡放到模子裡）。
+ 用保鮮膜輕輕蓋在吐司模上（防止巴布卡表面乾掉），放到溫暖的地方醒麵 45-60 分鐘左右，或直到體積大約膨脹為兩倍。
+ 把烤箱架調整到中間的位置，烤箱預熱到 180℃。
+ 把蛋和牛奶加在一起攪打，等麵糰醒好後，用蛋液輕輕刷遍整個麵糰。
+ 烤 1 小時 10 分鐘到 1 小時 15 分鐘左右，或直到表面呈焦黃色，且以牙籤測試的結果沒有沾附任何生的或半熟的麵糰。（不過牙籤上會沾有一點巧克力乳脂。）如果巴布卡在烤好前表面太快變焦，就用鋁箔紙蓋住（光亮面朝上），直到烤好為止。

糖漿釉面

+ 把糖和水放到一只小平底深鍋裡，以中高火加熱，直到糖完全溶化，混合物變成稀薄的糖漿。
+ 等巴布卡烤好後，馬上刷上糖漿。
+ 讓巴布卡在吐司模裡冷卻 15-20 分鐘，然後取出來放到金屬架上完全冷卻。

保存

最好當天食用，或以密封容器保存至隔天，食用前微波 20-30 秒。

註解

① 在大部分的小麥巴布卡食譜裡，餡料含有許多黃油和少到幾乎沒有的牛奶，但我不建議無麩質巴布卡使用黃油比例這麼高的餡料，因為在烘焙時，巴布卡的底層會把融化的黃油吸收掉，使質地變得比較稠密。

② 由於麵糰又柔軟又黏，我真的建議你用一根細長的線或牙線來取代刀子或麵粉鏟，把捲好的麵糰分成兩半。這樣的切口很利落，使麵糰和巧克力餡料層層分明。

巧克力巴布卡的烘焙比例（b%）和比率

數量名稱	數值
水分	74 b%
澱粉	50 b%
黏合劑	5 b%
洋車前子：黃原膠	2:1

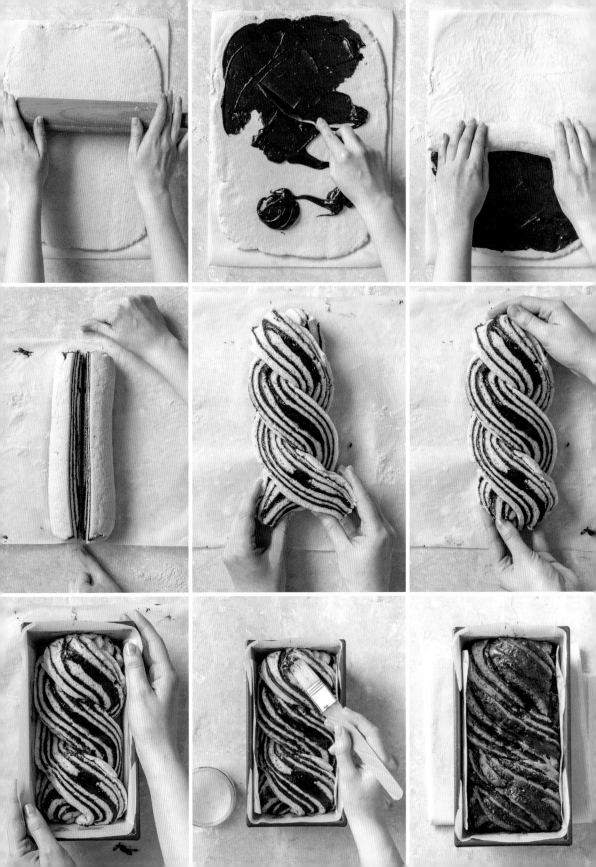

甜甜圈

份數　15
準備時間　1 小時 30 分鐘
發酵時間　1 小時 30 分鐘
冷卻時間　30 分鐘
煎製時間　5 X 5 分鐘

我們在這裡講的是炸得恰恰好的甜甜圈，有著焦黃色的香脆外皮，和蓬鬆的不得了的孔洞組織。這麼好吃的甜甜圈，祕訣在於洋車前子與黃原膠的完美比例、第一次發酵後的短暫冷藏（使黃油定型、麵糰更好處理）和低溫油炸（確保甜甜圈熟透，且外皮不會炸得太焦或太硬）。因為我偏好糖霜和其他配料，所以我提供了三種口味給你選擇，它們都一樣美味。

布里歐麵糰

8 克活性乾酵母

50 克細砂糖

90 克全脂牛奶，溫的

10 克洋車前子

140 克溫水

155 克木薯粉

130 克小米粉，再加上撒在工作枱上的量

25 克高粱粉

5 克黃原膠

5 克鹽

1 顆蛋，室溫

35 克無鹽黃油，軟化

葵花油，用於油炸

簡易糖霜（5 個甜甜圈的量）

150 克糖粉

2½-3½ 大匙全脂牛奶，室溫

½ 茶匙香草莢醬

肉桂口味（5 個甜甜圈的量）

50 克細砂糖

½ -1 茶匙肉桂粉

巧克力口味（5 個甜甜圈的量）

45 克黑巧克力（大約 60% 的可可塊），融化

15 克可可粉

75 克糖粉

3-3½ 大匙全脂牛奶，室溫

巧克力米，用於裝飾

布里歐麵糰

+ 把酵母、10 克糖和溫牛奶放到一只小碗裡混勻，靜置 10-15 分鐘，或直到混合物開始冒泡。

+ 把洋車前子和水放到另一只碗裡混勻，大約經過 15-30 秒鐘之後會形成膠質。

+ 把木薯粉、小米粉、高粱粉、其餘 40 克的糖、黃原膠和鹽放到一只大碗裡混勻。

+ 加入酵母混合物、洋車前子膠和蛋。用裝上攪拌勾的升降式攪拌機或用手把所有東西攪拌在一起，直到形成柔軟、黏稠的麵糰（大約 5-10 分鐘）。

+ 加入軟化的黃油，再揉 5 分鐘，直到把所有的黃油都揉進去，此時的麵糰相當柔軟、黏稠。

+ 把麵糰放到抹上油的容器裡，置於溫暖的地方發酵 1 小時到 1 小時 30 分鐘，或直到體積膨脹為兩倍。

+ 等麵糰發好後，放到冰箱裡冷藏 30-60 分鐘。

甜甜圈塑形＋油炸①

+ 剪出 15 張邊長 9 公分的正方形烘焙紙。

+ 把冰過的麵糰放到撒了一點小米粉的工作枱上，擀成大約 1 公分厚。

+ 拿一個 7.5 公分的圓形模具沾點小米粉，切下幾個圓形，再用 2.5-3 公分的圓形模具在每一個 7.5 公分的圓形中央切出一個洞（拿一個大的擠花嘴倒過來用也可以）。把剩下的麵糰揉在一起，重新擀開再做，直到做出 15 個甜甜圈。

+ 把每個甜甜圈放到烘焙紙上，再放到烤盤裡。用保鮮膜輕輕蓋住，放到溫暖的地方醒麵大約 30 分鐘，或直到明顯膨起來——體積應該增加一半左右。

+ 趁醒麵的時候，拿一只大的平底深鍋，倒入 ⅔ 的葵花油（或是冒煙點高的其他中性油），加熱到 160-165℃。②

+ 小心地把甜甜圈連同烘焙紙一起放入鍋裡，一次 3 個。③大約經過 30 秒後，用料理夾取出烘焙紙。

+ 甜甜圈每一面炸 2.5-3 分鐘左右，然後放到鋪著廚房紙巾的盤子裡。上頭再蓋上另一張廚房紙巾和鋁箔紙，防止蒸氣散逸，保持皮外軟柔。
+ 以同樣的方法製做其餘的甜甜圈，油的溫度一定要維持在 160-165℃。讓所有的甜甜圈慢慢降溫。

簡易糖霜

+ 把所有的糖霜原料混在一起攪打，直到呈光滑狀。
+ 取 5 個甜甜圈沾裹糖霜，然後放到金屬架上，讓多餘的糖霜滴下去。
+ 等 20 分鐘左右，讓糖霜定型、變硬，即可食用。

肉桂口味

+ 把糖和肉桂粉混合在一起。
+ 取 5 個甜甜圈，每一面都沾裹上肉桂糖粉，即可食用。

巧克力口味

+ 把融化的巧克力、可可粉、糖粉和 2 大匙牛奶放到一只耐熱碗裡，攪打成濃稠的糊狀。以微波爐加熱到溫溫的，然後加入其餘的牛奶，每次 ½ 大匙，變成濃稠但仍能流動的程度，可以裹住湯匙背面。牛奶不應該多於 3½ 大匙——如果巧克力醬太濃稠，就稍微加熱一下，讓它變溫。
+ 取 5 個甜甜圈沾裹巧克力醬，然後放到金屬架上，讓多餘的醬汁滴下去。
+ 撒上巧克力米，等 20-30 分鐘讓巧克力醬定型，即可食用。

保存

最好在炸好後的幾小食內食用。不過還沒裝飾的甜甜圈可以放在密封容器裡保存 1 天，食用前再用微波加熱 15-20 秒和裝飾。

甜甜圈的烘焙比例（b%）和比率

數量名稱	數值
水分	74 b%
澱粉	50 b%
黏合劑	5 b%
洋車前子：黃原膠	2:1

註解

① 雖然方法描述的是如何塑形成環形甜甜圈，但是這個食譜也適用於填料甜甜圈。只要省略在中央切一個洞的步驟，然後依指示醒麵和油炸。再用裝上圓孔擠花嘴的擠花袋，在溫熱或冷卻的甜甜圈裡擠入你喜歡的餡料。

② 這個油溫比一般的油溫（通常在 180-190℃ 之間）稍低，因為無麩質甜甜圈需要較長的油炸時間才會熟透。若用較高溫油炸，等到中間變熟時，外皮已經太焦和太脆硬了。

③ 無麩質麵糰比小麥版本的稍微脆弱一點——把麵糰放在烘焙紙上，在把它們放到油鍋裡時會比較方便，不會捏扁麵糰或破壞它們漂亮的圓形。

乾果蘇打麵包

份數　1 條
準備時間　30 分鐘
烘焙時間　1 小時 10 分鐘

50 克無籽白葡萄乾或紫葡萄乾
熱水，用於浸泡

9 克洋車前子

90 克水

185 克小米粉，再加上撒在工作
　　枱上的量

185 克木薯粉

40 克燕麥粉

40 克高粱粉

40 克細砂糖

6 克黃原膠

6 克鹽

1½ 茶匙泡打粉

1½ 茶匙小蘇打粉

360 克白脫牛奶，室溫

1 大匙全脂牛奶

2 茶匙粗砂糖

註解

① 葡萄乾浸水後會更多汁、飽
　和、更好吃。麵包裡的水分不
　足以使葡萄乾溼到這種程度。

② 把麵糰弄得很扁平，並且壓入
　很深的十字紋，不僅是為了美
　觀。無麩質麵包很容易變得又
　乾又硬，這兩種動作能夠幫助
　麵包早點烤熟，以免外皮變得
　太硬。

③ 牛奶能防止外皮變得太硬，而
　糖能賦予麵包美妙的風味和
　漂亮的外觀。

雖然蘇打麵包並不仰賴酵母、而是利用化學膨鬆劑去膨脹，但是麵糰膨脹背後的基本原理都是一樣的：困在麵糰裡的氣體（這次是靠小蘇打粉產生的）遇熱膨脹，使麵包跟著一起膨脹，那就是為什麼必需同時添加洋車前子和黃原膠的原因。雖然大部分的蘇打麵包只用小蘇打粉，不過我也喜歡用泡打粉，它更有助於做出蓬鬆的質地。我特別選擇了這種模仿小麥蘇打麵包的穀粉組合，它們顯然很盡職。

+ 把烤箱架調整到中下層的位置，烤箱預熱到 180℃，在一個烤盤裡鋪上烘焙紙。

+ 把白葡萄乾或紫葡萄乾放到一只小碗裡，用熱水蓋過，靜置 5-10 分鐘，讓葡萄乾吸水、軟化。然後把水倒掉，輕輕擠掉任何多餘的水份。放到一旁待用。①

+ 把洋車前子和 90 克水放到另一只小碗裡混勻，大約經過 15-30 秒鐘之後會形成膠質。

+ 把小米粉、木薯粉、燕麥粉、高粱粉、砂糖、黃原膠、鹽、泡打粉和小蘇打粉放到一只大碗裡混勻。

+ 加入洋車前子膠和白脫牛奶，然後（用手）把所有東西揉在一起，直到麵糰大致形成。當麵糰開始黏結在一起的時候，加入白葡萄乾或紫葡萄乾，揉到分布均勻。最後的麵糰不應該有任何乾粉塊，但不用到完全光滑的程度。

+ 把麵糰放到撒了薄粉的工作枱上，輕輕地揉成球狀。放到鋪上烘焙紙的烤盤裡，輕輕拍成大約 6.5 公分厚的圓盤形。拿一把鋒利的刀，在頂部劃出一個 1 公分深的十字。②輕輕地刷上牛奶，然後撒上粗砂糖。③

+ 大約烤 1 小時 10 分鐘，或直到麵包呈焦黃色，以牙籤測試的結果是乾淨的（沒有沾附未烤熟的麵糰），而且敲打底部時聽起來像是空心的。如果麵包頂部太快變焦，就用鋁箔紙蓋住（光亮面朝上），直到烤好為止。

+ 把蘇打麵包放到金屬架上完全冷卻。剛從烤箱裡取出來的麵包，重量應該在 930 克左右（重量大約減少 11%）。在冷卻期間重量會持續減少，最後的重量是 900 克左右（重量大約減少14%）。

保存

以密封容器置於涼爽、乾燥的地方，可保存 3-4 天。不過在第 3 和第 4 天時，最好先烤過再吃。

早餐
＋
茶點

從淋上楓糖漿的蓬鬆美式鬆餅，到帶著漂亮焦糖色邊緣的巧
克力脆片香蕉麵包，這一章講的都是不用太費力氣的療癒食
物，你可以把它們當成慵懶的早餐或茶點。

這些食譜不需要大費周章的準備或事前規劃，你可以把原料
丟在一起、塞進烤箱，然後就不用操心了。或者，有的是把
原料混在一塊後，放到爐子上料理，不用半個小時便可完成。

總而言之，這些就是我們想一吃再吃、令人懷念的好味道──
其中包括了有精緻花邊的法式可麗餅、香滑可口的司康和簡
易（但好吃的不得了）的維多利亞海綿蛋糕。

法式香草可麗餅

份數　7
準備時間　5 分鐘
烹調時間　10 分鐘

120 克無麩質烘焙粉
¼ 茶匙黃原膠
1 大匙細砂糖①
¼ 茶匙鹽
2 顆蛋，室溫
1 大匙融化的無鹽黃油（選擇性
　的）②，再加上烹調的量
300 克全脂牛奶，室溫
楓糖漿、莓果、堅果或其他配料，
　食用時搭配

註解

① 除了賦予可麗餅足夠的甜味
　之外，糖也為可麗餅帶來特有
　的焦色。這種焦色的產生，來
　自於高溫下胺基酸（蛋白質）
　和糖之間的「梅納反應」。它
　也形成各種複雜而美妙的風
　味和香氣。

② 黃油是選擇性的，但是我建議
　要添加，因為黃油能使可麗餅
　的柔軟和美味維持得更長久，
　並且賦予它們更濃郁的風味。

③ 先把一部分溼原料加到乾原
　料裡的這個方法，能夠減少
　團塊的形成。一開始的軟糊
　狀可以用其餘的溼原料稀釋，
　這樣更容易做出光滑、均勻的
　麵糊。

一大盤花邊法式可麗餅是那麼的討喜，但只要 15 分鐘便可以上桌。它們很薄，而且柔軟細緻，邊緣酥脆，就好像精緻的可麗餅神奇地從巴黎直送到你廚房似的。製做完美可麗餅的祕訣在於很熱的煎鍋，所以一定要在開始前先把鍋子熱好。

+ 把無麩質烘焙粉、黃原膠、糖和鹽放到一只大碗裡攪勻。
+ 加入蛋、融化的黃油和大約 ⅓ 的牛奶。③攪拌均勻，直到變成光滑、濃稠的麵糊。
+ 緩緩倒入剩下的牛奶，繼續攪打。如果完成的麵糊裡有團塊，就用細篩網濾掉。
+ 預熱煎鍋，直到水滴下去時熱得發出嘶嘶聲，而且水珠會彈跳起來。在鍋底塗上一點黃油，用廚房紙巾擦掉多餘的部分，以免燒焦。放入一滿杓麵糊，倒的時候把鍋子拿起來，將麵糊慢慢晃勻，薄薄的覆在鍋底。
+ 以中高火煎 45 秒左右，或直到可麗餅不會黏住鍋子，且向下面呈焦黃色。
+ 翻面後再煎 30-45 秒鐘，直到出現深褐色的斑點，然後盛起來放到盤子上或金屬架上，再用同樣的方法處理剩下的麵糊，直到做出 7 張可麗餅。
+ 完成後立即加上你選擇的配料食用。

保存

如果用保鮮膜包著，在幾個小時內可以保持可麗餅的柔軟，但是要在當天食用完畢。

來點變化

巧克力可麗餅——在乾原料裡加入 1-2 大匙的鹼性可可粉，把糖的用量增加到 2 大匙。

美式鬆餅

份數　6
準備時間　10 分鐘
烹調時間　12 分鐘

130 克無麩質烘焙粉

2 大匙細砂糖

2 茶匙泡打粉

½ 茶匙黃原膠

¼ 茶匙鹽

200 克全脂牛奶，室溫

2 大匙融化的黃油，再加上烹調
　的量

1 顆蛋，室溫

楓糖漿、水果或其他配料，食用
　時搭配

註解

① 濃稠的質地是使鬆餅高而蓬
　鬆的關鍵。稀稀的麵糊會讓鬆
　餅擴散開來，這樣就不像美式
　鬆餅，比較像軟軟的可麗餅。
　基於這個理由，牛奶對烘焙粉
　的比率不能像可麗餅那麼多。

在慵懶的星期天早晨，沒有什麼比上頭堆著莓果、滴著楓糖漿的一疊鬆餅還誘人。你可以盡量修改這個簡易食譜——在麵糊裡扔一把藍莓、加入可可粉、巧克力脆片，甚至融化的巧克力，當做早晨的巧克力拼盤，再夾入榛果抹醬——選項就跟這些鬆餅好吃的程度一樣，沒有極限。

+ 把無麩質烘焙粉、細砂糖、泡打粉、黃原膠和鹽混合均勻。加入牛奶、融化的黃油和蛋，然後攪打成光滑、濃稠的麵糊。①

+ 以中高火加熱一只煎鍋，直到水滴下去的時候發出嘶嘶聲，而且水珠會彈跳起來。在鍋底塗上一點黃油，倒入一滿杓的鬆餅麵糊，用杓背或湯匙背面把麵糊輕輕鋪開成直徑大約 15 公分的圓形。

+ 煎 2 分鐘，直到邊緣定型（摸起來不黏），表面出現氣泡，且鬆餅向下面呈焦黃色。翻面後再煎 2 分鐘。

+ 煎好後把鬆餅放到鋪著廚房紙巾的盤子裡，讓紙巾吸收熱鬆餅下方所產生的凝結水分。以同樣的方法處理其餘麵糊，直到麵糊用完，此時應該有 6 個鬆餅。（視煎鍋的大小而定，也許可以一次煎 2-3 個鬆餅，每做一批前要先在鍋底塗上黃油。）

+ 做好後趁熱食用，如果你喜歡的話，上頭可以放新鮮水果或其他配料和淋上楓糖漿。

保存

最好立即食用，不過這些鬆餅可以維持幾小時的溼潤和蓬鬆。

巧克力脆片香蕉麵包

份數　10
準備時間　15 分鐘
烘焙時間　1 小時

3 根香蕉（去皮的重量大約 330 克），壓碎
3 茶匙檸檬汁
150 克無鹽黃油，融化後冷卻
150 克紅糖
2 顆蛋，室溫
1 茶匙香草莢醬
225 克無麩質烘焙粉
50 克杏仁粉
1½ 茶匙泡打粉
¾ 茶匙小蘇打粉
¼ 茶匙黃原膠
¼ 茶匙鹽
½ 茶匙肉桂粉
¼ 茶匙肉豆蔻（種籽）粉
100-175 克黑巧克力或牛奶巧克力脆片

註解

① 吐司模的顏色會影響香蕉麵包外皮和邊緣焦糖化的程度。如果你的麵包邊緣只要一點點焦糖化，就用淺色吐司模；如果希望外皮顏色深一點，就用深色吐司模，它會使焦糖化更迅速、強烈。兩種都適用於這個麵包，但就我而言，一定會選深色的。

從焦糖化的外皮到蓬鬆、溼潤、含有巧克力脆片的內在質地，這個香蕉麵包正是帶來撫慰的療癒美食。準備的時間只要 15 分鐘左右——雖然烘焙時間要 1 小時（然後至少花半小時等它冷卻），同時你的廚房裡洋溢著令人垂涎的香氣……那絕對需要一些意志力的。

+ 把烤箱架調整到中間的位置，烤箱預熱到 180℃，然後在一個 900 克的吐司模（23 X 13 X 7.5 公分）裡①鋪上烘焙紙。
+ 把香蕉和檸檬汁混合在一起（防止氧化和變成褐色），放到一旁待用。
+ 把融化的黃油和糖放到一只碗裡攪打，直到變得泛白、蓬鬆。（不需要升降式攪拌機或手持式電動攪拌機——用傳統的手持式打蛋器就夠了。）
+ 加入壓碎的香蕉、蛋和香草莢醬，攪打至混合均勻。
+ 加入無麩質烘焙粉、杏仁粉、泡打粉、小蘇打粉、黃原膠、鹽、肉桂粉和肉豆蔻粉，混合均勻，直到麵糊呈光滑狀且沒有團塊。
+ 保留一些巧克力脆片做裝飾用，把其餘的加到麵糊裡，攪拌至分布均勻為止。
+ 把麵糊倒入吐司模裡，將表面抹平，撒上剛剛保留下來的巧克力脆片，烤 1 小時左右，或直到膨起、表面呈焦黃色，以牙籤測試的結果是乾淨的，或是只沾了一點屑屑。如果香蕉麵包太快變焦，就用鋁箔紙蓋住（光亮面朝上），直到烤好為止。
+ 讓麵包在吐司模裡冷卻 15-30 分鐘，然後取出來放到金屬架上完全冷卻（稍微溫溫的也絕對美味可口，只是巧克力脆片尚未冷卻、凝結）。

保存

以密封容器置於室溫下可保存 3-4 天。

來點變化

雙重巧克力香蕉麵包——在麵糊裡添加幾大匙鹼性可可粉。如果想做堅果風味的巧克力變化版，就在麵糊裡加一些巧克力榛果抹醬，或放入切碎的烤核桃或烤榛果。

千層司康

份數　9
準備時間　30 分鐘
烘焙時間　18 分鐘

240 克無麩質烘焙粉
2 茶匙黃原膠
1½ 茶匙泡打粉
½ 茶匙鹽
150 克無鹽黃油，切成方塊後冷藏
35 克細砂糖
80 克全脂牛奶，冷的，再加上 1 大匙做蛋液
3 大匙融化的黃油
1 顆蛋
1 大匙粗砂糖
自選果醬，食用時搭配
重乳脂鮮奶油，攪打到可以形成軟軟的尖角，食用時搭配

註解

① 如果麵糰太軟，也許是因為在揉製時黃油受熱太多，需在擀麵前冷卻 15 分鐘左右。相同的，在擀麵和摺疊的過程中，如果有任何時候覺得麵糰太軟，就先冷卻一下。

② 我發現司康對烤箱的大小極度敏感。這裡的烘焙時間最適合 60-70 升的烤箱，如果你的烤箱比較小（例如 50 升），熱源比較靠近司康，只要把烘焙時間縮短 5 分鐘，就可以得到同樣完美的結果。

製做這些司康的方法（在擀開的麵糰上刷上黃油，做幾次摺疊）令人想起了製做（蓬鬆）千層酥皮的疊層過程——只不過更簡單、迅速。摺疊好的酥皮有明顯的黃油麵糰分層，因此烤好的司康具有更分明的層次。疊層法再加上泡打粉，有助於司康在烘焙時膨起得更高。而最後的對摺做出了自然的摺痕，更方便撕開司康和填入餡料。最後，190℃的烘焙溫度使黃油裡的水分迅速蒸發，我發現，這讓細緻易碎的司康仍然能夠托住餡料而不破裂。

+ 把烤箱架調整到中間的位置，烤箱預熱到 190℃，然後在烤盤裡鋪上烘焙紙。
+ 把無麩質烘焙粉、黃原膠、泡打粉和鹽放到一只大碗裡混合均勻。拌入冷藏過的黃油，直到黃油塊變成豌豆般大小。加入糖，攪拌一下，混合均勻。
+ 加入牛奶，攪拌到麵糰大致成形。如果有需要的話，把麵糰輕輕揉成球形。①
+ 在撒了一層薄粉的工作枱上把麵糰擀成一張 15 X 30 公分的長方形。把其中一個短邊轉到靠近你的地方，然後刷上一半融化的黃油。像摺 A4 信紙一樣把長方形摺成三分之一，然後旋轉 90 度，讓其中一個開口端（短邊）離你最近，另一個離你最遠，再把它擀成一張 15 X 30 公分的長方形。刷上另一半的黃油，然後對摺，你會得到一個邊長 15 公分的正方形，大約 2-2.5 公分厚。如果有必要的話，把麵糰擀到這個厚度。
+ 把麵糰均分成 9 個邊長大約 5 公分的小正方形，放到鋪上烘焙紙的烤盤上。
+ 把蛋和一大匙牛奶倒在一起，輕輕攪打成蛋液，刷在正方形麵糰上，然後撒上粗砂糖。（蛋液不能從側邊流下來，否則可能造成膨起不均勻和不對稱。）
+ 大約烤 18-20 分鐘，或直到司康膨起且呈焦黃色。②司康的高度應該在 3-3.5 公分左右。
+ 趁熱食用或冷卻後食用，頂部用自選果醬和鮮奶油霜做裝飾。

保存

最好當天食用，或把司康放在密封容器裡保存到隔天，食用前先微波 10-15 秒。

維多利亞海綿蛋糕

份數 12
準備時間 45 分鐘
烘焙時間 25 分鐘

225 克無麩質烘焙粉
50 克杏仁粉
3 茶匙泡打粉
¾ 茶匙黃原膠
275 克無鹽黃油，軟化
275 克細砂糖
5 顆蛋，室溫
1 茶匙香草莢醬，
250 克重乳脂鮮奶油，冰的
50 克糖粉，再加上用來點撒的
　　量
150-175 克草莓果醬

註解

① 這種混合法除了更簡單、省時之外，還能做出比標準的糖油拌和法更結實一點的海綿蛋糕。做好的蛋糕不容易塌陷，口感比較溼潤，更適合做成多層蛋糕。

它就是這麼棒，飄散著香草的芬芳，蓬鬆、香滑的海綿蛋糕疊在一起，中間夾著一層厚厚的鮮奶油霜和香甜的草莓果醬——誰能不愛上它？我用 5 顆蛋做了這兩個海綿蛋糕，做出蛋糕：鮮奶油霜的最佳比率。這個經典的英式茶點，讓你忍不住一片接一片的吃。

+ 把烤箱架調整到中間的位置，烤箱預熱到 180℃，在兩個 20 公分的圓形蛋糕模裡鋪上烘焙紙。
+ 把無麩質烘焙粉、杏仁粉、泡打粉、黃原膠、黃油、糖、蛋和香草莢醬放到一只大碗裡，用裝上攪棒的升降式攪拌機或裝上兩個攪棒的手持式攪拌機，或用手持式打蛋器攪打到呈光滑濃稠狀，而且沒有麵粉或黃油團塊。①
+ 把麵糊均分到兩個蛋糕模裡，將表面抹平。烤 25-30 分鐘左右，或直到以牙籤測試的結果是乾淨的。在頭 20 分鐘裡不要打開烤箱門，否則可能導致蛋糕塌陷。
+ 把蛋糕留在模子裡冷卻 10 分鐘，再倒到金屬架上完全冷卻。
+ 把重乳脂鮮奶油和糖粉混在一起攪打，直到可以形成軟軟的尖角。在其中一個海綿蛋糕的頂部抹上草莓果醬，然後把打好的鮮奶油霜舀到上頭，均勻地輕輕塗開。再放上另一個海綿蛋糕，最後撒上糖粉。

保存

以密封容器放在涼爽、乾燥的地方，可保存 1-2 天。

巧克力脆皮草莓烤甜甜圈

份數　6
準備時間　30 分鐘
烘焙時間　12 分鐘

這些不是你平常吃的烤甜甜圈——它們是草莓夾心烤甜甜圈，中間夾著草莓果醬，外面覆著巧克力脆皮。做甜甜圈的夾心很簡單：在凹洞裡填上一部分麵糊，擠一圈草莓果醬，然後再填入剩下的麵糊。發現可口的巧克力甜甜圈裡有草莓果醬夾心，你的臉上一定會自然出現一抹微笑。

烤甜甜圈

100 克無麩質烘焙粉
20 克杏仁粉
50 克紅糖
1 茶匙泡打粉
¼ 茶匙黃原膠
¼ 茶匙鹽
1 顆蛋，室溫
50 克無鹽黃油，融化後冷卻，再加上塗抹的量
40 克全脂牛奶，室溫
40 克全脂原味優格，室溫
½ 茶匙香草莢醬
6 茶匙草莓果醬
冷凍乾燥草莓，輕輕壓碎，用於裝飾

巧克力脆皮

45 克黑巧克力（大約 60% 的可可塊），融化
15 克鹼性可可粉
75 克糖粉
3-3½ 大匙全脂牛奶，室溫

註解

① 如果在烘焙期間有孔洞部分密合起來，就用蘋果去核器或擠花嘴的鈍端切掉多餘的部分。

烤甜甜圈

+ 把烤箱架調整到中間的位置，烤箱預熱到 180℃，在 6 孔甜甜圈（9 公分）模具裡塗上一點黃油。
+ 把無麩質烘焙粉、杏仁粉、糖、泡打粉、黃原膠和鹽放到一只碗裡混合均勻。
+ 把蛋、融化的黃油、牛奶、優格和香草莢醬放到另一只碗裡攪打均勻。把溼原料加到乾原料裡，混合成沒有團塊的光滑麵糊。
+ 把麵糊放到裝上大圓孔擠嘴的擠花袋裡。把草莓果醬攪到鬆軟，然後舀到裝上小圓孔擠花嘴的擠花袋裡。
+ 在模具的凹洞裡擠一層麵糊，大約 ⅓ 滿。用湯匙或曲柄抹刀在麵糊中央做出一道溝槽，把大約 1 茶匙的果醬擠到溝槽裡，然後上頭擠上更多麵糊，使每一個凹洞大約 ⅔-¾ 滿。用湯匙或抹刀輕輕地抹麵糊的頂層，蓋住任何露出來的果醬。
+ 大約烤 12-14 分鐘，或直到甜甜圈膨起，表面呈焦黃色，而且以牙籤測試的結果是乾淨的。把甜甜圈放到金屬架上完全冷卻。①

巧克力脆皮

+ 把融化的巧克力、可可粉、糖粉和 2 大匙牛奶放到一只耐熱碗裡，攪打成濃稠的糊狀。以微波爐或爐子的中火加熱到溫溫的，然後加入其餘的牛奶，每次 ½ 大匙，變成濃稠但仍能流動的程度，可以裹住湯匙背面——牛奶的總量不應該多於 3½ 大匙。如果巧克力醬變得太濃稠，就稍微加熱一下。
+ 把甜甜圈浸到巧克力醬裡，然後放到金屬架上，讓多餘的醬滴下去。
+ 撒上冷凍乾燥的草莓，至少等 20-30 分鐘讓脆皮定型，即可食用。

保存

最好當天食用，或把甜甜圈放在密封容器裡保存到隔天，食用前先微波 10-15 秒。

經典磅蛋糕

份數　10-12
準備時間　30 分鐘
烘焙時間　1 小時

250 克無鹽黃油，軟化
250 克細砂糖
5 顆蛋，室溫
220 克無麩質烘焙粉
¾ 茶匙黃原膠

註解

① 做微焦糖化的邊緣（我的偏好）時，最好使用淺色的吐司模。深色吐司模會加速及加強焦糖化作用，做出深褐色的厚外皮。

② 因為磅蛋糕的膨起仰賴拌入的空氣，所以當你加入蛋的時候要一直維持黃油的乳化狀態（也就是說，混合物不能裂開或分散）——那就是加蛋時要每次極小量地加入的原因。

我喜歡好吃的磅蛋糕。不僅因為每一口都吃得到香甜滑順的美味，也因為它背後的科學超級簡單、有效。這個蛋糕在烤箱膨起時很漂亮，圓拱形頂部的中間有一道金色的裂谷，不過一點兒蓬鬆劑（例如泡打粉）也沒加，而且它的膨起也不仰賴打發的蛋。它的蓬鬆所倚賴的是麵糊裡的氣泡，也就是說，這裡的拌和法相當重要：把黃油和糖攪打成乳脂狀，直到泛白和蓬鬆，然後把蛋分成十次加入，每加一次便攪拌均勻，放入乾原料……所有的動作都能在麵糊中拌入空氣，維持黃油的乳化狀態，如此一來，在你加蛋時混合物才不會分散、裂開。

+ 把烤箱架調整到中間的位置，烤箱預熱到 180℃，在一個 900 克的吐司模（23 × 13 ×7.5 公分）裡鋪上烘焙紙。①
+ 用裝上攪棒的升降式攪拌機或裝上兩個攪棒的手持式攪拌機，攪打黃油 1-2 分鐘。加入細砂糖，再攪打 3-5 分鐘，直到變得泛白、蓬鬆。
+ 在另一只碗裡把蛋打散，然後分成 10-12 批慢慢加到黃油和糖的混合物裡。②每加一次便攪打均勻，攪拌機的速度先慢後快。
+ 等到所有的蛋都加進去之後，再加入無麩質烘焙粉和黃原膠，攪拌均勻。攪拌機的速度一樣先慢後快，攪打 10-15 秒。
+ 把一半的麵糊倒入鋪上烘焙紙的吐司模裡，用一支小的曲柄抹刀將表面抹平，再倒入另一半麵糊，用同樣的方式將表面抹平。為了使蛋糕頂部的裂痕更明顯，用刀或牙籤在表面輕輕劃一道縱直線，大約 1 公釐深。
+ 大約烤 1 小時到 1 小時 10 分鐘，或直到膨起，中間出現裂痕，表面呈現焦黃色，而且以牙籤測試的結果是乾淨的。如果蛋糕太快開始變焦，就用鋁箔紙蓋住（光亮面朝上），直到烤好為止。
+ 把蛋糕從烤箱裡拿出來後留在模具裡冷卻 10-15 分鐘，然後取出來放到金屬架上完全冷卻。

保存

最好當天食用，或是以密封容器保存 3-4 天。在第 3 和第 4 天時，最好放到塗了一點黃油的煎餅鍋或煎鍋裡烘烤。剩下的可以做成麵包布丁。

世界
各地
的點心

我坦白：這一章的存在是因為我就是無法想像一本書裡缺少了無麩質泡芙酥皮點心（令我很驕傲的食譜）的樣子，但是它又與蛋糕、杯子蛋糕和餅乾格格不入。一開始便毫無頭緒，不知道要把它放在哪個類別，索興另闢一章介紹來自世界各地的美味甜點。

這裡有咖啡脆皮泡芙（正是放縱的代名詞）、惑人的千層酥皮、傳奇性十足的咖啡風味提拉米蘇（以真材實料的手指餅乾為基底），和具爆炸性風味、製做講究的林茲餅乾。

光聽這些食譜的名稱，有些令人連小麥版本都不敢嘗試了，更別說有諸多限制的無麩質烘焙。不過，撇開奇幻的名稱和亮眼的外表，這些烘焙產品的製做過程不會比普通蛋糕困難。而且，是的，也包括閃電泡芙。（還有，結果是值得一切辛苦的。）

完美泡芙酥皮

份數 1
準備時間 30 分鐘
烘焙時間 視食譜而定（340 頁和 344 頁）

---

100 克水
100 克全脂牛奶
90 克無鹽黃油，切成方塊
10 克細砂糖
¼ 茶匙鹽
100 克無麩質烘焙粉
2 茶匙黃原膠
4 顆蛋，室溫

註解

① 把熱液體加到烘焙粉裡的方法，保證能做出絲滑的泡芙麵糊。在小麥烘焙裡，把所有麵粉一次加到滾燙的水和牛奶混合物裡的方法，往往容易（用無麩質烘焙粉也一樣）產生麵粉團塊，於是無法掌控泡芙酥皮的膨脹，造成碎裂和不規則的形狀。

② 蛋的實際用量，取決於好幾種因素的結合，例如烹調期間蒸發了多少液體、無麩質烘焙粉的實際用量等等。混合物裡的水分愈多，所需要用的蛋就愈少（反之亦然）。

這篇食譜會一步步引導你，先學會做完美的無麩質泡芙酥皮，然後就能挑戰奶油泡芙或法式閃電泡芙（見 340 頁和 344 頁）。如果你一字不差地照著做，一定會做出如絲緞般細滑的麵糊，在烤箱裡膨脹成金色、輕盈、香脆、空心的泡芙酥皮，只等著你填入風味誘人的餡料。由於無麩質烘焙粉的吸水力比麵粉強（因此遇到液體時會很快形成團塊），所以在每個階段都有幾個額外的技巧來維持麵糊的滑順。不過我還是要提醒，做無麩質泡芙酥皮真的不會很困難。

+ 把烤箱架調整到中間的位置，烤箱預熱到 230℃，然後在一個托盤或烤盤裡鋪上烘焙紙。

+ 把水、牛奶、黃油、糖和鹽放到一只平底深鍋裡，以中高火滾煮。當混合物煮沸的時候，黃油應該已完全融化，鹽和糖也完全溶解。

+ 把無麩質烘焙粉和黃原膠放到碗裡，用裝上攪棒的升降式攪拌機或裝上兩個攪棒的手持式攪拌機攪打均勻。然後持續攪打，並緩緩倒入滾燙的水和牛奶混合物，直到變成濃稠的麵糊。① 繼續攪打成沒有團塊、完全光滑的麵糊。

+ 把麵糊倒回平底深鍋裡，以中火煮 2-3 分鐘，直到麵糰縮小，開始形成球狀。如何辨識麵糰是否做好了，取決於平底鍋的類型：如果用的是不鏽鋼鍋，要看鍋底有沒有形成一層麵糰薄膜；如果用的是不沾鍋，要看鍋底有沒有微滴的油。把鍋子從火源上移開，將麵糰倒回碗裡。

+ 攪拌麵糰 30-60 秒，讓它稍微冷卻（在下一個步驟時蛋才不會凝固），它會釋出更多水蒸氣。

+ 把打散的蛋分成五、六次加到麵糰裡，每加一次就攪拌均勻，直到所有的蛋統統加進去，要刮下碗邊的沾黏物。

+ 最後的麵糊應該滑順有光澤，雖然濃稠但仍可以用擠花袋擠出來。若要測試麵糊做好了沒，可以拿一支抹刀攪拌，然後慢慢提起抹刀，麵糊應該在尾端形成一個 V 字型。為了達到這個程度，你也許不需用到所有的蛋，但也可能需要額外加上 ½ 顆蛋（分成兩半前先打散），所以要不斷測試。②

+ 把泡芙麵糊放到裝上大圓孔或星形擠花嘴的擠花袋裡，擠出脆皮泡芙（340 頁）或閃電泡芙（344 頁）的泡芙酥皮，然後依食譜的指示烘焙。

咖啡奶霜脆皮泡芙

份數 24
準備時間 1 小時 30 分鐘（包括泡芙酥皮）
冷卻時間 30 分鐘
烘焙時間 2 X 40 分鐘
烹調時間 5 分鐘

脆皮
90 克無麩質烘焙粉
¼ 茶匙黃原膠
90 克紅糖
70 克無鹽黃油，軟化

泡芙酥皮
1 份泡芙麵糊（見 338 頁）
24 顆咖啡豆，用於裝飾

咖啡奶霜
250 克全脂牛奶
4-5 茶匙即溶咖啡顆粒
3 顆蛋黃
75 克細砂糖
25 克玉米澱粉
25 克無鹽黃油

香草鮮奶油霜
600 克重乳脂鮮奶油，冷藏
200 克糖粉，篩過
1 茶匙香草莢醬

有些甜點你一輩子也忘不了。我保證，即使過了幾個禮拜或幾個月，這些咖啡奶霜泡芙仍讓你日思夜想、魂牽夢縈。從香脆的酥皮（特別加上一層酥脆的口感）到令人垂涎三尺的咖啡奶霜內餡和一圈圈的香草鮮奶油霜，這些優雅的小點心，同時兼顧了美味和美觀。

脆皮①

+ 把所有做脆皮的原料混合在一起，直到做出一個光滑的麵糰。然後把麵糰夾在兩張烘焙紙之間擀開，直到厚度在 1 公釐左右。
+ 冷藏至少 30 分鐘，或直到摸起來硬硬的。

泡芙酥皮

+ 把烤箱架調整到中間的位置，烤箱預熱到 230℃，然後在兩個烤盤裡鋪上烘焙紙。準備泡芙麵糊（見 338 頁）。
+ 把麵糊放到裝著大圓孔擠花嘴的擠花袋裡，垂直地拿住擠花袋，在鋪上烘焙紙的烤盤裡擠出 12 球泡芙麵糊，每個大約 4 公分寬，4 公分高，間距 3.5-4 公分。
+ 把脆皮從冰箱裡取出來，撕掉上面的烘焙紙，翻面後撕掉另一張烘焙紙。用一個 5 公分的圓形切模，切下圓盤形脆皮，在每個泡芙麵糊上放上一片，輕輕往下壓。
+ 烤箱溫度調降到 170℃，把泡芙麵糊放到烤箱裡烤 20 分鐘，然後稍微打開烤箱門，讓蒸氣跑出去。關上烤箱門，再烤 20 分鐘，或直到泡芙酥皮呈深焦黃色，摸起來有脆硬感，從下方輕敲時聽起來是空心的。
+ 從烤箱中取出泡芙酥皮，用牙籤在每個泡芙酥皮側邊戳個小洞（釋出蒸氣），然後放到金屬架上完全冷卻。
+ 以同樣的方法處理另一盤泡芙酥皮，最後的成品總共是 24 個。

咖啡奶霜

+ 把牛奶和咖啡放到一只平底深鍋裡煮滾。
+ 趁煮咖啡牛奶的時候，將蛋黃和糖混合在一起，攪打至泛白。然後加入玉米澱粉，混合均勻。
+ 把熱牛奶緩緩倒入蛋的混合物裡，期間不停地用力攪打。
+ 把混合物倒回鍋子裡，以中高火加熱，持續攪拌，直到變濃稠（大約 5 分鐘）。
+ 從火源上移開，加入黃油。然後放涼，偶爾攪拌，以免形成浮膜。

香草鮮奶油霜

+ 把重乳脂鮮奶油、糖粉和香草莢醬放到一只大碗裡攪打，直到混合物剛好可以形成挺立的尖角。

組合泡芙

+ 把 ⅓ 的香草鮮奶油霜輕輕拌入咖啡奶霜裡，然後放到裝著星形擠花嘴的擠花袋中（使用適合的大小）。
+ 拿一柄鋒利的鋸齒刀，切掉上面三分之一的泡芙酥皮（上蓋）。把咖啡奶霜擠到底部的凹洞裡，直到滿到邊緣為止。
+ 把其餘的香草鮮奶油霜放到另一個裝有星形擠花嘴的擠花袋裡，在咖啡奶霜上頭擠出一圈，然後蓋回上蓋。以同樣的方法製做其餘的泡芙。
+ 裝飾：在每個夾心泡芙上頭擠一小圈香草鮮奶油霜，然後放上一顆咖啡豆。

保存

未填料的泡芙酥皮裝在密封容器裡，在室溫下可以保存 2 天。填入餡料後，要在 4 小時內吃掉。

註解

① 脆皮有兩個作用。第一，為奶油泡芙增加美妙的酥脆口感。第二，控制泡芙酥皮在烘焙期間的膨脹，維持一般奶油泡芙的圓形。若是沒有脆皮，奶油泡芙的形狀會變得較粗糙、不規則。

巧克力＋焦糖閃電泡芙

份數 16
準備時間 1 小時 30 分鐘（包括泡芙酥皮）
烹調時間 10 分鐘
冷卻時間 1 小時
烘焙時間 2 X 40 分鐘

焦糖鮮奶油霜
100 克細砂糖
600 克重乳脂鮮奶油，室溫
150 克糖粉
1 茶匙香草莢醬

閃電泡芙酥皮
1 份泡芙麵糊（見 338 頁）
1-2 大匙糖粉，用於點撒

巧克力釉面
170 克黑巧克力（大約 60% 的可可塊），切碎
100 克無鹽黃油
1 大匙金色糖漿

焦糖碎片
75 克細砂糖
1 大匙水

香脆的金黃色泡芙酥皮夾著最令人驚艷的焦糖鮮奶油霜，外表覆著一層薄而閃亮的巧克力釉面，上頭點綴著琥珀色的焦糖碎片——你在自己的廚房裡就能夠毫無障礙的做得出來。當然，這需要費點功夫，但是每一口的滿足都讓你覺得一切的付出是值得的。

焦糖鮮奶油霜
+ 把細砂糖放到一只大平底深鍋裡（最好是不鏽鋼的），以中高火加熱，直到融化和變成深琥珀色（焦糖化）。
+ 從火源上移開，慢慢倒入一半的鮮奶油，用力攪拌或攪打。如果攪不動，就放回火源上加熱，直到糖完全溶解。然後再倒入剩下的鮮奶油，混拌均勻。
+ 用篩網過濾焦糖鮮奶油霜，濾掉任何糖渣，然後冷藏 1-2 小時，直到徹底冰透。

閃電泡芙酥皮
+ 把烤箱架調整到中間的位置，烤箱預熱到 230℃，然後在兩個烤盤裡鋪上烘焙紙。準備泡芙麵糊（見 338 頁）。
+ 把麵糊放到裝著 1 公分法式星形擠花嘴的擠花袋裡，以 45° 角拿住擠花袋，在鋪上烘焙紙的烤盤裡擠出 8 個閃電泡芙，間距 2.5 公分——大約是 2 公分寬、10-11 公分長。①用手指沾水，撫平任何參差不齊的邊緣。
+ 在擠出的麵糊上點撒糖粉，烤箱溫度調降到 170℃，把泡芙麵糊放到烤箱裡烤 20 分鐘，然後稍微打開烤箱門，讓蒸氣跑出去。關上烤箱門，再烤 20 分鐘，或直到泡芙酥皮呈深焦黃色，摸起來有脆硬感，從下方輕敲時聽起來是空心的。
+ 從烤箱中取出泡芙酥皮，用牙籤在每個泡芙酥皮側邊戳個小洞（釋出蒸氣），然後放到金屬架上完全冷卻。
+ 以同樣的方法處理另一盤泡芙酥皮，最後的成品總共是 16 個。

巧克力釉面

+ 把巧克力、黃油和金色糖漿放到一只耐熱碗裡,以平底鍋隔水加熱融化(或用微波爐)。混合均勻,直到變成光亮、可流動的巧克力釉料。讓它降溫到 32-34℃。②
+ 把泡芙酥皮的上半部浸到巧克力釉料裡,邊緣留下 3-4 公釐的空白。輕輕搖晃泡芙酥皮,滴掉多餘的釉料,然後用牙籤清掉邊緣上多餘的巧克力。
+ 靜置於室溫下,讓釉面定型。

焦糖碎片

+ 在一個烤盤裡鋪上烘焙紙。
+ 把糖和水放到一只平底深鍋裡(最好是不鏽鋼的)加熱,直到糖變成深焦黃色。
+ 把焦糖倒入烤盤裡,讓它擴散成均勻的薄層。
+ 等冷卻、變硬後,用刀子切成小碎片。

組合泡芙

+ 把糖粉和香草莢醬加到冰過的焦糖鮮奶油霜裡,然後用裝上打蛋器的升降式攪拌機或裝上兩個攪棒的手持式攪拌機,攪打到可以形成軟軟的尖角。
+ 把打好的鮮奶油霜放到裝著玫瑰花瓣擠花嘴(或其他自選擠花嘴)的擠花袋裡,在每個下層的泡芙酥皮上擠出相同的量,然後蓋回上層的泡芙酥皮。以焦糖碎片做裝飾後即可食用。

保存

尚未填入餡料的泡芙酥皮,以密封容器置於室溫下可保存 2 天。填入餡料之後,需在 4 小時內食用完畢。

註解

① 法式星形擠花嘴能做出外形最美的閃電泡芙,因為它從一開始就能形成最大的表面區域,使泡芙酥皮在烤箱裡輕易地膨脹起來。這能降低泡芙酥皮裂開的可能性 —— 假如用的是圓孔擠花嘴便很可能發生。如果你沒有法式星形擠花嘴,其次的選擇是大孔星形擠花嘴。

② 在 32-34℃,巧克力醬能夠呈現美麗的光澤,其流動性也足以形成薄而精緻的表層。

覆盆子＋巧克力歐培拉蛋糕

份數　6
準備時間　1 小時 30 分鐘
烘焙時間　10 分鐘
冷卻時間　1 小時 15 分鐘

杏仁海綿蛋糕
葵花油，用於塗抹
100 克糖粉
100 克杏仁粉
3 顆蛋，室溫
3 顆蛋白，室溫
15 克細砂糖
15 克無麩質烘焙粉
¼ 茶匙黃原膠
新鮮覆盆子，用於裝飾

巧克力甘納許
200 克黑巧克力（60-70% 的可可塊），切碎
275 克重乳脂鮮奶油

覆盆子瑞士蛋白奶油霜
50 克冷凍乾燥覆盆子①
30 克糖粉
4 顆蛋白
250 克細砂糖
¼ 茶匙塩□粉
250 克無鹽黃油，軟化

巧克力釉料
170 克黑巧克力（大約 60% 的可可塊），切碎
100 克無鹽黃油
1 大匙金色糖漿

美麗的法式歐培拉蛋糕真的是層層美味。在這篇食譜裡，杏仁海綿蛋糕結合了奢華的黑巧克力甘納許和香醇的覆盆子瑞士蛋白奶油霜，覆盆子的微酸與蛋糕的濃郁正是絕妙的搭配。最後還有光亮的巧克力釉面，雖然看起來複雜，但其實很簡單，只要在適合的溫度範圍裡，就能夠呈現出最美的亮麗光澤。

杏仁海綿蛋糕
+ 把烤箱架調整到中間的位置，烤箱預熱到 180℃，在一個 25 × 35 公分的淺托盤裡鋪上烘焙紙。將葵花油薄薄地塗在烘焙紙上。②
+ 把糖粉和杏仁粉混合在一起，加入整顆雞蛋，然後用裝上打蛋器的升降式攪拌機或裝上兩個攪棒的手持式攪拌機，以中高速攪打 5 分鐘左右，或直到混合物泛白，而且體積膨脹為兩倍。
+ 在另一只碗裡攪打蛋白（用乾淨的打蛋器），直到呈白沫狀，然後一邊慢慢地加入細砂糖，一邊繼續攪打。等所有的糖都加進去之後，再攪打 2-3 分鐘，直到蛋白可以形成挺立的尖角。
+ 把 ⅓ 的蛋白拌入杏仁混合物裡，徹底混合均勻。放入無麩質烘焙粉和黃原膠，再混合均勻。然後加入剩下的蛋白，輕輕拌均，盡量讓混合物含有大量氣泡。
+ 把麵糊倒到鋪上烘焙紙的托盤裡，將表面抹平，厚度要均勻。大約烤 10-12 分鐘，或直到表面呈焦黃色，而且以牙籤測試的結果是乾淨的。
+ 把蛋糕留在托盤裡冷卻，然後用刮刀從邊緣讓蛋糕脫模。

巧克力甘納許
+ 把切碎的黑巧克力放到一只耐熱碗裡。
+ 把重乳脂鮮奶油放到平底鍋裡加熱到剛好沸騰的程度，然後倒到巧克力上頭。靜置 4-5 分鐘，然後一直攪拌到變成滑順有光澤的甘納許。
+ 將甘納許冷藏 30 分鐘左右，每 10 分鐘攪拌一次，直到變成柔軟但可分開的軟硬度。

第一階段組合
+ 在第二個托盤裡鋪上烘焙紙。把冷卻的蛋糕倒進去，撕掉最上面的烘焙紙。
+ 把巧克力甘納許均勻地塗滿整個海綿蛋糕頂部，冷藏 15-30 分鐘，直到甘納許定型、變硬。趁冷藏的期間做蛋白奶油霜。

覆盆子瑞士蛋白奶油霜

+ 把冷凍乾燥的覆盆子和糖粉放到食物處理機或攪拌機裡打成細粉，用篩網篩掉粉渣，放到一旁待用。③

+ 把蛋白、細砂糖和塔塔粉放到一只耐熱碗裡混勻，用平底鍋隔水加熱。不停攪拌，直到蛋白混合物達到 65℃，而且糖完全溶解。

+ 從火源上移開，用裝上打蛋器的升降式攪拌機或裝上兩個攪棒的手持式攪拌機，以中高速攪打 5-7 分鐘，直到體積大幅增加。在進行下一步驟之前，要確定蛋白奶油霜已降至室溫。

+ 一邊加入黃油，每次 1-2 大匙，一邊以中速繼續攪打。如果你用的是升降式攪拌機，我建議在這一步驟換把打蛋器換成攪棒。④

+ 繼續攪打，直到用完所有的黃油，而且蛋白奶油霜看起來光滑、蓬鬆。加入打成粉的覆盆子，混合均勻。

第二階段組合

+ 把蛋白奶油霜均勻地抹在冷卻的甘納許上頭，然後冷藏 15-30 分鐘，直到蛋白奶油霜變硬。

+ 修掉大約 5 公釐到 1 公分的邊緣，才能做成剛好 23 X 30 公分的長方形。把長方形分成三塊，每一塊的大小是 10 X 23 公分。

+ 把三塊長方形疊在一起，邊角對齊。必要時冷藏至少 15 分鐘。

+ 做巧克力釉料：把巧克力、黃油和金色糖漿放到一只耐熱碗裡，以平底鍋隔水加熱融化。混合均勻，直到變成光亮、可流動的巧克力釉料。讓它降溫到 32-34℃。⑤

+ 把冰好的蛋糕放到金屬架上，在金屬架下面放一個烤盤或大盤子。倒上巧克力釉料，讓它覆裹住蛋糕頂部和側邊。若有需要，用曲柄抹刀抹平釉料，但小心不要弄到下層的奶油霜，否則可能在釉面上劃出白條紋。

+ 放在室溫下定型至少 30 分鐘，切掉短邊，露出層次，然後均切成 6 片（每一片的寬度稍微小於 4 公分）。以新鮮覆盆子裝飾後即可食用。

保存

以密封容器放在冰箱裡可保存 3-4 天。從冰箱裡取出後，退冰至少 10-15 分鐘，回復到室溫後再食用。

註解

① 冷凍乾燥的覆盆子賦予奶油霜強烈的色澤和風味，而不會增加溼度（濃縮汁或水果泥會添加水分）。這樣就減低了奶油霜散裂的機率。

② 在烘焙紙上抹點油，能防止海綿蛋糕沾黏（對於這種相對來說比較薄的海綿蛋糕，沾黏是很常見的問題）。

③ 把糖粉加到冷凍乾燥的覆盆子裡，比較容易將覆盆子打成細粉，同時糖粉也分擔了覆盆子裡僅存的少許水分，有助於防止及奶油霜散裂。

④ 用攪棒取代打蛋器，拌入的空氣比較少，在此時能做出絲滑般的質地。

⑤ 在 32-34℃，巧克力釉面能夠呈現美麗的光澤，其流動性也足以形成薄而精緻的表層。同時，它也不會因為太熱而融化了上層的奶油霜。關於疑難排解的技巧，請參考 46 頁的「瑞士蛋白奶油霜」。

巧克力＋香草法式千層酥

份數　5
準備時間　1小時（不含酥皮）
冷卻時間　35分鐘
烘焙時間　28分鐘

巧克力和香草的經典組合，尤其是又結合了焦糖千層派皮的鬆酥層次，搭配得天衣無縫。雖然這種千層酥看起來超級夢幻，就像直接來自於法國的甜點，但實際上的製做過程非常簡單。最後撒上可可粉和糖粉，便是具有畫點睛效果的專業裝飾（而且毫不費力），做出這道讓人直流口水的經典甜點。

1份蓬鬆千層酥皮（見205頁）
1-2大匙糖粉，再加上1大匙用於裝飾的量
1大匙鹼性可可粉，用於裝飾

巧克力甘納許

130克黑巧克力（60-70%的可可塊），切碎
180克重乳脂鮮奶油

香草鮮奶油霜

150克重乳脂鮮奶油，冰的
50克糖粉，篩過，若有需要，可再加上少許用量
½茶匙香草莢醬

蓬鬆千層酥皮

+ 依照205頁的指示預製酥皮麵糰。
+ 把烤箱架調整到中間的位置，烤箱預熱到200℃。從冰箱或凍箱裡取出蓬鬆千層酥皮麵糰，依照205頁的指示放在室溫下回溫（防止碎裂）。
+ 在撒了一點粉的烘焙紙上把麵糰擀成大約3公釐厚的麵皮，裁出一個22 X 44公分的長方形，再把長方形裁成2個邊長22公分的正方形。冷藏15分鐘左右，直到變硬。
+ 把兩張正方形酥皮連著烘焙紙一起滑到烤盤裡，蓋上另一張烘焙紙，再蓋上第二張烘焙紙，防止酥皮在烤箱裡膨脹得太大。（如果烤盤和烤箱不能一次烤2份酥皮，就先烤一份，然後再烤第二份。）
+ 烤25-30分鐘，或直到酥皮呈現均勻的深焦黃色。大約20分鐘之後，開始每3-4分鐘檢查一次，確定沒有烤過頭。
+ 幫酥皮點撒上糖粉，放回烤箱，不用蓋烘焙紙，大約烤3-4分鐘，讓糖粉焦糖化。要時時留意，因為很容易烤焦。
+ 從烤箱裡取出來，放到金屬架上冷卻。

巧克力甘納許

+ 把切碎的黑巧克力放到一只耐熱碗裡。
+ 把重乳脂鮮奶油放到平底鍋裡加熱到剛好沸騰的程度，然後倒到巧克力上頭。靜置4-5分鐘，然後一直攪拌到變成滑順有光澤的甘納許。
+ 將甘納許冷藏20分鐘左右，每5分鐘攪拌一次，直到變成可以用擠花袋擠出的軟硬度。（如果甘納許冷藏後變得太硬，就用微波爐加熱，或用平底鍋隔水加熱，直到達到需要的軟硬度。）

香草鮮奶油霜

+ 把重乳脂鮮奶油、糖粉和香草莢醬放到一只大碗裡攪打，直到混合物可以形成挺立的尖角。這個時候如果你想調整甜度的話，可以加入更多糖粉。

組合千層酥

+ 用一把鋸齒刀修整冷卻酥皮的邊緣，做成 2 張邊長 20 公分的正方形。把每個正方形分成 8 個 5 X 10 公分的小長方形，最後總共得到 16 個小長方形。在組合千層派的時候只需要用到 15 個。
+ 把鮮奶油霜和甘納許分別放到不同的擠花袋裡，都使用大孔星形擠花嘴。
+ 在 10 片長方形酥皮上交錯地擠出奶油霜和甘納許花 —— 每片酥皮上有兩排，每一排裡有 4 朵花。奶油霜和甘納許花的順序和鄰近的另一排相反（把上下兩片酥皮組合起來的原則也是如此），然後把兩片酥皮疊在一起。①
+ 拿一張紙，其中一邊放在剩下的長方形酥皮的對角線上，把糖粉撒在露出的那一半酥皮上，然後把紙小心地翻過來，蓋住糖粉，把可可粉撒在另一半的酥皮上。以同樣的方式處理其餘 4 片酥皮。
+ 把撒好糖粉和可可粉的酥皮蓋到堆好的千層酥上，即可食用。

保存

最好當天食用，不過可以用密封容器放在涼爽、乾燥的地方，保存 2-3 天。假如是冷藏保存，從冰箱裡取出後，退冰至少 30 分鐘，回復到室溫後再食用。（冷藏後的甘納許會比較硬，因為巧克力會在冰箱裡結晶。）

註解

① 先把鮮奶油霜和甘納許擠到每片長方形酥皮上，再疊在一起，每一層的高度才會一樣。（有些人是先擠第一層花，堆上第二層酥皮，再擠第二層花，但是這樣有可能把第一層花壓扁。）

提拉米蘇

份數　10-12
準備時間　1 小時
烘焙時間　2 X 20 分鐘
冷卻時間　4 小時

手指餅乾

（32-34 個）

3 顆蛋，分離蛋黃和蛋白
120 克細砂糖
140 克無麩質烘焙粉
10 克玉米澱粉①
1 茶匙泡打粉
¼ 茶匙黃原膠
50 克粗砂糖
30 克糖粉

馬斯卡彭鮮奶油霜

750 克馬斯卡彭乳酪，冰的
450 重乳脂鮮奶油，冰的
250 克糖粉
1-1½ 茶匙香草莢醬

組合

4-6 大匙即溶咖啡顆粒②
2 大匙細砂糖
600 克滾水
1-2 大匙鹼性可可粉

自己做手指餅乾，聽起來有點令人膽怯，但實際上它是一塊蛋糕——而且這個經典的義式甜點版本所採用的元素，更讓它好吃的不得了。做手指餅乾的時候，要把蛋黃和蛋白分開，個別和糖打在一起，才能拌入最多的空氣，而且要當心，不要讓混合物變塌了。點撒上糖粉，能讓餅乾膨脹得很漂亮，用較長時間以 170℃烘焙，讓餅乾變得脆硬，才適合浸在咖啡裡。如果可以的話，在前一天先把提拉米蘇做好，讓它的風味融合的更醇厚。

手指餅乾

+ 把烤箱架調整到中間的位置，烤箱預熱到 170℃，在兩個烤盤裡鋪上烘焙紙。
+ 用裝上打蛋器的升降式攪拌機或裝上兩個攪棒的手持式攪拌機，以高速攪打 3 顆蛋白和一半的細砂糖 4- 5 分鐘，或直到混合物可以形成軟軟的尖角。（如果需要的話，把蛋白放到另一只碗裡。）
+ 以高速攪打蛋黃和另一半砂糖 2-3 分鐘，直到混合物從打蛋器上滴下來的時候，它的稠度足以維持堆疊一會兒的狀態。
+ 把蛋黃輕輕拌入蛋白裡，直到剛好拌勻（大約用抹刀攪 8 下）。
+ 把無麩質烘焙粉、玉米澱粉、泡打粉和黃原膠放到蛋的混合物裡，輕輕拌到沒有粉質團塊為止（大約攪 30-35 下）。
+ 把麵糊放到裝著 1 公分圓孔擠花嘴的擠花袋裡，在烤盤裡擠出長條。每一條的大小應該是 10 公分長、2 公分寬，間距 2 公分（每個烤盤上有 16 條手指餅乾）。
+ 把粗砂糖和糖粉混合在一起，取一半的量大量撒在手指餅乾上。（第二盤等到放入烤箱前再撒糖。）③
+ 一次烤一盤，每盤大約 20-24 分鐘，直到膨起，表面有點裂痕且呈焦黃色。讓手指餅乾留在烤盤裡直到完全冷卻。

馬斯卡彭鮮奶油霜

+ 用裝上打蛋器的升降式攪拌機或裝上兩個攪棒的手持式攪拌機，把所有的馬斯卡彭鮮奶油霜原料攪打在一起，直到可以形成很柔軟的尖角。放到一旁待用。

組合提拉米蘇

+ 用即溶咖啡顆粒、糖和滾水沖咖啡，調出你喜歡的濃度。讓它降溫或降至室溫，然後倒到廣口碗裡。
+ 準備一個 32 X 20 X 6 公分（或差不多大小）的烤盤或餐盤——要大到放得下一半的手指餅乾（鋪成一層）。
+ 把手指餅乾浸到啡裡 1-4 秒鐘，直到浸透但不溼軟。④然後一個挨著一個排在盤底，直到把一半的餅乾用完。（有必要的時候，為了排放整齊，在浸泡前先把手指餅乾折斷。）
+ 把一半的馬斯卡彭奶油霜舀到手指乾上頭，鋪成均勻的一層。
+ 浸泡其餘的手指餅乾，然後放到剛剛鋪好的馬斯卡彭奶油霜上頭，把剩下的奶油霜舀到第二層手餅乾上，將表面抹平。
+ 蓋上蓋子後冷藏至少 4 小時，或者最好冷藏一整晚。食用前再撒上裝飾用的可可粉。

保存

以密封容器放在冰箱裡可保存 2-3 天。

註解

① 玉米澱粉比無麩質烘焙粉更容易吸收水分、使麵糊變稠，讓你擠出高高的手指餅乾。（無麩質烘焙粉比小麥麵粉更容易吸收水分，因此用無麩質烘焙粉做手指餅乾會比用小麥麵粉稍微容易些。）

② 你要添加的咖啡量，取決於你對咖啡風味的喜好，我通常用 6 大匙。

③ 雖然粗砂糖在這裡的作用是卡滋做響的口感，但糖粉絕對是做出高高的手指餅乾的主要因素。倘若沒有糖粉，手指餅乾在烘焙時只會膨起一點點。

④ 浸泡的時間決定了手指餅乾的咖啡味濃度、軟度和進入你口中入口即化的程度。根據咖啡的溫度調整浸泡時間——如果是溫的，浸泡時間稍短（1-2 秒），如果是涼的，浸泡時間稍長（3-4 秒）。

貴婦之吻

份數　36
準備時間　45 分鐘
冷卻時間　10 分鐘
烘焙時間　2 X 12 分鐘

---

130 克榛果①
100 克細砂糖
100 克無鹽黃油，軟化
130 克無麩質烘焙粉
½ 茶匙黃原膠
¼ 茶匙鹽
85 克黑巧克力（60-70% 的可可塊），融化

註解

① 在 125 克到 135 克的範圍內，你可以改變榛果和無麩質烘焙粉的用量（比率維持 1:1），不過用量在 130 克的時候，麵糰既方便揉製，也容易在烘焙時維持形狀。各 125 克的榛果和烘焙粉所組成的麵糰，容易延展和裂開，但比較好擀開；如果是各 135 克，麵糰易碎，很難擀開，但容易維持平整的形狀，不容易裂開。

烤榛果和巧克力，放到香脆、入口即化的一口餅乾裡──令人感覺好像來到了餅乾天堂。「貴婦之吻」雖然小小一顆，但每一口都蘊藏了大量的美妙風味。而且，它們讓你的廚房聞起來像義式糕點店，彷彿陳列了一排排精心擺設的誘人點心。

+ 把榛果放到煎鍋裡以中高火加熱 10 分鐘左右，直到出現深焦黃色的斑點，而且外皮開始鬆脫。放到乾淨的茶巾上，用力搓揉，去掉外皮，然後讓榛果冷卻。
+ 把烤箱架調整到中間的位置，烤箱預熱到 160℃，在兩個烤盤裡鋪上烘焙紙。
+ 用食物處理器快速攪打烤榛果，直到打成細末（大約 30-60 秒）。加入細砂糖，再打 30-60 秒。
+ 加入黃油，攪打至呈滑順的鮮奶油狀。
+ 加入無麩質烘焙粉、黃原膠和鹽，以快轉攪打成較乾的麵糰，然後倒到工作枱上，稍微揉成一顆球。
+ 取 1 茶匙大小的麵糰（每個大約 6 克）揉成小球（你需要 72 顆小球來做 36 個貴婦之吻），然後放到鋪上烘焙紙的烤盤裡，間距 1 公分。麵糰可能有點兒易碎，但是揉成小球應該沒問題。
+ 一次烤一盤，每盤 12 分鐘左右，直到麵球剛好開始變成淡焦黃色。讓餅乾在烤盤裡完全冷卻，因為它們在溫暖的時候很軟。
+ 取少許巧克力（大約 1.5 克，大巧克力脆片的大小）放到餅乾的平面上，再用另一個餅乾夾住，兩個平面相對。用同樣的方法處理其餘的餅乾，最後總共做出 36 個貴婦之吻。巧克力在室溫下定型後即可食用。

保存
以密封容器置於室溫下可保存 1 週。

雪酪＋紐約式奶油乳酪蛋糕

份數　10-12
準備時間　45 分鐘
烘焙時間　1 小時
冷卻時間　4 小時

飄著香草芬芳、口感滑順的紐約乳酪蛋糕，再搭配餅乾屑做成的柔滑、酥脆的底層，誰能不愛上它？這個食譜不需要水浴法，因為室溫的原料、以最低速攪拌餡料（或用手混拌）、以 140℃ 低溫烘焙、以及讓烤好的蛋糕在關火的烤箱裡冷卻至室溫，這一切已足夠做出最好的成品──絲絨般的滑順質地，而且一點裂痕也沒有。

½ 份消化餅乾（16 片，見 164 頁）

40 克無鹽黃油，融化①

800 克全脂奶油乳酪，室溫

150 克全脂原味優格，室溫

200 克細砂糖

20 克玉米澱粉

4 顆蛋，室溫

1 大匙檸檬汁

1 茶匙香草莢醬

1 顆無蠟檸檬皮（選擇性的）

罐頭糖漬去核櫻桃，食用時搭配（選擇性的）

註解

① 這裡的黃油用量是假設你使用了 164 頁的消化餅乾，如果不是的話，你也許要增加黃油的量。慢慢地加進去，直到達到溼砂似的質地，而且在壓的時候混合物能夠維持它的形狀。

② 50 分鐘的烘焙時間只是個參考，要提早 10 分鐘檢查乳酪蛋糕 ── 看看中央的晃動情況和邊緣的蓬鬆程度，再決定是否烤好了。

③ 乳酪蛋糕的質地和風味到了隔天會更好，所以如果可以的話，最好提前一天製做。

+ 把烤箱架調整到中間的位置，烤箱預熱到 180℃，在一個 20 公分的圓形彈簧扣蛋糕模的底部和側邊鋪上烘焙紙。

+ 用食物處理機把消化餅乾打成細屑，或是把餅乾放到結實的拉鍊袋裡用擀麵棍敲碎。

+ 取 220 克的餅乾屑和融化的黃油混合在一起，直到混合物呈現溼沙似的質地。放到鋪了烘焙紙的模具裡，用玻璃杯或量杯的底部壓成厚度均勻、邊緣提高大約 1.5-2 公分的底層。

+ 把模具到放烤盤或托盤裡，才能接住任何漏出來的東西，烤 10 分鐘左右，然後從烤箱裡取出來，讓它降溫。烤箱溫度調降至 140℃。

+ 用裝上攪棒的升降式攪拌機的最低速，或用傳統手持式打蛋器（避免電動手持式攪拌機，否則會拌入太多空氣，導致乳酪蛋糕裂開）把鮮奶油乳酪和優格攪打在一起，直到呈光滑狀。小心不要拌入太多空氣。

+ 加入細砂糖和玉米澱粉，混合均勻。加入蛋，一次一顆，每加一顆就混拌一次。然後加入檸檬汁、香草莢醬和檸檬皮（如果有用的話），混合均勻。

+ 把乳酪蛋糕糊倒到底層上，將表面抹平，烤 50 分鐘左右。②烤好的蛋糕邊緣會稍微膨起，可能產生一些細小的裂痕（待邊緣冷卻、定型後會合起來）。中間應該有一個大約 9 公分寬的溼潤圈，當你輕輕搖晃它時它會晃動。蛋糕頂部應該是米白色的，邊緣帶有微微的淡金色。

+ 關掉烤箱的火，烤箱門稍微開著，把蛋糕留在裡面冷卻 1 小時，直到降至室溫。

+ 把蛋糕放到冰箱裡至少 4 小時，最好冷藏一個晚上，然後再脫模。③如果你喜歡的話，食用時可以在蛋糕上面放上櫻桃。

保存

以密封容器置於冰箱可保存 3-4 天。

綜合莓果餡餅

份數　6
準備時間　30 分鐘
烹調時間　5 分鐘
烘焙時間　45 分鐘

莓果餡料

700 克新鮮或冷凍的綜合莓果，
　　例如覆盆子、藍莓和黑莓
100 克細砂糖
1 大匙玉米澱粉
1 茶匙香草莢醬

餡餅蓋

120 克無麩質烘焙粉
50 克細砂糖
1½ 茶匙泡打粉
½ 茶匙黃原膠
¼ 茶匙鹽
180 克重乳脂鮮奶油，再加上 1
　　大匙澆釉的量
1 大匙粗砂糖
冰淇淋或重乳脂鮮奶油霜，食用
　　時搭配（選擇性的）

註解

① 莓果一定要先解凍，否則餡
　料必須在烤箱裡退冰，需要
　更多的烘焙時間（超過 1 小
　時 15 分鐘），於是餅乾就有
　更多的時間吸收莓果的汁液，
　變得軟爛。

② 如果你希望餡餅蓋有層次，你
　可以為麵糰做「疊層處理」：
　擀開，做信紙摺法，然後做一
　個簡單的對摺——就像做司
　康一樣（見 329 頁），只是沒
　刷上融化的奶油。

在講到這道美式傳統甜點時，是有一些規則的。你幾乎可以使用任
何你喜歡的莓果——即便你只使用一種（而不是綜合的）。我的建
議是藍莓或黑莓優於草莓和覆盆子，因為用草莓和覆盆子做出的餡
料水分太多。多種莓果混合在一起，能做出最豐富的風味。這裡使
用的是新鮮或冷凍的莓果，不過，除非你想看到軟糊的餡餅，否則
一定要先將冷凍水果解凍，然後用爐子濃縮汁液，才能放到內餡裡。
雖然多了一道手續，但是它讓結果變得截然不同了。

莓果餡料

+ 把烤箱架調整到中間的位置，烤箱預熱到 200℃。拿一個 15 X
　23 公分的小烤盤（至少 5 公分深）放到烤盤裡（在烘焙時接住
　任何滴下來的汁液）。
+ 如果用的是冷凍水果：讓莓果徹底解凍，把釋出的汁液濾到一
　只平底深鍋裡。以中高火熬煮莓果汁，大約 5 分鐘，期間一直
　攪拌，直到明顯變稠。把濃縮汁和莓果混合在一起。①
+ 把做莓果餡的所有原料混在一起，然後放入小烤盤裡。

餡餅蓋

+ 把無麩質烘焙粉、糖、泡打粉、黃原膠和鹽放在一只碗裡攪打。
　加入重乳脂鮮奶油，攪拌成光滑的麵糰。稍微揉一下，做成一
　顆球。②
+ 把麵糰放到撒了點粉的工作枱上，擀成 1 公分厚的麵皮。用一
　個 4.5 公分的圓形切模切下餅乾，把剩下的麵糰揉在一起，重
　新擀開，再用切模切下餅乾，直到做出 15-17 片為止。
+ 把餅乾放在餡料上，盡量緊密地排在一起。刷上重乳脂鮮奶油，
　再撒上粗砂糖。
+ 烤 45-55 分鐘，或直到餅乾表面呈深焦黃色，而且以牙籤測試
　的結果是乾淨的。如果表面太快變焦，就用鋁箔紙蓋住（光亮
　面朝上），直到烤好為止。
+ 讓餡餅冷卻 10 分鐘，然後趁熱食用——如果你喜歡的話，可
　以搭配冰淇淋或鮮奶油霜。

保存

最好當天食用。或者，用保鮮膜封住後可以保存 2 天，食用前以微
波爐加熱 15-30 秒。

林茲餅乾

份數　30
準備時間　45 分鐘
冷卻時間　15 分鐘
烘焙時間　2 X 12 分鐘

375 克無麩質烘焙粉
200 克細磨杏仁粉
200 克細砂糖
½ 茶匙黃原膠
¼ 茶匙鹽
200 克無鹽黃油，軟化
1 顆蛋，室溫
1 顆蛋黃，室溫
½ 茶匙香草莢醬
200 克覆盆子或草莓果醬
糖粉，用於裝飾

註解

① 如果你想把餅乾切得整齊漂亮，做麵糰時最好是用升降式攪拌機攪打黃油和糖。因為升降式攪拌機會把空氣拌入麵糰裡，使空氣的作用類似膨鬆劑，讓餅乾在烤箱裡膨起。（注意，這裡不用泡打粉和小蘇打粉的原因是為了維持餅乾的形狀。）

② 在切下中間的洞之前先把生餅乾冷藏幾分鐘，才能維持餅乾的形狀 —— 室溫的餅乾在切的時候容易變形。

這些填了果醬、撒上糖粉、酥脆且入口即化的經典美式餅乾，總是搏得我滿意的微笑。雖然它們在烤好的當天很美味，不過幾天之後才是食用的最佳時機，因為那時它們吸收了果醬裡的一些水分，風味也充分融和在一起了。比起普通杏仁粉，我更偏好細磨杏仁粉（帶皮，未漂白），因為後者的風味更濃郁。當你想要一點點杏仁風味甚至嚐不出味道時，普通杏仁粉很好用 —— 但是在林茲餅乾裡，真的要讓杏仁展現它的風味。

+ 把烤箱架調整到中間的位置，烤箱預熱到 180℃，在兩個烤盤裡鋪上烘焙紙。

+ 把無麩質烘焙粉、杏仁粉、糖、黃原膠和鹽放到一只大碗裡混勻。加入黃油、整顆蛋、蛋黃和香草莢醬，把所有東西揉成一個光滑（且不黏手）的麵糰。①麵糰應該可以輕易地擀開和切下餅乾，但是如果你覺得麵糰太軟，就先冷藏 10-15 分鐘再繼續做。

+ 在撒了很多粉的工作枱上把麵糰擀成大約 3 公釐厚的麵皮，有需要的時候，可以在麵皮或擀麵棍上撒一些粉。

+ 用一個 6 公分的圓形切模切下 60 個小圓盤（必要時把切剩的麵糰重新揉成一團再擀開），把這些生餅乾放到鋪上烘焙紙的烤盤裡（每盤 30 個），冷藏 15-30 分鐘。

+ 冰好後的生餅乾摸起來會硬硬的，拿一個小的餅乾切模（任何形狀都可以，不過我個人習慣用心形的）在 30 個生餅乾中央切出洞來（同一盤，另一盤不切洞的，烘焙時間稍有不同）。②（把切下的心形或其他形狀揉在一起重新擀開，做出更多的餅乾，或直接烤成迷你餅乾。）

+ 一次烤一盤，沒洞的餅乾烤 12-14 分鐘，有洞的烤 10-12 分鐘，或直到邊緣呈現微微的金黃色。

+ 把餅乾留在烤盤裡冷卻 10 分鐘，再放到金屬架上完全冷卻。

+ 組合：把 1 茶匙覆盆子或草莓果醬塗在沒有洞的餅乾上，把糖粉撒在有洞的餅乾上，然後上下兩層疊起來（有洞的在上層），做成 30 個林茲餅乾。

保存

以密封容器置於室溫下可保存 1 週。

蘋果凹蛋糕

份數　10-12

準備時間　45 分鐘

烘焙時間　30 分鐘

2 顆甜中帶酸的結實蘋果（例如
　史密斯奶奶、粉紅佳人或布雷
　本），削皮，去核，切成四瓣

2-3 大匙檸檬汁

115 克無鹽黃油，軟化

60 克紅糖

60 克細砂糖

½ 茶匙薈草莢醬

3 顆蛋，室溫

150 克無麩質烘焙粉

30 克杏仁粉

2 茶匙泡打粉

½ 茶匙黃原膠

½-1 茶匙肉桂粉，再加上裝飾的
　量

¼ 茶匙鹽

100 克全脂牛奶，室溫

2-3 大匙杏桃果醬

註解

① 把乾原料和牛奶交錯地分批
　加進去，才能維持黃油、糖和
　蛋所創造出來的乳脂狀，讓完
　美蓬鬆的蛋糕具有細緻的質
　地。

德式蘋果凹蛋糕有鋪陳漂亮的蘋果片、金黃色的蛋糕體和用杏桃果醬做的光澤釉，絕對能抓住眾人的目光。酸酸的蘋果正好中和了肉桂海綿蛋糕的甜味，創造出在任何午茶中都足以令人讚賞的簡樸蛋糕。

+ 把烤箱架調整到中間的位置，烤箱預熱到 180℃，在一個 20 公分的圓形彈簧扣蛋糕模裡鋪上烘焙紙。

+ 把蘋果瓣縱切成薄片，小心不要切到底，依然保持蘋果瓣的形狀。把切好的蘋果瓣放在盤子裡，淋上檸檬汁（防止氧化和變褐色），放到一旁待用。

+ 用裝上攪棒的升降式攪拌機或裝上兩個攪棒的手持式攪拌機，把黃油和糖攪打成乳脂狀，直到泛白、蓬鬆。加入香草莢醬，混合均勻。

+ 加入蛋，一次一顆，每加一顆就先攪拌一次，直到混合均均。

+ 把無麩質烘焙粉、杏仁粉、泡打粉和黃原膠、肉桂和鹽放到另一只碗裡混勻。

+ 交錯地將乾原料（分三批）和牛奶（分兩批）加到黃油混合物裡，最先和最後放的都是乾原料。每加一批就攪拌一次，直到麵糊呈沒有粉質團塊的光滑狀。①

+ 把麵糊倒入鋪著烘焙紙的彈簧扣模具裡，將表面抹平，放上蘋果瓣。（去掉多餘的檸檬汁。）

+ 烤 30-35 分鐘，或直到蛋糕表面呈焦黃色，而且以牙籤測試的結果是乾淨的。然後從模子裡取出來放到金屬架上完全冷卻。

+ 在爐子上或用微波爐加熱杏桃果醬，直到呈稀糊狀，然後刷在蛋糕頂部。撒上肉桂粉後即可食用。

保存

以密封容器置於室溫下可保存 3-4 天。

萊明頓蛋糕

份數　16
準備時間　1 小時
烘焙時間　35 分鐘
烹調時間　5 分鐘
冷卻時間　15 分鐘

香草海綿蛋糕

150 克無鹽黃油，軟化
180 克細砂糖
1 茶匙香草莢醬
3 顆蛋，室溫
180 克無麩質烘焙粉
½ 茶匙黃原膠
1½ 茶匙泡打粉
¼ 茶匙鹽
120 克全脂牛奶，室溫

巧克力糖霜

200 克黑巧克力（60-70% 的可
　　可塊），切碎
120 克糖粉
100 克全脂牛奶
10 克鹼性可可粉
10 克無鹽黃油

組合

120 克覆盆子或草莓果醬
200 克椰絲

註解

① 把乾原料和牛奶交錯地分批
　加入，才能維持黃油、糖和蛋
　所創造出的乳脂狀，讓完美蓬
　鬆的蛋糕具有細緻的質地。

② 手工沾裹是不使萊明頓蛋糕
　受損和完全裹覆的最佳方法。

香滑的海綿蛋糕加上一層酸酸的覆盆子果醬，裹著美味的巧克力糖霜和椰絲，使源自於澳洲的萊明頓蛋糕擁有無上的魅力。不過在製做的時候總是有點手忙腳亂：雙手沾滿巧克力、廚房佈滿椰絲……但是我覺得那是它們具吸引力的一部分。我喜歡大塊一點的萊明頓蛋糕（這個版本是 5 公分的正方形），你若喜歡也可做成較小或一口大小的版本。

香草海綿蛋糕

+ 把烤箱架調整到中間的位置，烤箱預熱到 180℃，在一個 20 公分的正方形烤盤裡鋪上烘焙紙。
+ 用裝上攪棒的升降式攪拌機或裝上兩個攪棒的手持式攪拌機，以中高速攪打黃油、糖和香草莢醬約 5 分鐘，直到泛白、蓬鬆。
+ 加入蛋，一次一顆，每加一次就攪拌均勻。
+ 把無麩質烘焙粉、黃原膠、泡打粉和鹽放到另一只碗裡混勻。交錯地將乾原料（分三批）和牛奶（分兩批）加到黃油混合物裡，混拌成光滑的麵糊。①
+ 把麵糊倒入鋪著烘焙紙的烤盤裡，將表面抹平，烤 35-40 分鐘，或直到以牙籤測試的結果是乾淨的。
+ 把蛋糕從烤箱裡拿出來，留在模具裡冷卻 10 分鐘左右，然後取出來放到金屬架上完全冷卻。

巧克力糖霜

+ 把做糖霜的所有原料放入一只平底深鍋裡，以中高火加熱，期間一直攪拌，直到所有的巧克力都融化，變成滑順亮澤的糖霜（大約 5 分鐘）。放到一旁待用。

組合蛋糕

+ 從水平方向將冷卻的海綿蛋糕切半，在下半塊蛋糕上均勻地抹上果醬，蓋上上半塊，輕輕往下壓，靜置 20-30 分鐘，讓蛋糕吸收一點果醬，有助於兩塊蛋糕的黏合。
+ 把蛋糕切成 16 個邊長 5 公分的正方形。
+ 如果巧克力糖霜變得太硬，就重新加熱，直到變成流動狀。（有需要的時候，你可以添加 1-2 大匙牛奶來稍微稀釋糖霜。）拿每一塊正方形蛋糕去沾裹糖霜，放到金屬架上 2-3 分鐘，讓多餘的糖霜滴下來。②然後拿去沾裹椰絲，直到完全被椰絲包覆。
+ 把蛋糕靜置在室溫下至少 30 分鐘（或在冰箱裡至少 15 分鐘），直到糖霜定型，即可食用。

保存

以密封容器置於室溫下可保存 3-4 天。

換算表

這些表格提供了美制、英制與公制單位的換算。要注意的是，在體積的測量上，你的量杯和湯匙的容量也許並不正確，這會影響到烘焙結果。（舉例來說，美制量杯的 1 杯是 225 毫升，而不是正確的 240 毫升。）

在測量無麩質穀粉和烘焙粉的時候要注意，不同品牌的粉也許密度不同，因此同樣的體積也許有不同的重量。最後，在以體積測量穀粉時，要確定你用了正確的方法：先用湯匙或叉子把粉「抖散」，然後把粉舀到量杯裡，再用刀背或其他邊緣平直的器具把表面推平。

最重要的是，如果可能的話：完全略過體積測量法，所有的原料都用電子秤來測量。

美制體積換算

毫升	美制量杯或量匙
240	1 杯
180	¾ 杯
160	2/3 杯
120	½ 杯
80	1/3 杯
60	¼ 杯
30	1/8 杯
15	1 大匙
7.5	½ 大匙
5	1 大匙
2.5	½ 大匙
1.25	¼ 大匙

烤箱溫度

°C	°C風扇烤箱	°F	對流烤箱
100	80	200	½
110	90	225	½
130	110	250	1
140	120	275	1
150	130	300	2
160	140	315	2–3
170	150	325	3
180	160	350	4
190	170	375	5
200	180	400	6
210	190	415	6–7
220	200	425	7
230	210	450	8
240	220	475	8
250	230	500	9

英制體積換算

毫升	英制量杯或量匙
250	1杯
185	¾ 杯
165	⅔ 杯
125	½ 杯
85	⅓ 杯
60	¼ 杯
30	⅛ 杯
15	1大匙
7.5	½ 大匙
5	1 茶匙
2.5	½ 茶匙
1.25	¼ 茶匙

無麩質穀粉＋烘焙粉：重量（克）VS 美制量杯或量匙

無麩質穀粉或烘焙粉	每1杯的克數	每1大匙的克數
杏仁粉	100	6
葛粉	120	7.5
蕎麥粉	150	9.5
玉米澱粉	115	7
小米粉	135	8.5
燕麥粉	90	5.5
番薯粉	165	10.5
藜麥粉	120	7.5
糙米粉	160	10
白米粉	175	11
高粱粉	130	8
木薯粉	115	7
白苔麩粉	155	9.5
鴿子牌無麩質中筋粉	130	8
商店品牌無麩質烘焙粉	~130	~8
DIY烘焙粉1	150	9.5
DIY烘焙粉2	140	9
DIY blend 2	140	9

乳製品：重量（克）VS 美制量杯或量匙

乳製品	每1杯的克數	每1大匙的克數
無鹽黃油	226（2條）	14
白脫牛奶	240	15
切達乳酪絲	110	6
鮮奶油乳酪	225	14
重乳脂鮮奶油	230	14.5
馬斯卡彭乳酪	230	14.5
帕馬森乾酪細絲	80	5
酸奶油	230	14.5
希臘優格	230	14.5
原味優格	230	14.5

非乳脂肪＋液態油（克）VS 美制量杯或量匙

非乳脂肪＋液態油	每1杯的克數	每1大匙的克數
無鹽黃油	220	14
白脫牛奶	220	15
切達乳酪絲	215	13.5
鮮奶油乳酪	215	13.5

固態／結晶甜味劑：重量（克）VS 美制量杯或量匙

固態／結晶甜味劑	每1杯的克數	每1大匙的克數
細砂糖	215	13.5
粗砂糖	200	12.5
糖粉	120	7.5
紅糖或黑糖	200（袋裝）	12.5

液態甜味劑：重量（克）VS 美制量杯或量匙

液態甜味劑	每1杯的克數	每1大匙的克數
金色糖漿	350	22
蜂蜜（可流動）	350	22
楓糖	315	20
糖蜜	325	20.5

堅果＋種籽（包括抹醬）：重量（克）VS 美制量杯或量匙

堅果＋種籽	每1杯的克數	每1大匙的克數
整顆杏仁	145	/
杏仁片	90	5.5
整顆榛果	140	/
綜合種籽	160	10
花生醬	270	17
整顆花生	140	/
整顆山核桃	120	/
罌粟籽	/	10
芝麻	/	10
芝麻醬	125	/

水果：重量（克）VS 美制量杯或量匙

水果	每1杯的克數	每1大匙的克數
黑莓，新鮮或冷凍的	140	/
藍莓，新鮮或冷凍的	130	/
覆盆子，新鮮或冷凍的	120	/
覆盆子，冷凍乾燥的	30	2
整顆草莓，新鮮的	130	/
草莓，冷凍乾燥的	30	2

其他重要原料：重量（克）VS 美制量杯或量匙

原料	每1杯的克數	每1大匙的克數
泡打粉	/	12
小蘇打粉	/	18
巧克力，切碎	~180	~11
巧克力脆片	180	11
可可粉	100	6
蛋白粉	/	6.5
明膠粉	/	9
果醬／糖漬物	315	20
整顆燕麥	100	6
燕麥粉	110	7
洋車前子	80	5
鹽	/	17.5
白葡萄乾／紫葡萄乾	145	9
黃原膠	/	8.5
酵母	/	12

長度單位換算表

公釐／公分	吋	公分	吋
2公釐	1/16吋	19公分	7½吋
3公釐	⅛吋	20公分	8吋
5公釐	¼吋	21公分	8¼吋
8公釐	⅜吋	22公分	8½吋
1公分	½吋	23公分	9吋
1.5公分	⅝吋	24公分	9½吋
2公分	¾吋	25公分	10吋
2.5公分	1吋	26公分	10½吋
3公分	1¼吋	27公分	10¾吋
4公分	1½吋	28公分	11¼吋
4.5公分	1¾吋	29公分	11½吋
5公分	2吋	30公分	12吋
5.5公分	2¼吋	31公分	12½吋
6公分	2½吋	33公分	13吋
7公分	2¾吋	34公分	13½吋
8公分	3¼吋	35公分	14吋
9公分	3½吋	37公分	14½吋
9.5公分	3¾吋	38公分	15吋
10公分	4吋	39公分	15½吋
11公分	4¼吋	40公分	16吋
12公分	4½吋	42公分	16½吋
13公分	5吋	43公分	17吋
14公分	5½吋	44公分	17½吋
15公分	6吋	46公分	18吋
16公分	6¼吋	48公分	19吋
17公分	6½吋	50公分	20吋
18公分	7吋		

感謝

寫這本書是一項挑戰、歷險和殊榮——沒有這麼多人的幫助是不可能完成的,感謝他們所奉獻的時間、知識、專業和一路上的支持。

首先,我要感謝 The Loopy Whisk 的讀者和粉絲,沒有你們,這本書就不可能問世。我在 2016 年發了第一則貼文的時候,我從來沒有想到那對我的人生會有如此深遠的影響,更別說還讓我寫了一本書。謝謝你們閱讀我的文字、用我的食譜,和分享我對所有巧克力的興奮之情。

謝謝我了不起的專員泰莎·大衛:謝謝你在 2018 年 9 月寄了標題為「烹飪書」的第一封電子郵件(幾乎就要被刪掉了,因為我百分之百確信它是廣告……謝天謝地,我沒有按下「Delete」鍵。)你的建議和沉著的聲音,是引導我走向陌生的出版界所不可或缺的力量。

謝謝優異的布魯姆斯伯里(Bloomsbury)出版社團隊,我很榮幸能與 4 位優秀的編輯共事,創作了這本書,最終的結果就是我們最甜美的果實。致娜塔莉·貝洛斯,我的第一位編輯:謝謝你把烹飪的科學擺在第一位,並且鼓勵我這個書呆子自由發揮——同時也指出,人們也許不需要知道黃原膠的精確分子結構,有時候簡單比半頁的公式推算更好。致莉莎·潘德瑞,謝謝你幫忙我整理一些混亂的點子,讓我知道理想的封面應該是什麼樣子。致羅溫·雅培,謝謝你在修飾這本書上的所有支持,讓它更精煉、耀眼,並且成功地跨過終點線。還有凱蒂·史托戈登,你自始至終都在,用你無盡的耐心為我無數的問題、擔憂和疑惑解疑。

謝謝格瑞德設計的彼德·道森,你讓都是文字和資訊的厚厚一本書看起來那麼有趣又容易懂——看不到令人怯步的長長數頁的文字。除了美麗的內頁之外,目前的封面(吸睛、亮眼)也花了很多時間才定案……而且一度似乎無望——謝謝你創作了一個結合所有烘焙的美味及其精確科學的封面。

這本書的寫作大多是在晚上和週末,平日裡我都在實驗室為博士班研究計畫而努力。那很累人,不過幸虧有歐海爾(O'Hare)研究小組的同事,所以到實驗室從來不是一項討厭的事情(他們很勇敢地解決掉我花了整個週末烘焙、然後在星期一帶去的所有蛋糕和餅乾)。我仍然堅信,只有瘋子才會一邊讀博士班一邊寫書,而且要是沒有德莫特·歐海爾教授和 JC 巴菲

特博士的指導，我不可能完成它。另外，我要對（依字母順序，以免有人抱怨）戴娜、潔絲、喬伊絲、賈斯汀、菲爾和湯姆致上最大的感謝，謝謝你們沉浸在我的和烘焙有關的長篇大論中，而且讓我在即使壓力已經很大的時候還笑得出來。

我是把最好的（而且也是重要的）留在最後面的那種人。我相信最後一口菜或點心應該只含有最好的部分，做為完美結局的美好體驗。按照那樣的精神，我把最重要的感謝詞留在最後面。

謝謝我的爸媽，是你們教我，一旦我下定決心，便能達成任何事情。我的媽媽讓我在無盡的歡笑中愛上和烹飪及烘焙有關的一切（雖然最後我寫了一本烹飪書，她從來不按照那些食譜去做也沒人知道）。透過討論星星、恐龍和重力，我爸爸啟發我對所有科學的熱忱，而且在攝影方面他總是給我指引（即使我有點兒固執的講不聽）。沒有你們就沒有這一切，我對你們的愛多到滿到月球再從月球繞回來。

關於作者

卡塔琳娜·塞梅利是一位美食作家、攝影師和熱門烘焙部落格 The Loopy Whisk 的創立者，她經常在部落格裡分享她奢華的防過敏食譜。她是牛津大學的無機化學博士（但願本書出版時已取得學位），也在同一所學校取得化學學士學位。她具備科學背景，愛好研究，固執的態度讓她研發出讓人看了口水直流的食譜，而且適合多種限制性飲食，包括無麩質、無乳製品、無蛋。卡塔琳娜來自斯洛維尼亞，現在住在牛津附近，《無麩質完美烘焙》是她的第一本書。

國家圖書館出版品預行編目資料

無麩質完美烘焙：美味的無麩質食譜與科學知識/卡塔琳娜‧瑟梅莉（Katarina Cermelj）著；張家瑞譯. --初版. --臺中市：晨星出版有限公司，2022.03
　面；　公分. --（Chef Guide：7）

譯自：Baked to perfection : delicious gluten-free recipes with a pinch of science

ISBN 978-626-320-072-2（精裝）

1.CST：點心食譜

427.16　　　　　　　　　　　　　　　111000187

 Chef Guide **7**

無麩質完美烘焙
美味的無麩質食譜與科學知識

可至線上填回函！

作者	卡塔琳娜‧瑟梅莉（Katarina Cermelj）
翻譯	張家瑞
主編	莊雅琦
編輯	林孟侃
美術排版	曾麗香
封面設計	古鴻杰

創辦人	陳銘民
發行所	晨星出版有限公司
	407台中市西屯區工業30路1號1樓
	TEL：（04）23595820
	FAX：（04）23550581
	health119 @morningstar.com.tw
	行政院新聞局局版台業字第2500號
法律顧問	陳思成律師
初版	西元2022年3月15日

讀者服務專線	TEL：（02）23672044 /（04）23595819#212
讀者傳真專線	FAX：（02）23635741 /（04）23595493
讀者專用信箱	service @morningstar.com.tw
網路書店	http://www.morningstar.com.tw
郵政劃撥	15060393（知己圖書股份有限公司）
印刷	上好印刷股份有限公司

定價599元
ISBN 978-626-320-072-2

This translation of Baked to Perfection is published
by Morning Star Publishing Inc. by arrangement with
Bloomsbury Publishing Plc. through Andrew Nurnberg
Associates International Limited.

魚貝海鮮料理事典：世界級的夢幻魚貝食材，圖鑑食譜，一本搞定！

作者：凱特 ‧ 懷特曼
譯者：張亞男、潘晶
初版日期：2019/12/11
裝訂：精裝
頁數：256
定價：560 元

來自大海的豐盛恩賜　讓味蕾綻放的絕讚滋味

營養滿點的海味食材大全
156 種魚貝海鮮 X106 道料理豪華全收錄！

從海洋到餐桌，從挑選到料理，可以清爽，也可以超豪華！
魚貝海鮮營養豐富，口感鮮甜，是現代料理的絕佳之選。
達人帶你深入魚市場，認識各類魚貝海鮮，一窺新鮮海味的奧秘，
告訴你它們從哪裡來，應該怎麼吃？
異國風味海鮮湯品、食慾滿點開胃菜、醇厚細緻的慕斯、肉醬和砂鍋、
營養美味每日主菜、驚豔全場的宴客料理……
最想吃的料理大全！你也可以這樣做！

日本料理事典

作者：Emi Kazuko / 食譜：Yasuko Fukuoka
譯者：劉欣、邢艷、郭婷婷
初版日期：2019/02/11
裝訂：精裝
頁數：256
定價：560 元

天然　原味　樸實　健康

入門到進階，最詳盡的日本料理事典：

44 種器具
列舉常用的刀具、鍋爐與器皿，並解說使用的方式與注意事項。

172 種食材
詳盡介紹各種常用食材的種類、特徵與風味，以及選購的秘訣、處理和烹調的細節與步驟。

99 道菜餚
從主食、配菜到甜品，除了鉅細靡遺的步驟說明，還有每道料理的特色、適合食用的季節與節慶，
以及特定食材的替代方案。

湯品燉煮事典：嚴選全世界最受歡迎的湯料理，無論中式、西式、肉食、素食或海鮮，完全不藏私！

作者：黛泊拉 · 梅修
譯者：方蓉、劉彥君
初版日期：2019/03/11
裝訂：精裝
頁數：256
定價：560 元

清爽 滑順 香濃 營養 美味 創意

獨家配方打造各國道地經典湯品，
詳細清晰的指導步驟與說明，專業技巧迅速上手！

收錄共計 206 道湯品，無論是充滿家鄉味的中式、淡雅日式、酸辣香的神秘東南亞與中亞風、濃厚香甜的歐美式還是瀰漫海洋氣息的地中海風，都能在書中找到！
圓背精裝，不只容易翻閱也更耐保存。隨手放在灶咖邊，邊看邊做零失誤！

蔬果汁與冰沙事典

作者：蘇珊娜 · 奧利佛、喬安娜 · 法羅
譯者：康文馨
初版日期：2019/08/11
裝訂：精裝
頁數：256
定價：560 元

兼顧美味、健康與療效，一點都不難！

疲憊緊張的生活中，總是想來一杯飲料慰勞自己嗎？其實只要結合日常食材，就能快速創造一杯健康滿分、美麗又好喝的飲品。

176 種特調，種類最豐富！
更有食材、工具、營養素的完整介紹！
無論你是喜歡綿密滑順的奶昔、營養健康的蔬菜汁、芳香爽口的果汁、甜到心底的點心飲品、勁涼消暑的冰沙，或是帶點酒精的微醺特調⋯⋯你都能在本書中找到你需要的飲品。